Mechanical Properties and Failure Mechanism
of Power Station Metals and Materials

电站金属材料
性能评估与失效机理

王兆希　等　编著

中国电力出版社
CHINA ELECTRIC POWER PRESS

内 容 提 要

本书对核电站和常规电站中关键设备材料的主要损伤行为、失效机理和评估方法进行了研究和讨论。包括承压容器材料断裂性能评估及断裂机理、主管道材料热老化性能及热老化脆化机理、压力容器安全端异种钢焊缝结构的性能评估及失效机理、蒸汽发生器传热管振动磨损性能及失效机理、主泵关键部件及材料的性能及失效评估、紧固件断裂失效机理及评估、汽轮机叶片疲劳断裂失效机理、汽轮机转子主轴材料疲劳与接触疲劳性能评估、主蒸汽管道蠕变－疲劳交互作用损伤机理及寿命预测、管道振动疲劳失效评估、稳压器瞬态疲劳评估、稳压器波动管热疲劳机理、焊接及机械加工等制造缺陷评估。

本书可作为从事核电站和常规电站力学及材料等相关领域的科研工作者、高校师生和企事业单位的工程技术人员的参考用书。

图书在版编目（CIP）数据

电站金属材料性能评估与失效机理/王兆希等编著 . —北京：中国电力出版社，2018.1
（2019.10 重印）

　　ISBN 978 - 7 - 5198 - 1235 - 5

　　Ⅰ.①电… Ⅱ.①王… Ⅲ.①电站－金属材料－性能－评估 ②电站－金属材料－失效机理 Ⅳ.①TG14

中国版本图书馆 CIP 数据核字（2017）第 250779 号

出版发行：中国电力出版社
地　　址：北京市东城区北京站西街 19 号（邮政编码 100005）
网　　址：http://www.cepp.sgcc.com.cn
责任编辑：安小丹（010 - 63412367）　马雪倩
责任校对：王开云
装帧设计：左　铭
责任印制：蔺义舟

印　　刷：三河市万龙印装有限公司
版　　次：2018 年 1 月第一版
印　　次：2019 年 10 月北京第二次印刷
开　　本：787 毫米×1092 毫米　16 开本
印　　张：17.25
字　　数：417 千字
定　　价：70.00 元

序

　　根据国际核协会统计数据，2015 年全球核能发电总计 24 413 亿 kWh，占全球发电总量的比例超过 10%。其中法国核能发电比例最高，占法国全部发电量的 76.3%。拥有核电站数量最多的美国共有 104 座反应堆，核电发电量占美国总发电量的 19.5%。我国大陆核电发电量仅占总发电量的 3.01%，发展空间巨大，它将是中国绿色低碳能源体系建设的重要组成部分，可以大规模代替煤炭，为电网提供稳定可靠的电力支撑。

　　目前，世界上 30 多个国家拥有核电站，主要分布在欧美发达国家，并且这些发达国家在核电技术应用及研发上已经有 70 多年的技术积累。虽然中国核电的基础研究和应用研究起步较晚，但是从秦山核电站设计和建造开始，经过 30 多年吸收国际先进技术和自主创新，已经能够建造先进的核能发电站。我国核技术研究和应用领域的专家和工程师，具备了扎实的基础理论知识和丰富的工程实际经验，可以与国际上 EPRI 和 EDF 等电力研发机构共同探讨核电发展的科学问题。

　　在世界能源结构的变化中，核能在今后仍属于最有发展前途的能源之一，2011 年福岛核电站事故给核电工业带来了巨大的冲击，安全问题成为核电发展中越来越重视的关键，本书作者及其团队长期工作在核电工程领域，潜心进行技术研究，著作的内容是他们在核电关键设备及材料失效机理研究上多年的成果积累，在理论和技术发展上具有重要的价值，对行业的技术装备可靠性以及核电站的安全运行具有指导意义。当前，在人们越来越重视保护环境和核电安全的形势下，欣然为本书作序，望继续努力发展核电技术，提供更加高效和安全的能源。

施惠基
清华大学教授

前言

　　近年来，我国能源生产能力稳步提高，但能源形势依然复杂严峻。当前我国能源利用方式粗放，问题突出，数据显示 2013 年我国单位 GDP 能耗是世界平均水平的 1.8 倍。我国能源结构中化石能源比重偏高，非化石能源占能源消费总量的比重仅为 9.8%。今后一段时期，煤炭作为我国主体能源的地位不会改变，清洁高效利用煤炭是保障能源安全的重要基石；大力发展可再生能源是推动能源结构优化的重要方面。

　　核电在战略上具有竞争力，根本原因在于它有着不可替代的优点：高能量密度的能源；输出功率稳定高效；比较清洁、低碳的能源。我国发展核能和可再生能源是为了逐步替代化石能源，而高比例的替代要求其最终必然发展到一个相当大的规模。推进核电建设，对于保障能源安全和保护环境有重要意义。数据显示，截至 2013 年，我国在建核电机组达到 31 台，装机容量 3385 万 kW；到 2020 年，核电运行装机容量达到 5800 万 kW、在建装机容量达 3000 万 kW。

　　核电站核岛关键机械设备包括反应堆压力容器、主管道、稳压器、蒸汽发生器、主泵；常规岛关键机械设备包括汽轮机、主蒸汽管道、凝汽器、汽水分离再热器、加热器等。随着国内核电机组的增多，关键机械设备的损伤行为、损伤机理及失效评估引起核电工程师和高校研究人员等的关注，本书对核电站中关键设备材料的主要损伤行为、失效机理和评估方法进行了研究和讨论，主要内容如下：

　　第一章，介绍了承压容器用 20g 金属材料在不同温度下的断裂性能评估及断裂机理。随着温度的降低，断裂模式从韧性断裂向脆性断裂转变，表现出不同的断裂特征；在韧脆转变温度区域，结构件的断裂韧性表现出一定的尺寸效应，随着尺寸增加表现出断裂韧性先增加后降低的趋势；对承压管道的裂纹扩展特性，采用实验和数值模拟进行了研究。

　　第二章，介绍了核电站主管道材料热老化性能及热老化脆化机理。主管道铸造奥氏体不锈钢材料在 320℃ 条件下长寿期运行，表现出热老化脆化的特征，随着热老化时间的增加，冲击功有明显的下降趋势；通过原位 SEM 研究发现铁素体发生脆化导致内部产生裂纹的贯穿连接使得奥氏体不锈钢发生脆化，材料的韧性降低；通过 TEM 和 3DAP 研究铁素体发生调幅分解形成富 Cr 析出相，从定性和定量的角度对析出相的微纳观组织特征进行表征。

　　第三章，介绍了核电站压力容器安全端异种钢焊缝结构的性能评估及失效机理。对安全端异种钢焊缝结构（钢材标牌 A508Ⅲ‑308/309‑316LN）的微观组织进行表征分析，包括热影响区（粗晶区和细晶区）、焊材和母材等；对各区域的微观力学性能进行规律性研究，通过纳米压入得到的数据结果对各区域的硬度和强度进行了讨论；通过有限元数值方法对焊接过程进行了模拟，得到焊接过程中和焊接后的温度场和残余应力场分布；通过设计升温实验对结构件的温度场分布和应力场分布规律进行了讨论。

第四章，介绍了蒸汽发生器传热管的振动性能、传热管的磨损机理及评估和传热管的堵管等。介绍了典型管束结构件的流致振动特性以及流致振动相关的评估方法，对传热管－防振条的磨损行为和磨损机理进行了表征，通过磨损速率和磨损体积关系对磨损过程进行了表征，根据通过无损检测手段获得的数据形成检查建议，并对壁厚减薄管束的堵管相关技术进行了介绍。

第五章，介绍了屏蔽式主泵部件和材料的失效机理、故障诊断与维修技术、失效评估方式。介绍了屏蔽式主泵（AP1000核电站的心脏），其关键部件和运行方式，讨论了自设计和建造以来可能的失效模式，研究了可能的故障及故障诊断的方法，并对主泵的关键部件屏蔽套和密封环等的失效机理进行了研究，对结构完整性进行了评估。

第六章，介绍了稳压器等关键设备的围裙螺栓的失效机理、通用紧固件的损伤机理以及紧固件材料的氢脆损伤机理和行为的研究。针对核电站稳压器围裙固定螺栓出现的断裂案例进行分析，对断裂螺栓的微观组织结构进行表征，对微纳观的力学性能进行表征，讨论断裂螺栓的断裂机理及造成断裂的可能原因；对通用紧固件的微观结构分析，研究其损伤的机理；采用小压杆法对紧固件材料的氢脆损伤行为和损伤机理进行了表征和研究，随着析氢增多，明显表现出氢脆特征。

第七章，介绍了汽轮机叶片的振动疲劳特征及失效机理。针对核电站汽轮机叶片的断裂行为进行研究，对叶片材料进行微纳观性能表征，通过有限元方法对叶片结构在运行工况下的应力水平和振动模态进行讨论，对叶片的断裂表面和叶片起裂源附近的表面形态进行微观表征，磨损对叶片起裂起到了很重要的作用。

第八章，介绍汽轮机转子主轴在不同工况下的热力学性能计算，对主轴材料的疲劳和接触疲劳性能进行了评估。对汽轮机主轴在不同工况下的离心力和背压力等导致的应力水平进行了评估，对转子材料进行低周疲劳性能探讨，并设计接触疲劳试验，转子材料和叶片材料接触条件下的疲劳性能进行实验研究，研究接触对疲劳性能的影响。

第九章，介绍了主蒸汽管道蠕变－疲劳交互作用损伤机理及寿命预测。详细介绍主蒸汽管道材料P91钢蠕变损伤理论模型、疲劳损伤理论模型和蠕变－疲劳交互作用损伤理论模型；SEM原位试验研究蠕变－疲劳交互作用性能，蠕变－疲劳交互作用在不同条件下试样断口的微观组织结构、延性耗竭模型、频率修正（FM法）及频率分离（FS法）模型、频率分离法修正SEP（SEFS法）模型等蠕变－疲劳交互作用寿命预测模型。

第十章，介绍了电站系统管道振动疲劳失效评估。选取核电站的典型振动超标管道系统，介绍管系的振动加速度和振动应力的测量及评估、管系的振动治理方法和治理后的振动再评估，介绍管道振动应力的谱响应法计算方法和振动疲劳寿命的评估方法，以及管道振动的治理设计评估。

第十一章，介绍了稳压器水压实验这个典型瞬态下的应力测量，以及相应的强度评估和疲劳寿命评估。

第十二章，介绍了稳压器波动管的热分层的温度场计算和热应力评估，以及相应的波动管热疲劳评估。

第十三章，介绍了控制棒驱动机构Ω焊缝以及堆焊层的微观组织评估，对电火花成型对表面缺陷的影响及失效机理进行研究，对线切割加工表面缺陷对结构件的疲劳性能影响进行了评估。

本书是作者近十年研究工作成果的总结，其中第一章、第二章由王兆希编写，第三章由王兆希、张国栋、尚一博编写，第四章由王兆希、梅金娜编写，第五章、第六章由王兆希编写，第七章由王兆希、赵文胜编写，第八章由王兆希编写，第九章由张国栋编写，第十章、第十一章由王兆希编写，第十二章由王兆希、刘丽昆编写，第十三章由王兆希、张小亮编写。在此特别对提供经费支持的各相关项目（国家重大科技专项、973、国家自然基金、国家能源局、北京市科技计划项目等）致以感谢，感谢施惠基教授、吕坚教授、束国刚教授、周昌玉教授等提供过学术上的建设性指导。

编著者
2017 年 2 月 19 日

目录

序
前言

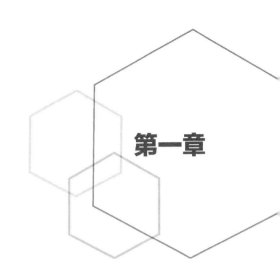

第一章

承压容器材料断裂性能评估及断裂机理

　　我国从 20 世纪 50 年代起开始进行大规模工程结构建设。如今很多航空、能源、石油化工和民用建筑结构将进入老龄期，老龄结构的安全评估最近被提到了一个突出重视的地位，核电站的主回路、火电站锅炉及石油化工中的压力容器等老龄化也是与断裂力学有关的一项关键问题。美国原子能管理委员会（United States Nuclear Regulatory Commission, US-NRC）将中老龄核电站的运行安全列为最重要的未解决安全问题之一，美国时代周刊在科学栏里也以突出的地位对此进行了报道。当前世界上许多使用结构钢材的设施（例如反应堆容器、锅炉及压力容器、管道、潜艇外体及航空器外体等）已经超过 60 年，评测上述各种设施的实时断裂安全性分析问题及剩余使用寿命问题越来越突出。我国大量的锅炉和承压容器在长期的应力、腐蚀和疲劳等耦合机理作用下已进入老龄化阶段，也存在着相应的安全隐患。

　　目前世界各地因为结构断裂直接或间接引发的各种事故不计其数，引起的人员伤亡和经济损失无法估量。据有关资料统计，二次大战后至 2000 年，各国潜艇共约发生非战斗沉没事故 1391 起；全球的核电站二回路事故也时有发生，图 1-1 为切尔诺贝利压力管式石墨慢化沸水堆事故发生处。据中华人民共和国国家质量监督检验检疫总局（简称国家质检总局）国内统计数据表明，仅 2001 年全国共发生锅炉、压力容器、压力管道等严重事故 308 起，图 1-2 为某地蒸压釜爆炸事故现场。

图 1-1　压力管式石墨慢化沸水堆事故　　　　图 1-2　某地蒸压釜爆炸事故现场

核级压力容器和化工输送管道等各种结构设施中的部件，工作环境温度范围从较高的100℃到几百摄氏度甚至几千摄氏度，到较低的几摄氏度甚至零下一百摄氏度；而这些结构部件本身的尺寸从较薄的几毫米甚至0.1mm量级，到较厚的几十毫米甚至几百毫米。管道的缺陷有更多种形式：轴向裂纹，径向裂纹，内表面裂纹，外表面裂纹，穿透裂纹等；受力状态包括：内压，轴向拉伸，弯曲，扭曲等。使用环境、结构外形尺寸、缺陷形式和受力状态的复杂性导致结构部件的安全性校核和测定越来越重要，现存材料及结构的断裂实验结果和成熟断裂理论已经远远不能满足目前安全性能评估的要求。

本章以广泛应用的国产承压容器用钢及其管件为例，研究压力容器用钢其在不同温度下的断裂特性以及断裂特性的尺寸效应，对受等效内压带轴向裂纹的开口管件进行不同温度下的断裂特性研究，通过三向应力比和断裂影响区域体积相结合建立了描述尺寸和温度效应的断裂模型，进行了开口管件的破裂过程和机理进行数值模拟。

第一节　韧性断裂与脆性断裂研究

金属材料随着温度的降低，试样的断裂在宏观上逐渐从韧性断裂转变为脆性断裂，如图1-3所示，脆性断裂与韧性断裂的载荷位移曲线有明显不同。对于韧性断裂有明显的裂纹尖端钝化、裂纹起始扩展、裂纹稳定扩展和裂纹失稳扩展几个过程。对于脆性断裂，裂纹起始扩展即为失稳扩展。

从微观表面特征来看，韧性断裂主要以孔洞的成核聚集和链接形成裂纹为主，在断裂表面上表现韧窝型断裂；脆性断裂以微裂纹的扩展为主，断裂面上表现为河流状解理断裂。

从断裂韧性的变化趋势来看，断裂韧性随着温度的降低而逐渐降低，如图1-4所示。变化曲线的上平台有较高的断裂韧性，逐渐下降到变化曲线的下平台，有较低的断裂韧性；上平台和下平台中间有一个逐渐下降的过渡区域，该区域称为韧脆转变温度区域（ductile brittle transition temperature，DBTT），在该区域内断裂韧性急剧下降。在上平台断裂表面基本以韧性断裂特征为主，在下平台以脆性断裂裂纹扩展为主；在转变温度区域内，以韧性断裂起始，然后进入脆性断裂裂纹扩展，温度的降低韧性断裂扩展长度变小。

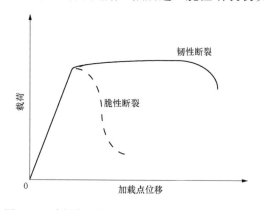

图1-3　脆性断裂与韧性断裂载荷位移曲线示意图

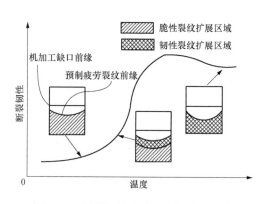

图1-4　断裂韧性随着温度的变化趋势

本章中使用锅炉压力容器用钢牌号 20g 的中强度低碳钢，主要应用于锅炉、输油管道、压力和核容器，潜艇的外体及航空器外体等结构，属于塑性较好的中等强度钢。其主要化学成分的质量百分含量为 C 0.123%、Si 0.338%、Mn 0.5859%、S 0.0287%、Cr 0.0427%、Al 0.4389% 其余为 Fe。磷的含量较小，材料的韧性较好。20g 材料的金相组织结构如图 1-5 所示，晶粒尺寸在 15～25um 之间，以铁素体为主夹有部分的珠光体。

为了得到材料不同温度下的基本力学性能，按照 GB/T 228.1—2010《金属材料　拉伸试验　第 1 部分：室温试验方法》采用单轴拉伸实验，电子万能试验机 CSS-2000 及环境温度控制系统提供试样的载荷位移数据，并且保证从 -80℃ 到室温的准确环境温度，高速应变采集系统采集并记录加载过程中试样上的应变数据信息。

实验温度从常温到 -80℃，包括 20、0、-10、-20、-30、-40、-50、-60、-70、-80℃，基本涵盖该材料结构件的正常使用环境温度，也包含上平台的韧性断裂、下平台的脆性断裂和中间的韧脆转变区域。采用的准静态加载试样，加载速度为 0.2mm/min，相当于应变率的 $23\mu\varepsilon/s$，位移引伸计及应变片数据采集频率为 50Hz，所有数据均记录到试样断裂停止。

从实验可以得到各个温度点试样的载荷位移曲线、引伸计及应变数据。典型的不同温度下的载荷-位移曲线如图 1-6 所示，材料的塑性变形较大，从弹性变形部分可以计算得到该温度点的屈服应力 σ_s；从塑性变形一直到失稳断裂部分可以得到 Mises 应力 σ-等效塑性应变 ε_{eq} 曲线，极限应力 σ_u 和断裂时的横截面收缩率、延伸率等数据。

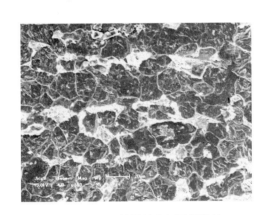

图 1-5　20g 材料的金相组织结构

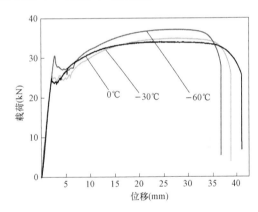

图 1-6　典型的不同温度下的载荷-位移曲线

如图 1-7 所示，随着温度的降低，屈服应力 σ_s 和极限应力 σ_u 升高。屈服应力 σ_s 的变化趋势与 ASTM E1820 Standard Test Method for Measurement of Fracture Foughness 提出的经验公式（式 1-1）基本一致。

$$\sigma(T) = 745.6 - 0.056 \cdot T \cdot \ln\left[\frac{\zeta}{\sqrt{2\dot{\varepsilon}}}\right] \qquad (1-1)$$

式中　σ——应力，Pa；

　　　T——温度，℃；

　　　ζ——常数；

　　　$\dot{\varepsilon}$——应变率，1/s。

随温度降低，代表塑性特性的延伸率和截面收缩率降低，如图 1-8 所示，而随温度降低弹性模量基本保持不变略有升高。

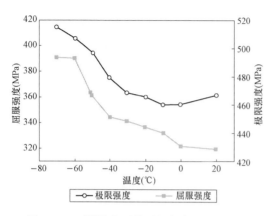

图 1-7　不同温度下的屈服应力和极限应力

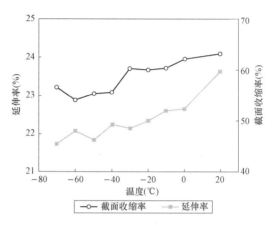

图 1-8　不同温度下的延伸率和截面收缩率

从材料基本特性的结果看，随着温度的降低，屈服应力和极限应力升高，弹性模量和硬化指数升高，延伸率和截面收缩率降低。

第二节　韧脆转变温度区域断裂韧性的尺寸效应

试样断裂韧性的测定主要参考 ASTM D 5045-99（2007）《塑性材料平面应变断裂韧性和应变能释放率测试标准》进行，采用的试件为单边缺口三点弯曲（SENB）试样，带缺口试样尺寸及三点弯曲加载条件如图 1-9 所示，外形尺寸关系为 $S=4W=8B$，$a/W=0.55$，其中 S 为跨距，W 为试样宽度，B 为试样厚度，a 为缺口及预制疲劳裂纹总长度。

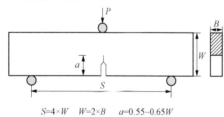

$S=4 \times W \quad W=2 \times B \quad a=0.55\sim0.65W$

图 1-9　带缺口试样尺寸及三点弯曲加载条件示意图

断裂特性测试实验中，先进行预制疲劳裂纹，然后再进行断裂韧性测试，采用带环境温度控制的断裂韧性测试平台。预制疲劳裂纹采用的谐振频率为 $70\sim100\mathrm{Hz}$，完成每一个试件的预制疲劳裂纹的循环周次为 $2\times10^5\sim3\times10^5$ 周次，谐振载荷为正弦波形，载荷范围为 $0.2\sim0.4$ 倍的极限载荷 $P_{\max}$。为研究尺寸效应对材料断裂特性的影响，采用 5 种不同厚度 B 的试样（4、8、12、16、22mm）。同时为研究在转变温度区域的断裂特性的尺寸效应，进行测试的环境温度包含转变温度区域的温度范围为 -80℃到室温 20℃。断裂韧性的测试方法是采用单试样法，测定过程中记录载荷-加载点位移数据和裂纹缺口端张开位移 CMOD 数据，根据加卸载柔度法计算裂纹扩展长度，试样断裂后测量总裂纹扩展长度等断裂面的宏观特征。考虑断裂实验结果的离散性，在每一个温度点，每一个尺寸至少测试 4 次，在上平台区域及韧脆转变温度区域每个试件至少加卸载 12 次，如图 1-10 所示，并且保证有效数据至少 8 个。

表征材料断裂特性的物理量从线弹性断裂力学的断裂韧性 K，到弹塑性断裂韧性的 J 积分，能量释放率 R 和大屈服范围或者全屈服范围下的临界裂纹尖端张开位移（crack - tip opening displacement, CTOD）及裂纹扩展阻力 $J\text{-}R$ 曲线。线性弹塑性断裂力学中，与积分路径无关的 J 积分得到了更多的应用。对单边缺口试样的三点弯曲实验，J 积分的计算可以根据式（1 - 2）计算。J 积分的具体计算可以分为弹性部分 J_e［见式（1 - 4）］和塑性部分 J_p［见式（1 - 5）］。

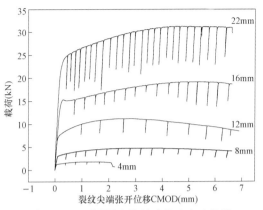

图 1 - 10　不同厚度的单试样法实验曲线

$$J = \frac{2U}{B(W-a)} - \frac{2}{B(W-a)}\int_0^{\Delta c} P \mathrm{d}\Delta \tag{1 - 2}$$

$$J = J_e + J_p \tag{1 - 3}$$

$$J_e = \frac{1-\nu^2}{E}\left[\frac{P_s S}{(BB_N)^{1/2}W^{3/2}}f\left(\frac{a_0}{\omega}\right)\right]^2 \tag{1 - 4}$$

$$J_p = \frac{2U_p}{B_N b_0} \tag{1 - 5}$$

式中　S——跨距，m；

W——试样宽度，m；

B——试样厚度，m；

U——能量，J；

P——载荷，N；

Δc——裂纹扩展长度，m；

Δ——单位裂纹扩展长度，m；

J_e——J 积分的弹性部分，J/m^2；

J_p——J 积分的塑性部分，J/m^2；

ν——泊松比；

E——弹性模量，Pa；

B_N——试样等效厚度，m；

ω——剩余韧带宽度，m；

a_0——屈服点的缺口及预制疲劳裂纹总长度，m；

P_s——屈服点载荷，N；

U_p——塑性部分能量，J；

b_0——剩余韧带厚度，m。

以 $-40℃$ 时 8mm 厚的试件为例，根据一次加卸载曲线得到当前的裂纹扩展长度，然后计算此时的 J 积分值，绘制裂纹扩展阻力 $J\text{-}R$ 曲线，如图 1 - 11 所示，然后计算该试件在不同的裂纹扩展水平

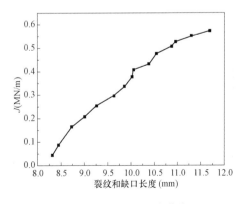

图 1 - 11　裂纹扩展阻力曲线

下的 J 积分值和相应的撕裂模量，同时计算相应载荷水平下的裂纹尖端张开位移 CTOD。

随着温度的升高，塑性扩展区域增加，断裂面的外侧出现典型的剪切唇，剪切唇厚度随着温度的升高而增加。在上平台温度区域，裂纹的扩展主要由塑性孔洞的成核、聚集和链接形成，如图 1-12 所示。随着温度的降低，断裂表面的微观特征逐渐从上平台的韧窝型塑性断裂转变到韧窝型与解理型断裂共存，到下平台的仅有河流状的解理型脆性断裂特征，如图 1-13 所示。

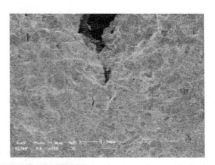

图 1-12　宏观塑形裂纹的扩展

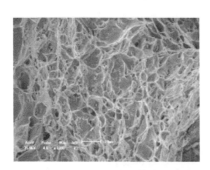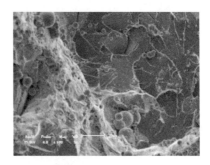
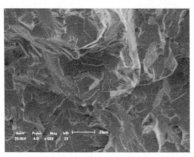

图 1-13　断裂面微观特征随温度的变化

在下平台温度区域，随着温度的降低，脆性失稳断裂前的韧性断裂区域所占比例逐渐变小，但即使在完全脆性断裂时，在疲劳裂纹前缘仍有微米量级的韧性断裂区域。在上平台温度区域，断裂表面的不同位置表现不同的韧窝型断裂特征，在靠近外表面的区域主要表现为穿晶韧性断裂，而在断裂表面的中心厚度区域主要表现为沿晶韧性断裂，如图 1-14 所示。

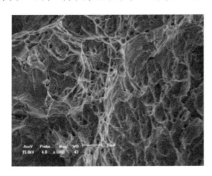 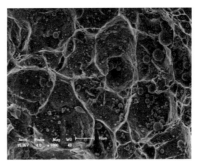

图 1-14　韧性断裂表面不同位置的微观特征

微裂纹或者微孔洞形成裂纹的力学机制决定于材料的微观组织结构、温度、应力和应变的变化率[2-3]，塑性裂纹扩展过程中，孔洞的成核、聚集和连接决定于应力和应变率[4-5]。为研究尺寸对断裂特性的影响，对 5 种不同厚度的试样在 −80℃ 到室温范围内进行断裂韧性测定。对于每个尺寸，随着温度的降低，断裂特征由上平台的韧性断裂到转变温度区域的韧脆断裂共存，再到下平台区域的以脆性断裂为主。对于断裂韧性，随着温度的降低，断裂韧性略有升高，然后进入韧脆转变区的快速降低；到下平台以后，断裂韧性基本保持不变。

从塑性断裂变形能释放率的角度，本节中采用 J 积分作为断裂韧性的度量方法，在稳定裂纹扩展过程中，基于单位裂纹扩展面积能量释放的 J 积分作为考察抵制裂纹扩展的能力[6-7]。ASTM 中用来描述断裂韧性随温度转变的主曲线（master curve）主要用于 1T 厚度（25.4mm）的标准尺寸试样，对于非标准尺寸试样的厚度 1/6T 远远小于 1T 厚度，考虑到 weakest-link theory 从较小厚度到 1T 厚度的数值转变的不确定性，采用原始的三参数 Boltzmann 函数［见式（1-6）］来拟合断裂韧性随温度的转变过程，A_2、A_1 分别为上下平台的断裂韧性值，x_0 为拟合的转变温度值，$\mathrm{d}x$ 为转变温度的跨度。通过该 Boltzmann 函数曲线可以得到转变温度的值、上平台韧性断裂的断裂韧性值、下平台脆性断裂的断裂韧性值。

$$Y = A_2 + (A_1 - A_2)/\{1 + \exp[(x - x_0)/\mathrm{d}x]\} \tag{1-6}$$

式中　Y——波兹曼函数值；

　　A_1——下平台断裂韧性数值；

　　A_2——上平台断裂韧性数值；

　　x_0——拟合的转变温度值；

　　$\mathrm{d}x$——转变温度的跨度值；

　　x——温度变量值。

在下平台的脆性断裂和转变区域的下半部分，三参数 Beremin 函数［见式（1-7）］用来拟合断裂韧性-累积失效概率，其中 P_f 为对于特定尺寸的断裂韧性达到临界断裂韧性 R

时的失效概率。

$$P_f = 1 - \exp\{-[(R - R_{min})/(R_0 - R_{min})]^b\} \qquad (1-7)$$

式中 P_f——对于特定尺寸的断裂韧性达到临界断裂韧性 R 时的失效概率；

     R——断裂韧性值，J/m^2；

    R_{min}——断裂韧性值的最小值，J/m^2；

    R_0——断裂韧性中间值，J/m^2；

    b——无量纲系数。

22mm 厚度试样不同温度下的临界 J 积分及波兹曼曲线拟合如图 1-15 所示，下平台及转变区域的下半段的断裂韧性-累积失效概率如图 1-16 所示。

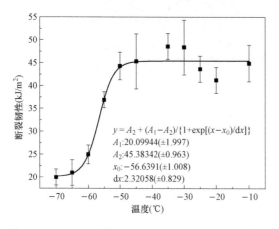

图 1-15 22mm 厚度试样不同温度的临界 J 积分及波兹曼曲线拟合

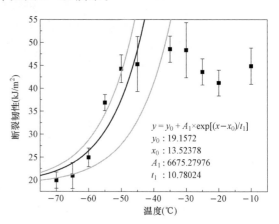

图 1-16 22mm 试样下平台断裂韧性-累积失效概率

根据韧脆转变温度（ductile brittle transition temperature，DBTT）和断裂韧性拟合结果，尺寸厚度对韧性转变温度的影响如图 1-17 所示，随着试样尺寸的增大，转变温度逐渐降低。尺寸厚度对上下平台断裂韧性的影响如图 1-18 所示。随着尺寸厚度的增大，上平台断裂韧性和下平台断裂韧性均先增加后降低，由增加到降低的转折点的厚度值理论上为平面应力向平面应变转变的厚度，上平台的平面应力——平面应变转折点厚度比下平台的值大。

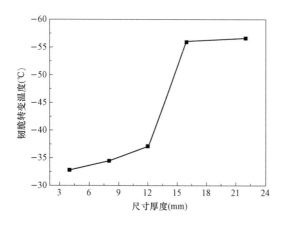

图 1-17 尺寸厚度对韧脆转变温度的影响

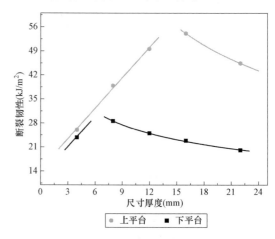

图 1-18 尺寸厚度对上下平台断裂韧性的影响

除了临界断裂韧性外，根据裂纹扩展阻力曲线，还可以得到裂纹扩展起始阶段的撕裂模量。临界断裂韧性表征试样抵抗裂纹起始扩展的能力，撕裂模量表征试样抵抗裂纹稳态扩展的能力，各个温度点的撕裂模量可以用指数型函数［见式（1-8）］拟合。不同厚度试样的各个温度点撕裂模量的拟合结果如图1-19所示，随着温度的降低，撕裂模量升高，材料抵抗裂纹扩展能力升高，但是临界断裂韧性降低，所以总的材料抗破坏损伤能力还是减弱。随着试样尺寸的增加，撕裂模量增加，材料抵抗裂纹稳态扩展能力增强。

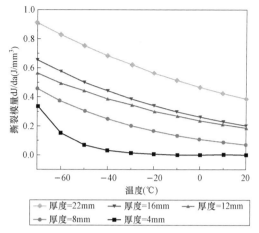

图 1-19　不同厚度试样的各个温度点撕裂模量的拟合结果

$$\frac{dJ}{da} = \alpha \cdot e^{-\beta \cdot T} \tag{1-8}$$

式中　J——J 积分值，J/m^2；

　　　a——裂纹扩展长度，m；

　　　T——温度，℃；

　　α、β——拟合参数。

第三节　韧脆转变温度区域断裂韧性尺寸效应机理

对第二节节中断裂表面的微观特征进行观察发现，较厚试样在接近外表面的区域和较薄试样几乎整个断裂表面上表现为穿晶韧性断裂，而在较厚的试样的中间层面所在的区域表现的是沿晶韧性断裂的微观机制。三向应力比对微观断裂特征有很大的影响[8-9]，在较高的三向应力比条件下，微观断裂以沿晶断裂为主，而在三向应力 T 比较低的条件下，微观断裂以穿晶断裂为主。

$$T = \frac{\sigma_m}{\sigma_e} = \frac{\sigma_1 + \sigma_2 + \sigma_3}{3\sigma_e} \tag{1-9}$$

式中　　　T——三向应力比；

　　　σ_m——Mises 应力，Pa；

　　　σ_e——等效应力，Pa；

σ_1、σ_2、σ_3——主应力，Pa。

考虑到试样中间层和表面层接近二维平面应变状态和平面应力状态，通过对二维平面模型进行计算得到三向应力比的分布，在临界载荷水平时裂纹尖端前端不同位置的三向应力比的分布情况如图1-20和1-21所示，其中 r 为距离裂纹尖端的位置，ω 为试样剩余韧带宽度。计算结果发现，平面应变状态下裂纹尖端的三向应力比要比平面应力状态下的值高，同时裂纹起裂扩展方向为三向应力比最大值位置。

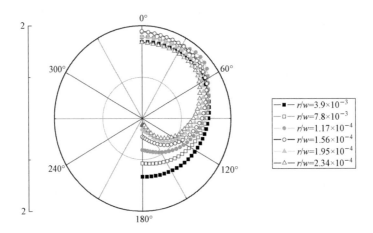

图1-20 试样中间层单元裂纹尖端的三向应力比分布

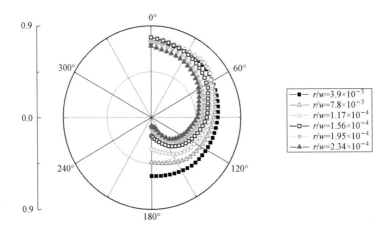

图1-21 表面层单元裂纹尖端的三向应力比分布

三向应力比对微观断裂机制的影响，采用 GTN 孔洞模型进行定性模拟讨论，其中孔洞单元屈服面方程为

$$\Phi = \left(\frac{q}{\sigma_s}\right) + 2q_1 f^* \cosh\left(q_2 \frac{3p}{2\sigma_s}\right) - (1 + q_3 f^{*2}) \tag{1-10}$$

式中　　q——等效 Mises 应力，Pa；

　　　　p——静水应压，Pa；

　　　　σ_s——温度及率相关的屈服应力，Pa；

　　　　f^*——孔洞密度的函数；

q_1、q_2、q_3——材料相关的无量纲常数。

孔洞率的演化方程分为原来孔洞的长大、聚集和连接以及新孔洞的生成［见式（1-11）］，孔洞的增长主要由塑性变形张量的迹控制［见式（1-12）］，孔洞的生成主要与等效塑性应变相关［见式（1-13）］，造成单元失效及屈服面演化的孔洞率的演化为

$$\dot{f} = \dot{f}_{growth} + \dot{f}_{nucl} \tag{1-11}$$

$$\dot{f}_{growth} = (1 - f)D_{kk}^p \tag{1-12}$$

$$\dot{f}_{\text{nucl}} = A\dot{\varepsilon}_{\text{m}}^{\text{pl}} + B(\dot{\sigma}_{\text{m}}^{\text{pl}}\dot{\sigma}_{\text{h}}) \qquad (1\text{-}13)$$

式中　$\dot{f}$——孔洞率增量；

　　　$\dot{f}_{\text{growth}}$——孔洞增长率；

　　　D_{kk}^{p}——静水应力中的塑性部分；

　　　$\dot{f}_{\text{nucl}}$——孔洞生成率；

　　　$\dot{\varepsilon}_{\text{m}}^{\text{pl}}$——微观等效塑性应变率；

　　　$\dot{\sigma}_{\text{m}}^{\text{pl}}$——微观等效塑性应力率；

　　　$\dot{\sigma}_{\text{h}}$——宏观静水应力率；

　　　A——新孔洞的生成中等效应变控制项参数；

　　　B——新孔洞的生成中等效应力控制项参数。

屈服应力为温度的函数和应变率的函数。

$$\sigma_{\text{s}} = K\varepsilon_{\text{pl}}^{\text{n}}(1 - \beta t) \qquad (1\text{-}14)$$

$$\sigma_{\text{s}}(\varepsilon_{\text{cq}}^{\text{pl}}, \dot{\varepsilon}_{\text{cq}}^{\text{pl}}) = \sigma_0\left(1 + \left(\frac{\dot{\varepsilon}_{\text{eq}}^{\text{pl}}}{\dot{\varepsilon}_0}\right)^{1/p}\right) \qquad (1\text{-}15)$$

f^* 的演化方程为

$$f^* = \begin{cases} f & f < f_{\text{c}} \\ f_{\text{c}} + \dfrac{\overline{f}_{\text{F}} - f_{\text{c}}}{f_{\text{F}} - f_{\text{c}}}(f - f_c) & f_{\text{c}} \leqslant f < f_{\text{F}} \\ \overline{f}_{\text{F}} & f \geqslant f_{\text{F}} \end{cases} \qquad (1\text{-}16)$$

式中　　σ_{s}——屈服应力，Pa；

　　　　$\varepsilon_{\text{pl}}^{\text{n}}$——塑性应变；

　　　　t——温度，℃；

　　　　ε_{eq}——等效应变；

　K、β、p——无量纲系数；

f、f_{c}、f_{F}——孔洞率。

通过对三维实体模型进行计算，采用随机分布的空隙率，计算过程施加多种不同的应力场，发现在不同的应力场下，代表性几何模型在不同应力比下表现穿晶塑性断裂或者沿晶塑性断裂。在较高的三向应力比下，以沿晶塑性断裂为主，在较低的三向应力比下以穿晶塑性断裂为主；在比屈服应力水平低的应力场下，几乎没有达到晶粒的破坏极限，所以没有断裂产生；在较高的应力场时，二者有比较明显的分界线，即微观断裂机制的变化只是由三向应力比控制，与晶粒中各个部分的相对厚度关系不明显。而根据宏观断裂表面的模拟分析，三向应力比较高的位置在较厚试样的接近中层面位置区域，这与实验的微观观察结果完全一致。而在较薄试样的断裂面的微观观察结果上看，基本以穿晶韧性断裂为主，几乎没有沿晶断裂。从能量角度考虑，三向应力比减小，在相同的塑性断裂应变的条件下，晶粒的等效塑性应变能中的形状改变能分量增大，易于产生沿晶断裂，反之，三向应力比增加时，等效应变能中的体积改变能分量增大，易于产生穿晶断裂。穿晶塑性断裂和沿晶塑性断裂的竞争关系定性描述为：因为析出相区域有较低的屈服极限，首先发生塑性变形，晶粒有较高的屈服极限，此时仍然处于弹性状态，孔洞增长比较缓慢，在较高的三向应力比条件下，由于晶粒对析出相区的载荷限制，使得析出相区的塑性变形增大，因而孔洞迅速增长，孔洞的连接形成沿晶断裂裂纹。而在较低的三向应力比条件下，析出相区的孔洞增长比较缓慢，塑性变形不是很大，但是由于析出相区的硬化率较高，可以承受较高的应力，当晶粒内部的应力水平达到屈服应力以后，硬化率变低，产生相同的应力增量所需要的塑性应变增量更大，在相同的应力水平下晶粒内部孔洞的迅速增加并连接形成穿晶断裂裂纹。在较高的应力水平下，微观上基本呈现的是沿晶断裂，必将导致在断裂面上呈现出较大的韧窝；而当三向应力比较低时，微观断裂机制以穿晶断裂为主说明了在较为接近试件的中间位置断裂是以较大的韧窝为主的韧性断裂，在较为接近试件的外表面位置断裂是以较小的韧窝为主的韧性断裂。

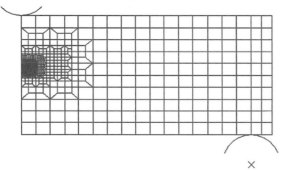

图 1-22 三点弯曲的二维几何模型

三向应力比除了对微观断裂模式有重要影响以外，对裂纹扩展方向也有重要的影响。以三向应力比分布不同的平面应力和平面应变状态为例，分析三向应力比对裂纹扩展方向的影响。三点弯曲的二维有限元几何模型如图 1-22 所示，裂纹尖端采用局部网格加密用以表征更为精细的裂纹扩展方向，每个有限元单元的初始孔洞率采用一定范围内的随机分布，初始孔洞率的随机分布，如图 1-23 所示。

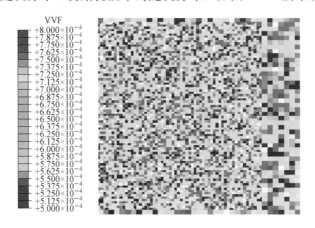

图 1-23 初始孔洞率的随机分布

根据不同边界条件和设定的平面应变单元及平面应力单元，最终计算的裂纹扩展路径，平面应变与平面应力条件下的裂纹扩展方向不同，如图 1-24 所示，裂纹扩展路径以红色表示，在平面应变条件下，裂纹扩展几乎沿着原预制疲劳裂纹的方向，而在平面应力条件下，裂纹扩展已经偏离原预制疲劳裂纹方向，在宏观的三点弯曲断裂实验中，在裂纹扩展表面上在试样厚度中间表现为一个平坦的三角形裂纹扩展区域，而在试样两侧靠近表面部分呈现剪切唇的特征。

从临界断裂韧性的结果来看，在上平台区域，临界断裂韧性在试样厚度 $4\sim16\mathrm{mm}$ 范围内，随着试样尺寸厚度的增加而增加，然后在 $16\sim22\mathrm{mm}$ 厚度范围内，随着试样尺寸厚度的增加而减少；在下平台区域内，临界断裂韧性在试样厚度 $4\sim8\mathrm{mm}$ 范围内，随着试样

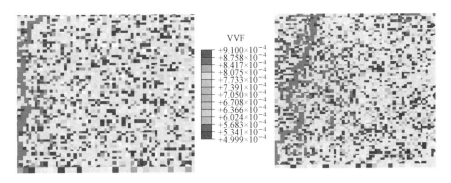

图 1-24 平面应变与平面应力条件下的裂纹扩展方向

尺寸厚度的增加而增加，然后在 8～22mm 厚度范围内，随着试样尺寸的增加而减少。从断裂面的断裂特征来看，在上平台，试样厚度从 4～16mm，整个断裂面都是以剪切唇为主；而在下平台，试样厚度从 4～8mm 的脆性断裂表面也是以剪切唇为主，而剪切唇为平面应力的主要特征。随着试样厚度的增加，上平台和下平台的断裂表面表现出相同的特性：剪切唇和平整断裂表面共存，剪切唇的比例逐渐降低。

由 J 积分的物理意义 [见式（1-2）]，临界加载点上裂纹扩展单位面积的能量释放率，其中 U_C 为系统累积的能量，断裂影响区域吸收的断裂变形能。

$$U_C = \int_0^{\Delta_c} P \mathrm{d}\Delta = \int_{V_a} E^f \mathrm{d}V \tag{1-17}$$

式中　E^f——在加载路径上的断裂变形能密度积分，J/m^3；

　　　　V——体积，m^3。

可以分为弹性变形能密度、塑性变形能密度、表面能密度三部分。

弹性变形能密度，分为体积改变能部分与形状改变能部分，除了依赖于屈服应力以外，还与三向应力比有关。

$$E^f = W^e + W^p + W^s \tag{1-18}$$

$$W^e = \int \sigma_{ij} \mathrm{d}\varepsilon_{ij}^e = \int_0^{\varepsilon'^e} \sigma'_{ij} \mathrm{d}\varepsilon_{ij}^{\varepsilon'^e} + 3\int_0^{\varepsilon_h} \sigma_m \mathrm{d}\varepsilon_m$$

$$= \frac{\sigma_{yield}^2}{2E}\left[\frac{2}{3}(1+\upsilon) + 3(1-2\upsilon)\left(\frac{\sigma_m}{\sigma_e}\right)^2\right] \tag{1-19}$$

式中　W^e——弹性变形能密度，J/m^3；

　　　　W^p——塑形变形能密度，J/m^3；

　　　　W^s——表面能密度，J/m^3；

　　σ_{yield}——屈服应力，Pa；

　　　　E——弹性模量，Pa；

　　　　υ——泊松比；

　　　σ_{ij}——应力张量；

　　　ε_{ij}——应变张量；

　　　σ_m——Mises 应力，Pa；

　　　σ_e——等效应力，Pa。

塑性变形能密度依赖于加载历史，在上平台的塑性断裂，塑性变形能密度所占比例远远高于弹性变形能密度和表面能密度，因此弹塑性材料简化为理想弹塑性材料以便于进行定性的断裂韧性的尺寸效应理论分析。此时断裂变形能密度主要由临界断裂应变决定，从单轴拉伸试验结果分析看，在三向应力比为常量 1/3 情况下，上平台的临界断裂应变基本保持不变。

$$W^{\mathrm{p}} = \int_0^{\varepsilon_{\mathrm{f}}} \sigma_{\mathrm{yield}}(\bar{\varepsilon}^{\mathrm{p}}) \mathrm{d}\bar{\varepsilon}^{\mathrm{p}} \tag{1-20}$$

式中　W^{p}——塑形变形能密度，$\mathrm{J/m^3}$；

　　　ε_{f}——临界断裂应变。

在上平台区域，厚度为 4～16mm 的三点弯曲试样，从有限元模拟结果来看，临界载荷条件下裂纹尖端的塑性变形区域尺寸 l_{p} 在全屈服条件下几乎等于裂纹尖端的剩余韧带尺寸，因此断裂变形能密度与断裂影响区域成比例关系，得到（1-22）。

$$V_{\mathrm{a}} = l_{\mathrm{p}} \times B(W-a) = \gamma B \times B(W-a) \tag{1-21}$$

$$J_{\mathrm{C}} = \frac{2U_{\mathrm{C}}}{B(W-a)} = \frac{2l_{\mathrm{p}} B(W-a) \int_0^{\varepsilon_{\mathrm{f}}} \sigma_{\mathrm{yield}}(\bar{\varepsilon}^{\mathrm{p}}) \mathrm{d}\bar{\varepsilon}^{\mathrm{p}}}{B(W-a)} \tag{1-22}$$

$$= 2\gamma B \int_0^{\varepsilon_{\mathrm{f}}} \sigma_{\mathrm{yield}}(\bar{\varepsilon}^{\mathrm{p}}) \mathrm{d}\bar{\varepsilon}^{\mathrm{p}}$$

式中　V_{a}——塑性变形区域体积，$\mathrm{m^3}$；

　　　l_{p}——裂纹尖端前塑性变形区域尺寸，m；

　　　γ——裂纹尖端前塑性变形区域尺寸与试样厚度尺寸之比。

从临界断裂韧性的定性表达公式来看，在上平台和转变温度区域，临界断裂韧性主要由试样尺寸（特征厚度）、加载历史和临界断裂应变决定。而塑性断裂的临界断裂应变与三向应力比[10-12]和温度[13-14]的关系已经有丰富的实验与理论结果［见式（1-23）和式（1-24）］，临界断裂应变随着三向应力比的增加而指数型降低，随着温度的升高而升高。

$$\varepsilon_{\mathrm{f}}(t_{\mathrm{f}}) = \alpha \cdot \exp(-\beta\sigma_{\mathrm{m}}/\sigma_{\mathrm{e}}) = \alpha \cdot \exp(-\beta \cdot t_{\mathrm{f}}) \tag{1-23}$$

$$\varepsilon_{\mathrm{f}}(T) = A\left[1 + \tanh\left(\frac{t - t_{\mathrm{DBTT}}}{B}\right)\right] \tag{1-24}$$

式中　　　ε_{f}——临界断裂应变；

　　　　　t_{f}——三向应力比；

　　　　　t——温度，℃；

　　　t_{DBTT}——韧脆转变温度，℃；

A、B、α、β——无量纲参数。

考虑到临界断裂应变为三向应力比的函数，可以表示为三向应力比的函数形式。根据裂纹尖端前缘应力分布，得到各个尺寸试样在临界载荷位置处的三向应力比分布如图 1-25 所示，随着试样厚度的增加，三向应力比降低，从试样的外表面到中间厚度位置三向应力比升高，根据式（1-25）的结果来看，三向应力比决定的断裂韧性在 4～16mm 试样厚度范围内随着试样尺寸厚度的增加而增加。

$$J_{\mathrm{C}}(B, t_{\mathrm{f}}) = 2l_{\mathrm{P}} \int_0^{\varepsilon_{\mathrm{f}(t_{\mathrm{f}})}} \sigma_{\mathrm{yield}}(\bar{\varepsilon}^{\mathrm{p}}) \mathrm{d}\bar{\varepsilon}^{\mathrm{p}} \tag{1-25}$$

$$= 2\gamma B \int_0^{\alpha \cdot \exp(-\beta \cdot t_{\mathrm{f}})} \sigma_{\mathrm{yield}}(\bar{\varepsilon}^{\mathrm{p}}) \mathrm{d}\bar{\varepsilon}^{\mathrm{p}}$$

式中　J_C——临界断裂韧性，J/m^2；

　　　B——试样厚度，m；

　　　t_f——三向应力比。

在试样厚度大于 16mm 以后的试样尺寸，裂纹尖端前缘的塑性屈服已经不能完全扩展到整个剩余韧带区域，也就是说塑性影响区域尺寸 l_p 已经小于剩余韧带宽度 b，随着尺寸的增加，代表平面应力受力特征的剪切唇在整个断裂面上所占比例降低。因此，塑性断裂影响区域体积 V_a 减少，而平面应变受力特征的三向应力比比例增加导致平均三向应力比均值增加。

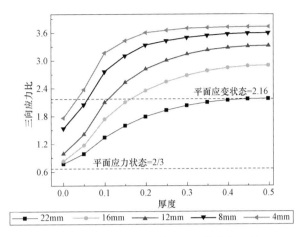

图 1-25　不同尺寸试样的临界截荷位置处
三向应力比分布

从临界断裂韧性的表达式来看，较高的三向应力比及其导致的较高的应力状态的约束和随着试样尺寸增加而增加的三向应力比和其约束，塑性断裂韧性将会有降低趋势。同时相对于下平台的脆性断裂而言，上平台的塑性断裂的由于平面应变受力状态而导致断裂韧性降低的平面应力至平面应变转变的尺寸 B_0 较大。

$$J_C(l_p, t_f) = 2l_p \int_0^{a \cdot \exp(-\beta \cdot t_f)} \sigma_{yield}(\bar{\varepsilon}^p) d\bar{\varepsilon}^p \tag{1-26}$$

式中　J_C——临界断裂韧性，J/m^2；

　　　l_p——塑性影响区域尺寸，m；

　　　t_f——三向应力比。

在下平台的脆性断裂，试样尺寸或者厚度足够大的平面应变断裂韧性可以认为是材料特性与试样几何尺寸无关。但是对于试样尺寸或者厚度不够大，达不到平面应变受力特征时，得到的表观断裂韧性并不是材料常数，而是决定于试样的尺寸与几何外形。虽然实验得到的表观断裂韧性不是材料常数，但是对于相同厚度或者等量尺寸结构件的断裂特性的分析有直接并且重要的指导作用。对于三点弯曲试样厚度从 4～8mm，实验断裂韧性随着厚度的增加而增加，在该厚度范围内的尺寸，试样的断裂表面表现全部为剪切唇，此时的断裂韧性几乎可以认为是平面应变受力特征下的断裂韧性。在脆性裂纹扩展过程中，裂纹尖端为小范围屈服情况，断裂韧性主要由弹性和塑性断裂变形能决定。单位裂纹扩展面积 da 的脆性断裂能量释放率 dU_f 如式（1-27）所示，其中 B_0 为平面应力转变至平面应变的临界尺寸。在平面应力水平下，临界断裂变形能密度为材料常数，此时的三向应力比为常数。根据应变能释放率，断裂韧性可以写成如式（1-29）所示形式，应变能释放率随着试样尺寸厚度的增加而线性增加。小范围屈服尺寸半径 l_p 随着试样尺寸厚度的增加而增加［见式（1-30）］。

$$dU_f = \frac{1}{2}\theta B^2 da \quad (B < B_0) \tag{1-27}$$

$$\theta = W^e + W^p + W^s$$
$$= \frac{\sigma_{yield}^2}{2E}\left[\frac{2}{3}(1+v) + 3(1-2v) \cdot t_f^2\right] + \int_0^{a \cdot \exp(-\beta \cdot t_f)} \sigma_{yield}(\bar{\varepsilon}^p) d\bar{\varepsilon}^p \tag{1-28}$$

$$J_{\mathrm{C}} = \mathrm{d}U_{\mathrm{f}}/B\mathrm{d}a = K_{\mathrm{IC}}^2/E \tag{1-29}$$

$$l_{\mathrm{p}} = \frac{1}{2\pi}\left(\frac{K_{\mathrm{IC}}}{\sigma_{\mathrm{yield}}}\right)^2 = \frac{E\theta B}{4\pi \cdot \sigma_{\mathrm{yield}}} \tag{1-30}$$

式中　　B_0——平面应力转变至平面应变的临界尺寸；

　　　　U_{f}——应变能，J；

　　　　θ——应变能密度，$\mathrm{J/m^3}$；

　　　　W^{e}——弹性变形能密度，$\mathrm{J/m^3}$；

　　　　W^{p}——塑形变形能密度，$\mathrm{J/m^3}$；

　　　　W^{s}——表面能密度，$\mathrm{J/m^3}$；

　　　　l_{p}——小范围屈服的屈服尺寸半径，m；

　　　　J_{C}——J 积分，$\mathrm{J/m^2}$；

　　　　K_{IC}——断裂韧性，$\mathrm{Pa \cdot m^{1/2}}$；

　　　　E——弹性模量，Pa。

对于较小尺寸的试样，在上平台和下平台，试样断裂韧性都随着试样尺寸厚度的增加而线性增加，但是其增加的基本机制不同。在上平台，是因为在全屈服情况下，裂纹尖端前缘的断裂影响区随着试样尺寸的增加而增加；在下平台，断裂影响区域体积几乎保持不变，如图1-26和图1-27所示，而定性来说断裂韧性是由断裂变形能密度和断裂影响区共同决定的。

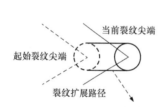

图 1-26　不同尺寸试样的临界位置三向应力比分布　　图 1-27　裂纹尖端塑性区域形状定性分布

在下平台的脆性断裂，试样厚度对平面应变断裂韧性的影响已经得到的广泛的研究，weakest-link 理论[16-17]常用来定量表达尺寸对断裂韧性的影响，即

$$\frac{K_{JC(\mathrm{x})} - K_{\min}}{K_{JC(\mathrm{o})} - K_{\min}} = \left(\frac{B_{\mathrm{x}}}{B_{\mathrm{o}}}\right)^{-1/4} \tag{1-31}$$

式中　　$K_{JC(\mathrm{x})}$——厚度为 B_{x} 的断裂韧性，$\mathrm{Pa \cdot m^{1/2}}$；

　　　　B_{x}——待预测断裂韧性的试样厚度，m；

　　　　$K_{JC(\mathrm{o})}$——厚度为 B_{o} 的断裂韧性，$\mathrm{Pa \cdot m^{1/2}}$；

　　　　B_{x}——已知厚度，m；

　　　　$K_{\min}$——脆性断裂韧性，$\mathrm{Pa \cdot m^{1/2}}$。

对于 8～22mm 厚度的试样，断裂韧性随着试样尺寸厚度的增加而减少，主要原因是有较高的面外约束[18-20]存在，同时断裂表面上，在厚度中间位置呈现平坦的断裂特征，在靠近表面位置剪切唇的厚度基本保持不变，而在整个表面所占的比例降低。平面应力下的小范围塑性区域尺寸远远大于平面应变下小范围区域尺寸［见式（1-32）］，随着试样尺寸厚度的增加，考虑到剪切唇所占的比例降低，整个试样的塑性变形区域体积减少。同时由于高约束的存在，导致在高三向应力比区域控制断裂的断裂应力降低，因而定性的从这两方面来说，断裂韧性随着尺寸的增加而降低。

$$r_{p} = \frac{K^2}{2\pi\sigma_{ys}^2}\left[\cos\frac{\theta}{2}\left(1-2\nu+\sin\frac{\theta}{2}\right)\right]^2 \qquad (1\text{-}32)$$

式中　　r_p——平面应力下的小范围屈服塑性区域半径，m；

　　　　θ——沿裂纹扩展路径前沿轴上的角度；

　　　　ν——泊松比。

　　总之，断裂韧性的变化主要由断裂影响区域体积和三向应力比决定的临界断裂应变决定的。上平台的韧性断裂，在特征厚度为4~16mm，宏观断裂特征表现为在裂纹尖端的韧带区域的整体屈服或者大范围屈服，此时的断裂影响尺寸随着特征厚度的增加而增加；厚度增加，临界断裂位置时裂尖区域的三向应力比随着厚度的增加而降低，临界断裂应力升高。断裂影响尺寸和临界断裂应力的增加决定了临界断裂韧性的增加。在特征厚度为16~22mm范围内，裂纹尖端的韧带区域已经不是整体屈服，及屈服范围已经没有扩展到整个韧带区域，而是只在裂纹尖端的较大的范围内，此时的断裂影响区域尺寸已经不随着厚度的增加而增加；三向应力比降低引起的断裂应变增加已经不是主要因素，因此临界断裂韧性降低。下平台的脆性断裂，从临界断裂变形能密度的表达，解释了在特征厚度为4~8mm范围内断裂韧性的增加；从约束的角度出发，解释了特征厚度为8~22mm的试样断裂韧性的降低。

第四节　韧脆转变温度区域管道等效水压实验性能评估

　　在实际工程应用中，偏塑性材料的管道和壳体结构由于造价较低并且有较好的抵制环境损伤的持久性，在压力容器等工程中得到越来越广泛的应用。而管道或者壳体在运输或者储藏油气等流动性资源时，会承受较高的内压作用，因此结构的安全性设计比较重要。准确的预测爆破压力和失效压力长久以来都是管道壳体等结构工程中设计和安全评估的一个重要问题，特别是在核工业工程中。同时实验结果表明，经验公式或者理论结果往往不能提供较为准确的应用。任何结构或者组件在生产或者使用过程中都可能含有或者产生微裂纹微孔洞等缺陷，在何种工况下这些微缺陷会成长成为宏观裂纹，并且扩展成为很关键的工程问题，特别是对于压力容器、核容器等，在服役一段时间以后安全操纵及评估显得尤为重要。在核及压力容器等正常工作环境下，受内压或者轴向弯曲的含轴向或纵向表面裂纹或者穿透裂纹的封闭或者开口的管道是研究比较多的内容。工程应用中的管状结构件的常见缺陷为表面的或者穿透的轴向裂纹和径向裂纹。封闭管件受内压作用，环向应力为轴方向应力的二倍，因此轴向的微缺陷更容易引起裂纹的形成与扩展，导致结构的失效，研究不同温度及几何尺寸下的穿透轴向裂纹的扩展，为了便于操作不引入内压而采用等效内压作用。

　　在役设备在使用环境下的断裂特性，有时难以采用标准的断裂韧性实验来完成或者外推，实际工况下的断裂韧性实验就很有必要，相应的实验结果也比较丰富。同时，基于断裂力学的结构安全性能评估也得到了发展并且用来执行 fitness‑for‑service 评定。采用经验公式或者基于断裂力学的有限元方法也得到了越来越多的应用。对于没有缺陷的闭口管件的爆破压力和失效压力与几何外形相关，经过不同的方法得到了不同的经验公式[21-25]，即

$$P_b = \sigma_{yield} \cdot f(t, R_0)$$

$$f(t, R_0) = \begin{cases} \dfrac{2}{\sqrt{3}}\log(R_o/R_i) \\[2mm] \dfrac{2t}{2R_o - t}\left[\left(\dfrac{1}{2}\right)^{1+n} + \left(\dfrac{1}{\sqrt{3}}\right)^{1+n}\right] \\[2mm] 0.875t/R_o \\[2mm] \dfrac{R_o/R_i - 1}{0.6R_o/R_i + 0.4} \end{cases} \tag{1-33}$$

$$P_f = \frac{R_o/R_i - 1}{0.6f + 0.4} \cdot \sigma_{nltimate} \tag{1-34}$$

式中　P_b——爆破压力，Pa；

　　　P_f——失效压力，Pa；

　　σ_{yield}——屈服应力，Pa；

　　$\sigma_{ultimate}$——极限应力，Pa；

　　　f——形状因子；

　　　t——厚度，m；

　　　R_i——内径，m；

　　　R_o——外径，m；

　　　n——硬化指数。

对于含有表面或者透入缺陷的管件的失效压力可用经验公式估计[24]，即

$$P_f = \frac{1}{R} \cdot \frac{\sigma_{yield} + \sigma_{ultimact}}{2} \cdot \left(\frac{1 - a/t}{1 - a/t(1/M)}\right) \tag{1-35}$$

$$M = \sqrt{1 + 1.61\frac{l^2}{4Rt}}$$

式中　l——透入型椭圆形缺陷的长径长度，m；

　　　a——透入型椭圆形缺陷的短半径，m；

　　M——无量纲缺陷因子参数；

　　R——半径，m。

对于含穿透裂纹的开口管件，失效压力的估算可以根据经验公式[26-27]，即

$$P_f = \sigma_u \cdot \frac{1}{M_{FL}}\ln\frac{R_o}{R_i} = \frac{\sigma_u \cdot t}{R_i \cdot M_{FL}} = \frac{\sigma_u \cdot t}{R \cdot \sqrt{1 + 1.61\dfrac{a^2}{R_i \cdot t}}} \tag{1-36}$$

式中　σ_u——极限应力，Pa；

　　M_{FL}——无量纲穿透裂纹缺陷因子参数；

　　　a——穿透裂纹的长度，m。

当考虑到弯曲应力时，失效压力[38]可以表示为

$$P_f = \sigma_u \cdot \left\{ \begin{array}{l} \dfrac{2\sqrt{3}}{\sqrt{1+2.5a^2/R_o t}} \ln \dfrac{R_o}{R_i} + \\[2mm] \dfrac{1}{2R_i}\left[-(R_i+R_o)+\sqrt{4R_i^2+4R_i t+2t^2}\right] \end{array} \right\} \tag{1-37}$$

对没有表面缺陷的管道，爆破压力与失效压力和实验值仍有一定的误差。对于穿透裂纹管道或壳体，其失效压力的预测要根据环境温度和裂纹尖端的应力特征来决定。除了通过内压爆破和法向弯曲的实验内容得到最大失效压力以外，采用断裂力学方法对管或壳的失效及裂纹扩展的断裂特性进行分析也得到广泛的应用。通常采用断裂力学机制来描述评估基于温度的破坏力学行为需要相应的不同温度的等效外载下的断裂力学性能。$J\text{-}R$ 裂纹扩展阻力曲线便是断裂力学中常用的材料特性，对于薄壁管件，根据 ASTM E1820—16 Standard Test Method for Measurement of Fracture Toughness 的标准方法无法得到满足标准要求尺寸的断裂韧性，相应的在于结构件而非材料的表观断裂韧性的测试方法得到了发展和应用。

实验采用管道结构件几何外形及受外载示意图如图 1-28 所示，采用两种几何形状内径 41mm、壁厚 2mm 和内径 80mm、壁厚 2.5mm 的试样。准静态加载条件，同步记录载荷-位移曲线和实时采集裂纹扩展图像以记录裂纹扩展长度。温度环境从−80℃到室温 20℃，测量 10～11 个温度点。各个

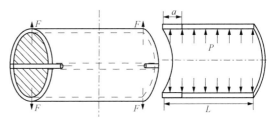

图 1-28　管状结构件几何外形及受外载示意图

温度点及尺寸均至少测量 4 个试样以研究其断裂韧性均值的变化趋势。加载条件为内夹具穿过管中，在不考虑摩擦力的情况下所施加的外载基本通过接触面法向作用于管内壁，等效于开口管道的内压作用，外载 F 同等效内压 P 有直接的等效线性关系。加载过程中记录管状结构件的载荷位移曲线，同时同步采集裂纹扩展过程图像，通过记录的图像可以测得整个裂纹起裂及扩展过程；根据加载过程中记录的载荷位移曲线可以计算裂纹扩展时的等效断裂韧性。

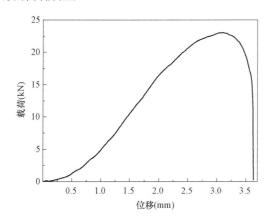

图 1-29　管状结构件加载载荷-位移

以室温 20℃下的实验为例，实验中得到的管状结构件加载载荷-位移曲线如图 1-29 所示，根据载荷位移曲线，可以得到临界断裂韧性及断裂变形能。管状结构件加载过程中的裂纹扩展过程如图 1-30 所示，可以测量得到裂纹扩展长度和裂纹尖端张开位移，根据裂纹扩展长度，可以得到 $J\text{-}R$ 裂纹扩展阻力曲线，如图 1-31 所示。从裂纹扩展过程中的裂纹尖端的几何变形可以看出，在上平台塑性断裂的稳定裂纹扩展过程中，裂纹尖端存在典型的蝶形塑性变形区域，并且裂纹从管结构件的内表面起裂，然后以剪切撕裂裂

纹形式扩展到外表面。根据同步的载荷位移曲线和裂纹扩展图像，以 20℃的试样为例，管状结构件等效 J-R 裂纹扩展阻力曲线如图 1-32 所示，可以确定裂纹起始点及裂纹扩展中的载荷，根据实验结果发现上平台的裂纹扩展基本都在最大载荷附近。

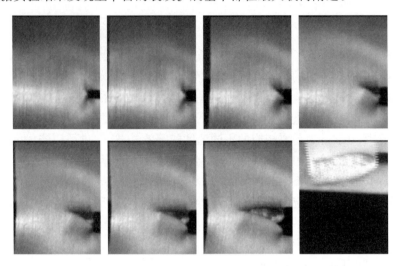

图 1-30　管状结构件加载过程中裂纹扩展

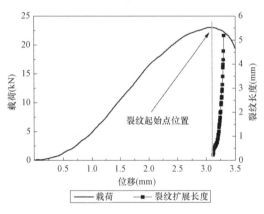

图 1-31　管状结构件加载过程中裂纹扩展及
载荷位移图

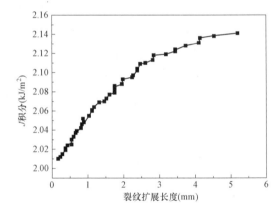

图 1-32　管状结构件等效 J-R 裂纹扩展
阻力曲线图

　　两种厚度和尺寸的管结构件的 J 积分随裂纹扩展长度的变化趋势实验结果如图 1-33 所示，随着裂纹扩展，断裂变形能和断裂韧性 J 积分均随着增长，试样内径对断裂韧性结果影响不大，断裂韧性只取决于厚度。对内径 80mm、壁厚 2.5mm 的管状结构件进行不同温度的断裂特性实验。断裂实验研究中得到最大的失效内压与经验公式得到的失效内压对比如图 1-34 所示。断裂起始点大多在最大载荷处，因此计算断裂变形能时，积分路径到加载历史的最大值，随着温度的降低，断裂变形能如图 1-35 所示。

　　对于大内径薄壁管件，一定程度上可以等效为受拉应力的板状构件，其中板内拉伸应力与薄壁管件内部轴向内压的关系可以近似表达为

$$\sigma = M\sigma_K \qquad\qquad (1-38)$$

在上平台，断裂面呈现为韧窝长大导致的韧性断裂；在转变温度区域，断裂面上韧性断裂和脆性断裂共存，在脆性失稳断裂之前有一定的韧性断裂扩展；而在下平台，断裂面主要为脆性断裂。通过断裂模型对断裂特征的表征有多种方法。脆性断裂一般采用临界断裂应力作为断裂判据，韧性断裂一般采用临界断裂应变，临界CTOD或者临界断裂变形能作为断裂判据，从单轴拉伸实验结果来看，在转变温度区域随着温度的降低，临界断裂应变降低，临界断裂应力升高，因此在转变温度区域

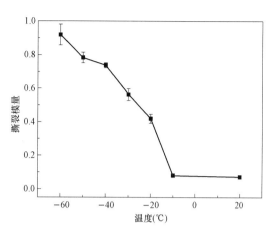

图 1-38 撕裂模量随温度的变化趋势

不能采用单一的临界断裂应力准则或者临界断裂应变准则。除了采用实验方法研究预测压力容器管件的失效行为，断裂力学在压力容器上得到了越来越多的应用，用来减少实验材料的应用及解决在役材料现场检测的困难，并在一定程度上促进提高构件的安全性能。脆性断裂的模拟方法一般采用达到断裂准则就停止计算的方法，而连续性损伤模型可以模拟整个裂纹起裂和扩展的过程。连续性损伤模型可以采用临界断裂应变作为判断裂纹起始的判据，临界断裂变形能作为因为单元失效软化导致裂纹扩展的判据。GTN孔洞单元模型作为连续性断裂模型的一种，采用的孔洞体积比的演化和临界孔洞体积比决定的屈服面都与应力和三向应力比相关。GTN孔洞单元能较好的用于在上平台的由孔洞的成核、成长和链接形成的塑性断裂。

连续性损伤模型中，较多用在上平台的塑性断裂，以等效塑性应变为主要的损伤参数，同时考虑三向应力比的影响，如

$$D_{eq}(\varepsilon) = \int_0^{\varepsilon_f} f(\sigma_m/\sigma_{eq}) d\bar{\varepsilon} = C \tag{1-44}$$

式中　D_{eq}——无量纲损伤因子；

　　　ε_f——断裂应变；

　　　f——三向应力比的无量纲函数；

　　　σ_m——Mises 应力；

　　　σ_{eq}——等效应力；

　　　C——临界损伤值。

其中三向应力比函数有不同的形式[29-31]：

$$D = \frac{1}{C} \int_0^{\bar{\varepsilon}_p^f} \left[2/3(1+\upsilon) + 3(1-2\upsilon)(\sigma_m/\sigma_{eq})^2 \right] \cdot d\bar{\varepsilon}_p \tag{1-45}$$

$$D = \frac{1}{C} \int_0^{\bar{\varepsilon}_p^f} \left(\frac{\sigma_m}{\sigma_{eq}} + B \right) d\bar{\varepsilon}_p \tag{1-46}$$

式中　D——无量纲损伤因子；

　　　C——临界损伤值；

　　　υ——泊松比；

$\bar{\varepsilon}_p$——等效塑性应变；

B——无量纲常数；

$\bar{\varepsilon}_p^f$——断裂等效塑性应变临界值。

在损伤断裂模型的损伤因子中，等效变形能密度也得到较多采用：

$$D(e) = \int_0^{e_{eq}^c} f(\sigma_m/\sigma_{eq}) \mathrm{d}e_{eq} = \int_0^{e_{eq}} \exp\left(0.4 \cdot \frac{\sigma_m}{\sigma_{eq}} - \frac{3}{2}\right) \mathrm{d}e_{eq} \tag{1-47}$$

式中　D——无量纲损伤因子；

e_{eq}^c——临界等效塑性应变能密度；

f——三向应力比的无量纲函数；

e_{eq}——等效塑性应变能密度。

在塑性断裂中，临界断裂应变及其相关参数为主要的断裂准则，而在脆性断裂中，临界断裂应力为主要的判定准则。在韧脆转变区域，需要足够的断裂应变来促进微小裂纹的聚集、链接，足够的断裂应力用来促进裂纹的开口及扩展，因此仅仅采用断裂应变或者断裂应力作为断裂的判定标准是不合适的。本章采用断裂变形能密度相关的损伤因子，以便能够用在较宽的温度范围内，特别是在韧脆转变温度区域内。

韧性断裂或者脆性断裂的断裂过程不仅与裂纹尖端或者试样整体的应力应变分布相关，还与当前环境温度、加载的应变率等相关，即

$$\sigma_f, \varepsilon_f = f_\sigma(\sigma_{ij}, \int \mathrm{d}\varepsilon_{ij}, t, \dot{\varepsilon}) = f_\sigma\left(\sigma_{ij}, \alpha \cdot \exp\left[\beta \cdot \left(\frac{\sigma_m}{\sigma_{eq}}\right)\right] t, \dot{\varepsilon}\right) \tag{1-48}$$

式中　σ_f——断裂应力，Pa；

ε_f——断裂应变；

σ_{ij}——应力张量，Pa；

ε_{ij}——应变张量；

t——温度，℃；

$\dot{\varepsilon}$——应变率。

在上平台或者转变区域的上半段的塑性断裂，Rice 和 Johnson 等提出的断裂应变模型为三向应力比、应变率和温度的函数，即

$$\varepsilon_p^f = \left[\varepsilon_0 + \alpha \exp\left(-\beta \frac{\sigma_m}{\sigma_{eq}}\right)\right][1 + r \ln \dot{\bar{\varepsilon}}_p][1 + \eta t] \tag{1-49}$$

式中　ε_p^f——塑性断裂应变；

t——温度，℃；

$\dot{\varepsilon}$——应变率；

α、β、γ、η——无量纲参数。

而在下平台或者转变区域的下半段的脆性断裂，相应的断裂应力模型也考虑为温度、应变率等的函数，即

$$\sigma_f = 745.6 - 0.056 \cdot t \cdot \ln(\zeta/\sqrt{2\dot{\bar{\varepsilon}}_p}) \tag{1-50}$$

式中　σ_f——断裂应力，Pa；

t——温度，℃；

$\dot{\varepsilon}$——应变率。

假设材料为弹塑性硬化材料，满足 J_2 各向同性流动法则：

$$\left[3J_2(\underset{\sim}{\sigma})\right]^{1/2} = \sigma_{\mathrm{eq}} = Y \tag{1-51}$$

式中　J_2——应力，Pa；

$\quad\sigma_{\mathrm{eq}}$——等效应力，Pa；

$\quad Y$——屈服半径，Pa；

$\quad\underset{\sim}{\sigma}$——应力张量。

试样的断裂变形，裂纹扩展过程中，从能量平衡的角度考虑，断裂变形能密度增量 e^{f} 包括弹性变形能密度增量 w^{e}、塑性变形能密度增量 w^{p} 和表面能密度增量 w^{s}，即

$$e^{\mathrm{f}} = w^{\mathrm{e}} + w^{\mathrm{p}} + w^{\mathrm{s}} \tag{1-52}$$

弹性应变能密度增量 w^{e} 可以分为形状改变能部分和体积改变能部分，即

$$w^{\mathrm{e}} = \sigma_{ij}\dot{\varepsilon}_{ij}^{\mathrm{e}} = \sigma_{ij}'\dot{\varepsilon}_{ij}'^{\mathrm{e}} + 3\sigma_{\mathrm{m}}\dot{\varepsilon}_{\mathrm{m}}' \tag{1-53}$$

式中　σ_{ij}'——应力张量的偏量，Pa；

$\quad\dot{\varepsilon}_{ij}'^{\mathrm{e}}$——应变率张量的偏量；

$\quad\sigma_{\mathrm{m}}$——应力张量的不变量，主应力张量之和，Pa。

在加载路径上的积分，即为加载过程中弹性应变能密度 W^{e}：

$$W^{\mathrm{e}} = \int \sigma_{ij}\,\mathrm{d}\varepsilon_{ij}^{\mathrm{e}} = \int_0^{\varepsilon'^{\mathrm{e}}} \sigma_{ij}'\,\mathrm{d}\varepsilon_{ij}'^{\mathrm{e}} + 3\int_0^{\varepsilon_{\mathrm{h}}^{\mathrm{e}}} \sigma_{\mathrm{m}}\,\mathrm{d}\varepsilon_{\mathrm{m}} \tag{1-54}$$

塑性应变能密度增量 w^{p} 为当前屈服面 σ_{y} 和等效应变增量 $\dot{\varepsilon}_{\mathrm{p}}$ 的函数，即

$$w^{\mathrm{p}} = \sigma_{\mathrm{y}}(\bar{\varepsilon}_{\mathrm{p}})\dot{\bar{\varepsilon}}_{\mathrm{p}} \tag{1-55}$$

其中屈服应力 $\bar{\sigma}$ 和等效应变增量 $\dot{\varepsilon}^{\mathrm{p}}$ 可以表示为

$$\bar{\sigma} = \sqrt{\frac{3}{2}\sigma : \underset{\sim}{n}} \tag{1-56}$$

$$\dot{\varepsilon}^{\mathrm{p}} = \sqrt{\frac{3}{2}\underset{\sim}{\dot{\varepsilon}}^{\mathrm{p}} : \underset{\sim}{\dot{\varepsilon}}^{\mathrm{p}}} \tag{1-57}$$

式中　$\underset{\sim}{\dot{\varepsilon}}^{\mathrm{p}}$——塑性应变张量；

$\quad\underset{\sim}{n}$——加载单位法向张量。

在加载路径上的积分 W^{p} 为

$$W^{\mathrm{p}} = \int_0^{\varepsilon_{\mathrm{p}}^{\mathrm{f}}} Y(\varepsilon^{\mathrm{p}})\,\mathrm{d}\bar{\varepsilon}^{\mathrm{p}} \tag{1-58}$$

表面能密度增量的积分 W^{s} 为

$$W^{\mathrm{s}} = \int e\,\mathrm{d}s \tag{1-59}$$

转变温度区域的几何形状曲线可以拟合为

$$Y = A_2 + (A_1 - A_2)/\{1 + \exp[(T - T_0)/\mathrm{d}x]\} \tag{1-60}$$

式中　A_1、A_2、T_0——拟合参数。

由式（1-52）和式（1-60）加载过程中的断裂变形能积分 E^{f} 表达为

$$E^{\mathrm{f}} = \int_{\mathrm{history}} e^{\mathrm{f}} = \left[W_0 + W_a\exp\left(-\beta\frac{\sigma_{\mathrm{m}}}{\sigma_{\mathrm{eq}}}\right)\right]\left[1 + v\ln\dot{\varepsilon}_{\mathrm{p}}\right] \cdot \left[1 + \frac{\eta}{1 + \exp[\xi \cdot (T - T_0)]}\right] \tag{1-61}$$

其中　$\beta = 3/2$；η、ξ、T_0 为无量纲几何形状参数。

并有

$$W_0 = W^e + W^s \tag{1-62}$$

特定温度和特定应变率条件下，单轴拉伸时的断裂变形能 E_0^f 可以认为是材料常数，此时的三向应力比为

$$\frac{\sigma_m}{\sigma_{eq}} = \frac{1}{3} \tag{1-63}$$

将式（1-61）单轴拉伸的断裂变形能 E_0^f 做无量纲标准化处理，得到结果为

$$E_0^f = \left[E_e^f \cdot \exp \beta \cdot \left(\frac{\sigma_m}{\sigma_{eq}} - \frac{1}{3} \right) \right] \cdot \frac{f_0(\dot{\bar{\varepsilon}}_p)}{f_c \dot{\bar{\varepsilon}}_p} \cdot \frac{g_0(T)}{g_c(T)} \tag{1-64}$$

式中 f、g——应变率 $\dot{\bar{\varepsilon}}_p$ 和温度 T 的无量纲参数方程。

$$f_c(\dot{\bar{\varepsilon}}_p) = 1 + v \ln \dot{\bar{\varepsilon}}_p \tag{1-65}$$

$$g_c(T) = 1 + \frac{\eta}{1 + \exp[\xi \cdot (T - T_0)]} \tag{1-66}$$

加载过程中等效断裂应变能密度积分形式 E_{EQ} 可以表达为

$$E_{EQ}(e) = \int_0^{\bar{\varepsilon}_{eq}^e} \exp \frac{3}{2} \cdot \left(\frac{\sigma_m}{\sigma_{eq}} - \frac{1}{3} \right) \cdot \frac{f_0(\dot{\bar{\varepsilon}}_p)}{f_c \dot{\bar{\varepsilon}}_p} \cdot \frac{g_0(T)}{g_c(T)} de_{eq} \tag{1-67}$$

式中 f——应变率 $\dot{\bar{\varepsilon}}_p$ 的无量纲参数方程；

g——温度 T 的无量纲参数方程。

为便于有限元计算，将增量形式表示为

$$dE_{EQ}(e) = \exp \frac{3}{2} \cdot \left(\frac{\sigma_m}{\sigma_{eq}} - \frac{1}{3} \right) \cdot \sigma_{yield}(\bar{\varepsilon}_{eq}) \cdot \frac{f_0(\dot{\bar{\varepsilon}}_p)}{f_c \dot{\bar{\varepsilon}}_p} \cdot \frac{g_0(T)}{g_c(T)} d\varepsilon_{eq} \tag{1-68}$$

定义损伤因子 D 为断裂变形能密度 E_{EQ} 的函数关系，其演化方程为

$$D = \begin{cases} 0 & E_{EQ} < E_{CR} \\ \dfrac{E_{EQ}}{E_{CR}} & E_{EQ} \geqslant E_{CR} \end{cases} \tag{1-69}$$

式中 E_{CR}——临界断裂变形能密度，J/m^3。

随着断裂变形能密度 E_{EQ} 的累积，当小于临界断裂变形能密度 E_{CR} 时，损伤因子 D 为 0，当大于临界断裂变形能密度 E_{CR} 时，损伤因子 D 的值增加，材料逐渐软化；当损伤因子 D 增加到 1 时，材料完全失效。随着损伤因子 D 的演化，弹性模量 E_{mod} 和屈服面的演化方程为

$$E_{mod} = E_{mod}^0 \cdot (1 - D_{FV}) \tag{1-70}$$

$$\sigma_{yield} = \sigma_{yield}^0 \cdot (1 - D_{FV}) \tag{1-71}$$

式中 D_{FV}——实时累积损伤因子；

E_{mod}^0——原始弹性模量，Pa；

E_{mod}——实时弹性模量，Pa；

σ_{yield}^0——原始屈服应力，Pa；

σ_{yield}——实时屈服应力，Pa。

以此建立的断裂模型，以断裂变形能密度为主要准则，可以在较宽的温度范围内得到一定的应用，特别是在转变温度区域，同时引入三向应力比对断裂过程的影响，以研究管状结构件在不同温度下的断裂特征。当前屈服面及当前材料的弹性模量是当前的应力应变

场及损伤因子决定的，损伤因子由累计断裂变形能密度随时更新计算。随着材料的软化和失效，所能承受的应力降低。管状结构件的断裂特性对工程设计及石油天然气的输送过程的安全评估非常重要。通过 ABAQUS - UMAT 实现转变温度区域的连续性损伤断裂模型，如图 1 - 39 所示，以研究管状结构件在不同的外载和环境下的断裂过程和断裂特性。大几何变形的模拟计算过程中，引入一些有限元计算技术，例如自适应网格划分技术、初始杨氏模量随机分布等，用来减少模拟计算时间，并且有效地反映真正的材料特性。式（1 - 68）中形状因子的值由单轴拉伸的实验结果来确定，从不同温度下的单轴拉伸结果得到加载过程中的总变形能。根据总的变形能随温度的变化趋势和 Boltzmann 函数拟合确定形状因子。临界断裂变形能密度 E_{CR} 在特定的温度、应变率和三向应力比条件下，可以认为材料常数

用单轴拉伸的实验结果进行校准，采用连续性损伤断裂模型模拟的结果与实验结果对比在转变温度区域能够符合得较好。随着温度的升高，加载速度的降低，式（1 - 66）中表明此时的断裂变形能的累积变慢，材料的断裂逐渐从快速失效的脆性断裂到缓慢失效的韧性断裂。如图 1 - 40 所示的工程应变 - 应力曲线，表现出所能承受载荷在进入塑性屈服以后从快速降低到呈现硬化和较长的屈服阶段。而从损伤因子的演化来看，随着温度的升高或者加载速度的降低，等效应变的增加，损伤因子增加变缓，如图 1 - 41 所示。

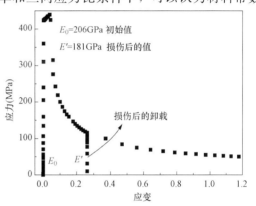

图 1 - 39　损伤过程中加卸载曲线

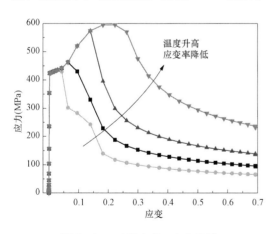

图 1 - 40　工程应变 - 应力曲线

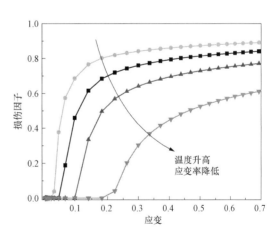

图 1 - 41　临界断裂变形能对损伤因子的影响

　　采用该连续性损伤断裂模型对管状结构件承受等效内压作用下的断裂特性进行研究，建立有限元几何模型，缺口及预制的疲劳裂纹采用未加几何约束的边界条件来等效。管内施加等效内压的夹具作为刚体，与管内壁的摩擦力设为 0.23，材料模型仍然采用各项同性弹塑性材料，硬化特性根据单轴拉伸的实验结果进行设定。采用有限元模拟的结果与实验结果在一定程度上符合的较好，裂纹扩展过程中 Mises 应力分布如图 1 - 42 所示，裂纹尖端初始出现典型蝶形屈服形状，随着加载继续，整个韧带区域进入屈服，裂纹扩展，韧带

承受应力减少，裂纹扩展后有残余应力，其几何形变与实验结果基本相符。

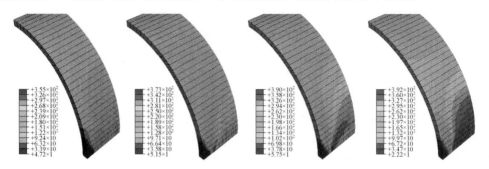

图 1-42　临界断裂变形能对损伤因子的影响

加载过程中，损伤因子随着加载的进行逐渐增大，并且随着裂纹扩展损伤因子沿着裂纹扩展方向延伸。裂纹起始时，裂纹尖端不同截面上的应力分布不同，内层的应力较高，塑性应变能累积较快，损伤因子增长较快，导致裂纹从内层起裂，并扩展到外层表面。韧带整体屈服时的各个截面的应力分布规律，由于靠近裂纹尖端处的裂纹扩展，内层承载应力降低。裂纹起始时及裂纹扩展时，裂纹尖端及剩余韧带上的损伤因子分布如图 1-43 所示，内层首先裂纹扩展。

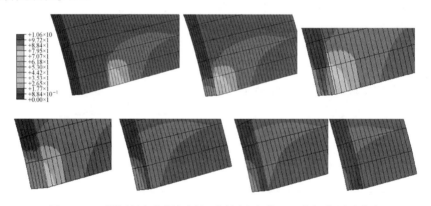

图 1-43　裂纹扩展时裂纹尖端不同厚度和截面上的损伤因子分布

总之，本章采用等效压力实验方法研究了不同温度下管状结构件的断裂特性，实验结果发现，裂纹的起始点基本在结构件取得最大载荷的位置；根据实验得到的裂纹扩展阻力曲线，发现随着温度的降低，断裂韧性降低，而撕裂模量升高。数值模拟方面，基于断裂变形能密度，考虑三向应力比影响和应变率效应建立适用于转变温度区域的断裂模型，通过单轴拉伸实验结果进行校准以后，对该管状结构件在转变温度区域内的断裂特征进行模拟。根据模拟结果，该模型能较好的反映由于温度的升高或者加载速度的降低引起的从脆性断裂到韧性断裂的过渡过程；对管状结构件的断裂过程进行模拟发现，裂纹从管内壁位置起裂，然后以剪切撕裂形式扩展到外表面；在三向应力比较高的位置，损伤因子累积较快，裂纹较早产生，这与三向应力比较高的位置临界断裂应变较低结果一致。

参考文献

[1] ODETTE G. R.，Yamamoto T. Cleavage fracture and irradiation embrittlement of fusion reactor alloys：

mechanisms, multiscale models, toughness measurements and implications to structural integrity assessment. Journal of Nuclear Materials, 2003 (323): 313 - 340.

[2] BERTOLINO G., PEREZ I J, MEYER G. Influence of the crack - tip hydride concentration on the fracture toughness of Zircaloy - 4, Journal of Nuclear Materials, 2006 (348): 205 - 212.

[3] LANDES J D, MCCABE D E. Effect of section size on transition temperature behavior of structural steels, Fracture mechanics: 15th symposium, ASTM STP 833. ASTM, 1984, 378 - 392.

[4] SHIRO J, AKIRA N, JUN S. Effect of size and configuration of 3 - point bend bar specimens, Journal of Nuclear Materials, 1999, 271: 87 - 91.

[5] BLUHM J I. A model for the effect of thickness on fracture toughness. ASTM Process, 1961, 61: 1324 - 31.

[6] PRIEST A H, HOLMES B. A multi - test piece approach to the fracture characterization of pipeline steels. Int J Fract, 1981 (1793): 277 - 99.

[7] DEMOFONTI G, HADLAY I. Review of fracture parameters for laboratory measurement of the resistance to ductile crack propagation in line pipe steels. The international Conference on Pipeline Reliability, Calgary, Canada, 1992: VIII. 6. 1 - VIII. 6. 13.

[8] CHAE D., KOSS D. A. Damage accumulation and failure of HSLA - 100 steel, Materials Science and Engineering A, 2004 (366) 299 - 309.

[9] BONORA N. Ductile damage evolution under triaxial state of stress: theory and experiments. International journal of plasticity, 2005, 21: 981 - 1007.

[10] CHANDRAKANTH S, PANDEY P C. An isotropic damage model for ductile material. Engineering fracture mechanics, 1995, 50: 457 - 465.

[11] CHAE D, KOSS D A. Damage accumulation and failure of HSLA - 100 steel. Materials Science and Engineering A, 2004 (366): 299 - 309.

[12] BONORA N. Ductile damage evolution under triaxial state of stress: theory and experiments. International journal of plasticity, 2005, 21: 981 - 1007.

[13] KIM S H, BYUN T S, LEE B. S., et al. High Temperature Deformation Behavior and Flow Softening Mechanism of TiAl Intermetallic Compound. The 12th conference on mechanical behaviors of materials, Chang - won, South Korea, 9 - 10 May, 1998, 156 - 160.

[14] DEMOFONTI G, HADLAY I. Review of fracture parameters for laboratory measurement of the resistance to ductile crack propagation in line pipe steels. The international Conference on Pipeline Reliability, Calgary, Canada, 1992. VIII. 6. 1 - VIII. 6. 13.

[15] BLUHM J I. A model for the effect of thickness on fracture toughness. ASTM Process, 1961, 61: 1324 -31.

[16] LANDES J D, MCCABE D E. Effect of section size on transition temperature behavior of structural steels, Fracture mechanics: 15th symposium, ASTM STP 833. ASTM, 1984, 378 - 392.

[17] ODETTE G R, YAMAMOTO T. Cleavage fracture and irradiation embrittlement of fusion reactor alloys: mechanisms, multiscale models, toughness measurements and implications to structural integrity assessment. Journal of Nuclear Materials, 2003 (323): 313 - 340.

[18] UWE Z, MARKUS H, et al. Fracture and damage mechanics modelling of thin - walled structures - Anoverview. Engng Fract Mech, 2007.

[19] CHOW C K, NHO K H. Effect of thickness on the fracture toughness of irradiated Zr - 2. 5Nb pressure tubes. Journal of Nuclear Materials, 1997 (246): 84 - 87.

[20] SRAWLEY JE, BROWN J JF. Fracture toughness testing methods. Fracture toughness testing and its application. STP 381, ASTM, 1964, 133 - 98.

［21］ ASME Boiler and Pressure Vessel Code，Section III，Div. 1 Subsection 3213，Class 1 components. New York：ASME；1998.

［22］ HILL R. The Mathematical Theory of Plasticity. Oxford University Press，New York，1950.

［23］ KLEVER F. "Burst Strength of Corroded Pipe：Flow Stress Revisited," Proceedings of the Offshore Technology Conference (OTC)，Houston，TX，OTC07029，1992.

［24］ KLEVER F，STEWART G. "Analytical Burst Strength Prediction of OCTG With and Without Defects," Proceedings of the Applied Technology Workshop on Risk Based Design of Well Casing and Tubing，The Woodlands，TX，SPE 48329.

［25］ American Petroleum Institute，"Bulletin on Formulas and Calculations for Casing，Tubing，Drill Pipe and Line Pipe Properties," the API Bulletin No. 5C3，1992.

［26］ STAAT M. Plastic collapse analysis of longitudinally flawed pipes and vessels. Nulcear Engineering Design，2004 (234)：25 - 43.

［27］ HAHN G T，SARRATE M，Rosenfield A. R. Criteria for crack extension in cylindrical pressure vessel. Int J Fract Mech 1969，5：187 - 210.

［28］ STAAT M，DUC K V. Limit analysis of flaws in pressurized pipes and cylindrical vessels. Part I：Axial defects，Engineering Fracture Mechanics，2007，74：431 - 450.

［29］ TAI W H，YANG B X. A New Damage Mechanics Criterion for Ductile Fracture. Eng. Fract. Mech，1987，27：371 - 378.

［30］ TAI W H. Plastic Damage and Ductile Fracture in Mild Steel，Eng. Fract. Mech，1990，37：853 - 880.

［31］ DUAN X J，JAIN M，DON. R M，et al. A Unified Finite Element Approach for the Study of Postyielding Deformation Behavior of Formable Sheet Materials. Journal of Pressure Vessel Technology，2007，129：689 - 697.

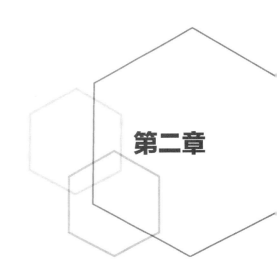

第二章

主管道材料热老化性能及热老化脆化机理

  核电站主管道是一回路重要的压力边界，其安全性对于结构完整性有重要的意义。我国目前在役二代（加）大型压水堆（Pressurized Water reactor，PWR）核电站一回路主管道多为铸造管道，波动管为锻造管道。美国西屋公司设计的 AP1000 和法国设计的 EPR 等三代核电站已采用锻造主管道，而铸造的奥氏体 - 铁素体管道长时间在高温服役环境下会产生典型的热老化时效（thermal ageing）效应。根据美国（核管理委员会 Nuclear Regulatory commission，NRC）的研究，在 PWR 运行工况下，铸造主管道会发生热老化现象，导致材料的断裂韧性随着运行时间的延长而下降，严重威胁电厂的安全运行。铸造双相不锈钢材料的研制，因为有部分铁素体钢的存在，使得双相不锈钢材料拥有较高的强度[1]、较高的抗应力腐蚀能力和较好的焊接特性[2]，在工业上得到了广泛的应用。但是其在高温服役环境下的时效脆化，将导致材料的韧性下降，这在重大关键设备的应用上，特别是核电一回路主管道，是需要考虑和测定评估的。当前，国际上对于铸造双相不锈钢的热老化问题，已经有较多的研究成果，从热老化行为的研究，包括不同老化时间下的材料及力学特性的演变，到热老化机理的研究，包括微观组织结构的演变和损伤机理的研究，都已经有较多的实验及理论研究内容。对双相不锈钢材料的热老化机理研究，目前都偏重于定性的微观特征的表征。随着热老化时间的增加，试样微观组织结构中铁素体中发生调幅分解，发现有富 Cr 的相，导致位错的聚集，使得材料中的局部应力水平提高，导致宏观材料强度的提高和韧性的下降。相场法在研究相分离动力学特征中得到了较为广泛的应用[3]，在组织变化的过程中，总自由能的减少通常包括以下的一个或几个部分：体化学自由能的降低；表面能和界面能的减少；弹性应变能的松弛以及与外作用场相关的能量的降低，如外加应变场、电场和磁场。在这些因素的驱动下，组织的各个组成部分（如各相和各区域）将通过扩散和界面控制的动力学过程发生变化，达到一种能量较低的新的状态。这种变化通常包括新相或新区域的形核（或连续分解）和新多相/多区域组织随后的长大和粗化。

  双相不锈钢主要有 α 铁素体相和 γ 奥氏体相组成，因为 α 铁素体相的存在，与单相奥氏体不锈钢相比，双相不锈钢拥有较高的强度、较高的抗应力腐蚀能力和较好的焊接特性，因此作为首选材料被广泛应用在轻水堆核电站一回路主管道上。在核电站的运行寿期内，对于非能动的 SSCs（系统、构筑物和部件），虽然在设计阶段考虑了很多不利因素并采取相应的措施，但是在实际运行中还是出现了多种老化现象。作为核电站运行期间需要长期关注的问题，尤其是作为屏蔽放射性裂变产物泄露的第二道屏障，一回路关键机械设备的材料一旦发生老化降级现象，将会降低核电站的安全裕度，对电站运行性造成极大的影响。国内关于一回路关键机械设备材料老化行为的研究尚处于起步阶段，开展核电一回路主管道铸造双相不锈钢材料的热老化行为研究，进行部分热老化行为的实验研究工作，还缺乏热老化对疲劳（热疲劳）、应力腐蚀开裂、磨损等影响的研究以及相关的评价体系和数据积累，对相关技术和知识的需求也十分迫切。对一回路关键机械设备材料热老化行为的研究不仅对在运电站具有重要的实用价值，同时也对未来电站的自主设计和自主运营具有重要的指导意义。

本研究中的奥氏体-铁素体双相不锈钢材料为某核电站一回路中离心铸造的主管道，标号为Z3CN20.09M，根据法国技术规范RCC-M M3406[4]材料的化学成分含量见表2-1。离心铸造管道用电弧炉和氩氧炉（argon oxygen decarburization，AOD）双联冶炼，用电弧炉冶炼粗钢水，去除绝大部分S、P杂质，兑入AOD炉中吹炼、脱碳、还原、微调成分，再经纯氩吹炼几分钟，测温后出炉浇注。将铁素体含量控制在10%～18%后，保证材料强度。奥化体-铁素体双相不锈钢金相组织结构如图2-1所示，其中铁素体含量为14.5%，呈孤岛状分布在奥氏体内，一定程度的脆化将形成材料的脆性解理裂纹扩展路径。离心浇注在卧式离心浇注机上进行，浇注型筒为铸钢型筒，铸件由外向内和由内向外双向凝固，凝固初始阶段，铸件由外向内快速凝固，随着型筒温度的升高，温度梯度减少，凝固速度减少；由于厚壁及钢水量多，凝固时间较长，铸件内表面直接与空气接触造成由内向外的凝固，在内表面某一深度出现疏松，如图2-2所示，外表面为柱状晶，内表面为等轴晶。

表2-1   Z3CN20.09M不锈钢化学成分含量   %

元素	C	Cr	Ni	Si	Mn	S	P	N
RCC-M	≤0.04	19～21	8～11	≤1.5	≤1.5	≤0.025	≤0.035	—
实测含量	0.025	20.96	9.31	1.03	0.94	0.017	0.013	0.04

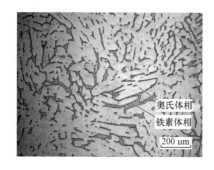

图2-1 奥氏体-铁素体双相不锈钢金相
组织结构

图2-2 主管道从内层到外层不同的晶粒
组织结构

反应堆主管道长期运行在280～320℃的高温环境中，奥氏体-铁素体双相不锈钢会经历典型的475℃时效，因为热老化致脆效应，导致其力学特性变差[5-7]，美国阿贡国家实验室（ANL）等机构的研究结果[5]发现，不锈钢铸件在低温300℃时效8年，材料的室温冲击能降幅高达80%，对结构的安全性能影响很大。随着服役时间的增长，即热老化时间的增长，强度的提高而韧性的快速降低，如单轴拉伸的屈服极限和强度极限提高而Charpy冲击功降低，韧性变差。研究表明[8-9]热老化致脆效应的主要原因为α铁素体相内发生系列调幅分解导致微观组织结构的变化，导致力学性能的变差。对双相不锈钢热老化行为的研究，为电站主管道的正常运行及延寿后的结构完整性评估，根据Arhenius质量作用定律[见式（2-1）]需要采用加速热老化的方式对材料的力学性能进行实验研究。

$$k = A\exp(-E_a/RT) \tag{2-1}$$

式中　k——反应速度常数；

　　　A——材料常数；

　　　E_a——激活能（ev）；

　　　R——Boltzmann常数；

　　　T——绝对温度，K。

通过提高热老化温度T，增快反应速度k，得到实验室加速热老化时间t_1与电站服役热老化时间t_2的对应关系为

$$\frac{t_1}{t_2} = \exp\left[\frac{E_a}{R} \cdot \left(\frac{1}{T_1} - \frac{1}{T_2}\right)\right] \tag{2-2}$$

压水堆核电站一回路冷却管道的铸造双相不锈钢的运行温度范围为288～327℃，为研究其长期服役时热老化对核电关键设备结构完整性的影响，在井式回火炉中进行实验温度为400℃的加速热老化，加热时间分别为100、300、1000、3000、10000h。根据实测材料的化学成分，结合老化参数公式，推测出在400℃温度下的加速老化试验等同于实际工况下的服役时间，如表2-2所示。

表2-2　　　　　　　　　　　加速老化时间对应等效老化效应服役时间

加速老化时间（h）	对应服役时间（h）	
	280℃	320℃
100	54 500	6270
300	162 000	18 808
1000	552 000	62 700
3000	1 635 700	188 100
10 000	5 500 000	627 000

核电站的设计、维修、检测和运行各个阶段，在实验及工程应用上主要通过单轴拉伸实验、Charpy冲击实验和断裂力学性能实验来评估材料的性能。例如通过单轴拉伸试验研究热老化对弹性模量、屈服极限、强度极限以及O-S模型中的硬化指数的影响；通过冲击试验研究热老化对Charpy冲击功、动态强度极限等的影响；通过高周和低周的机械疲劳及热疲劳实验研究热老化对双相不锈钢材料的疲劳性能研究；通过断裂力学性能实验研究热老化对断裂韧性、J-R裂纹扩展阻力性能影响。

第一节　奥氏体不锈钢热老化脆化性能

一、单轴拉伸性能

室温条件不同老化时间下，进行内、外壁材料的单轴拉伸试验，随着老化时间的增加，应变硬化指数增加，极限应力增加，达到屈服点的临界应变降低，延伸率降低，韧性下降。根据载荷-位移曲线数据，转化为应力-应变曲线数据，并进一步计算强度极限、屈服极限和截面收缩率等基本力学特性。内、外壁材料，不同老化时间下材料的静态极限强度如图2-3所示。随着老化时间的增加，内、外壁材料的极限强度提高，内壁与外壁相比，极限强度较好，等轴晶的晶粒较小，晶粒结构更为均匀，因此强度略有提高。

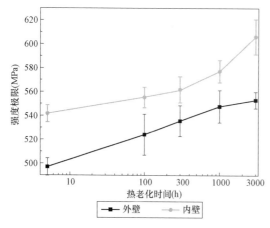

图2-3　室温不同老化时间的内外壁强度极限比较

室温时原始态、热老化300h和热老化3000h试样的宏观断口形貌如图2-4所示。宏观试样表面特征，中心为裂纹起始位置，是明显的空洞增长导致的韧窝型断裂，从中心往外扩展，外周为瞬断的撕裂区域，该区域形成明显的撕裂剪切唇。随着热老化时间的增加，外周瞬断区域和中心的起裂区域的面积减少，脆性增强，韧性下降。

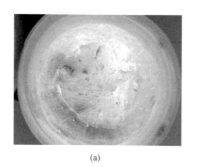

(a)

(b)

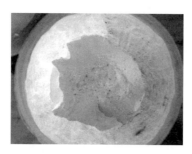

(c)

图2-4　宏观断口形貌

（a）室温时原始态；（b）热老化300h；（c）热老化3000h

二、冲击性能

仪器化冲击典型的位移 - 载荷曲线如图 2 - 5 所示，在位移 - 载荷曲线上 F_{gy} 为动态屈服载荷，F_m 为动态极限载荷；W_t、W_i、W_p 为 Charpy 冲击功，其中整个位移 - 载荷曲线包围的面积为 W_t，其物理意义为冲击断裂过程中吸收的总能量；极限载荷之前包围的面积为 W_i，其物理为裂纹起始能量；极限载荷之后包围的面积为 W_p，其物理意义为裂纹扩展功；θ 为卸载段的曲线斜率角，表征裂纹扩展速率的物理量。

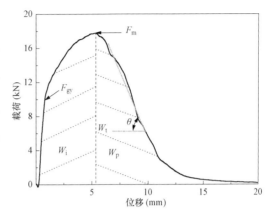

图 2 - 5　仪器化冲击典型的位移 - 载荷曲线

根据试样的动态屈服载荷 F_{gy} 和动态极限载荷 F_m，根据式（2 - 3）可以计算相应的材料动态屈服极限 σ_y 和动态强度极限 σ_m[11]。

$$\sigma_m = \frac{4F_m \cdot w}{C \cdot B \cdot (w-a)^2} \qquad (2 - 3)$$

式中　w、B、a——试样的宽度、厚度和缺口深度；

　　　　C——实验冲头决定的常数 1.273。

以内层材料试样的冲击实验为例，不同老化时间的 Charpy 冲击位移 - 载荷曲线变化趋势如图 2 - 6 所示，随着老化时间的增加，动态极限载荷提高，达到动态极限载荷时的位移减少，说明强度有所提高，但是韧性下降；载荷卸载阶段，随着热老化时间的增加，卸载阶段的位移量变小。老化导致试样韧性下降非常明显：随着老化时间的增加，试样的塑性扩展阶段位移变短，同时试样的动态极限载荷 F_m 增加。

内层位置材料的总冲击功 W_t、裂纹起始功 W_i 和裂纹扩展功 W_p 随热老化时间的变化趋势如图 2 - 7 所示。随着热老化时间的增加，热老化 100h 以后，总冲击功 W_t、裂纹起始

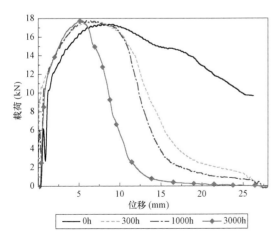

图 2 - 6　内层材料的不同热老化时间的
Charpy 冲击位移 - 载荷曲线

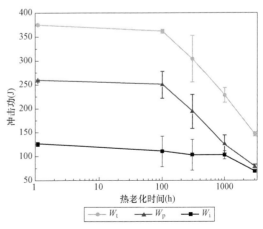

图 2 - 7　不同热老化时间下内层材料的总冲击功 W_t、
裂纹起始动 W_i 和裂纹扩展功 W_p 变化趋势

功 W_p 和裂纹扩展功 W_i 降低较快。热老化 3000h 的试样总冲击功 W_t 降低为原始态的 43%，其中裂纹起始功 W_p 变化不大，而热老化 3000h 的裂纹扩展功 W_p 降低为原始态的 23%；试样的总冲击功 W_t 随热老化时间的降低主要由裂纹扩展功 W_i 的降低引起的，而裂纹起始功 W_p 变化不大。

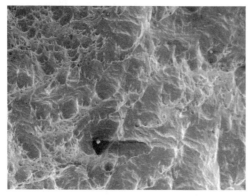

图 2-8　原始态的冲击试样微观断裂表面

采用扫描电子显微镜（scanning electron microscope，SEM）研究热老化对冲击试样断裂表面的微观断裂特征的影响，不同老化时间的断裂表面如图 2-8～图 2-10 所示：图 2-8 所示原始态的冲击试样微观断裂表面，试样的断裂表面主要由大量较浅的韧窝组成；图 2-9 所示为热老化 1000h 的冲击试样微观断裂表面，有铁素体的脆性断裂特征和强度较弱的相界韧性撕裂特征共存；随着老化时间的增加，当老化时间为 3000h 时，如图 2-10 所示断裂表面基本为典型的河流装解理断裂特征。脆性断裂特征随着老化时间的延长逐渐增加，导致材料韧性和冲击能的下降。

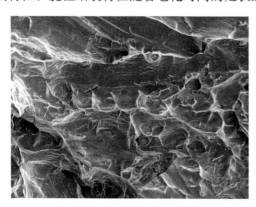 

图 2-9　热老化 1000h 的冲击试样微观断裂表面　图 2-10　热老化 3000h 的冲击试样微观断裂表面

全壁厚试样的断裂韧性研究对主管道设计、运行及延寿评估阶段的强度分析、韧性分析以及 LBB 分析有重要意义。实验过程按照 GB/T 21143—2014《金属材料　准静态断裂韧度的统一试验方法》进行，具体实验过程为：

（1）预制疲劳裂纹，柔度卸载法预估预制疲劳裂纹扩展长度，同时采用表面覆膜观测裂纹扩展长度，预制疲劳裂纹长度设定在 65mm。

（2）CT 试样两侧开槽，开槽按照标准进行，单边深度 5mm。

（3）单试样采用柔度卸载法进行 J-R 阻力曲线实验，卸载/再加载间隔 0.2mm，卸载水平为当前载荷 30%，裂纹扩展长度计算采用卸载/再加载 20%～80% 之间数据的 3 次柔度值平均值。

（4）引伸计超出工作范围后，高频 12Hz 疲劳 2 万次以便形成裂纹扩展前沿的形状，然后冷脆断试样，测量预制疲劳裂纹长度和裂纹扩展总长度。

预制疲劳裂纹过程中，裂纹尖端前缘有明显典型塑性变形区域，同时用覆膜法保存各疲劳周次下裂纹扩展长度。

原始态试样预制疲劳裂纹扩展过程中，裂纹扩展基本保持较直的扩展路径。单试样法测定断裂韧性实验结束后，将试样在液氮中冷脆断裂，通过读数显微镜或者 SEM 对断裂后的 CT 试样表面的裂纹扩展长度进行测量，得到预制疲劳裂纹前沿和断裂裂纹扩展前沿，通过九值平均法得到裂纹扩展阻力曲线中最终裂纹扩展长度的实验值。

原始态及热老化 3000h 试样的 J-R 裂纹扩展阻力曲线如图 2-11 所示，热老化后试样的起裂断裂韧性及撕裂模量明显降低，抗裂纹起裂及扩展能力减弱。

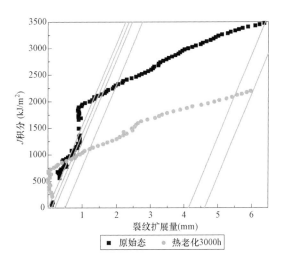

图 2-11　原始态及热老化 3000h 的 J-R 裂纹扩展阻力曲线

第二节　奥氏体不锈钢热老化的断裂机理

一、纳米压入试验

通过单轴拉伸和动态冲击等宏观试验表征双相不锈钢材料整体热老化效应结果，为了得到热老化对双相不锈钢材料中不同相的微观材料特性的影响，对不同热老化时间的铁素体相和奥氏体相进行纳米压入试验。通过纳米压痕法在微纳观尺度上对双相不锈钢中单独的铁素体相和奥氏体相的热老化效应进行研究，对不同热老化时间下铁素体相和奥氏体相的纳米压入深度-载荷曲线、纳米压入硬度和纳米压入塑性变形能等参量进行定量比较。

纳米压痕法是测量微观结构的材料硬度、接触刚度和弹性模量等力学参量的理想手段[12-14]。根据 Oliver 和 Pharr 理论[15-16]和连续刚度测量原理（continue stiffness measurement，CSM），测得压入过程中的接触刚度和压入位移，一次性测得得到压入深度-硬度的关系。本实验采用的纳米压入仪器为美国 MTS（Mechanical Test Systems）公司 Nano Indenter XP System，采用金刚石 Berkovick 压头，位移及载荷解析度分别为 0.1nm 和 500nN。不同热老化时间后的材料经过线切割，机械打磨和机械抛光形成厚度 0.5mm、直径为 10mm 的圆片试样，采用去离子水和酒精清洗后进行纳米压入试验。如图 2-12 所示为测得的典型

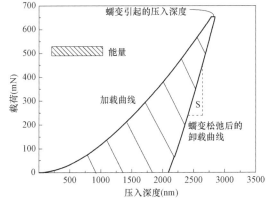

图 2-12　纳米压入试验压入深度-载荷曲线图

的压入深度 - 载荷曲线，加载到 640mN 后保持 10s 消除蠕变的影响，然后弹性卸载到最大载荷的 10%，其包围的面积为纳米压入塑性变形能。

在 O - P（Ooliver - Pharr）方法中，系统接触刚度即卸载曲线的斜率 S 计算公式为

$$S = \frac{\mathrm{d}P(h)}{\mathrm{d}h} \tag{2-4}$$

式中　h——压痕压入深度；

　　　P——对应的压头载荷。

接触深度 h_c 通过卸载曲线处的最大载荷 P_{max} 或者 CSM 方法计算，即

$$h_c = h_{max} - \beta\frac{P_{max}}{S_{max}} = h - \beta\frac{P(h)}{S} \tag{2-5}$$

式中　β——压头形状参数 0.75；

　　　h_c——接触高度，m；

　　P_{max}——最大载荷，N；

　　　S——压痕投影面积，m²。

材料的纳米压痕硬度 H 为

$$H = \frac{P}{A_c} \tag{2-6}$$

式中　A_c——压痕投影接触面积，m²；

　　　H——纳米压痕硬度；

　　　P——载荷，N。

$$A_c = A_c(h_c) = 24.56h_c^2 + \sum_{i=0}^{7} C_i h_c^{\frac{1}{2^i}} \tag{2-7}$$

式中　C_i——与压头形状相关的常数。

　$A_c(h_c)$——接触深度 h_c 的函数。

材料的约合弹性模量 E_r 为

$$E_r = \frac{S}{2}\sqrt{\frac{\pi}{A_c}} \tag{2-8}$$

式中　E_r——约合弹性模量，Pa。

E_r 与材料的弹性模量 E_e、泊松比 ν_e 和纳米压头的弹性模量 E_{tip}、泊松比 ν_{tip} 相关，即

$$\frac{1}{E_r} = \frac{1-\nu_{tip}^2}{E_{tip}} + \frac{1-\nu_e^2}{E_e} \tag{2-9}$$

式中　E_e——材料弹性模量，Pa；

　　　ν_e——材料的泊松比；

　　E_{tip}——纳米压头的弹性模量，Pa；

　　ν_{tip}——纳米压头的泊松比。

当纳米压头的弹性模量 $E_{tip} = \infty$，相当于刚性压头时，被测材料的弹性模量 E_e 计算简化为

$$E_e = (1-\nu_e^2)E_r \tag{2-10}$$

本研究中主要考核热老化对纳米压入深度 - 载荷曲线、纳米压入深度 - 硬度和纳米压入深度 - 塑性变形能等微观材料特性的影响。分别对原始态，热老化 100、300、1000、3000h

的 5 种工况中各取 3 个试样，每个试样上各取 10 个铁素体相和奥氏体相的纳米压入点，纳米压入点的压入深度不超过 $5\mu m$，不超过晶粒尺寸的 1/5。然后对相同工况的纳米压入深度 - 载荷结果、纳米压入深度 - 硬度结果和纳米压入深度 - 塑性变形能结果进行数据统计。不同老化时间下，取典型的铁素体相的纳米压入深度 - 载荷曲线如图 2 - 13 所示，典型的奥氏体相的纳米压入深度 - 载荷曲线如图 2 - 14 所示。随着老化时间的延长，相同压入深度对应的压入载荷升高。相同压入深度对应的压入载荷，铁素体的载荷值要比奥氏体的载荷值高，即铁素体的弹性模量和强度要比奥氏体的弹性模量和强度高。

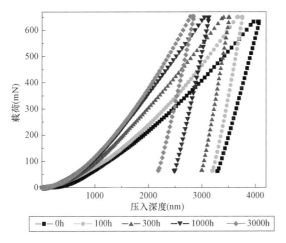

图 2 - 13　不同热老化时间的铁素体相纳米压入
深度 - 载荷曲线

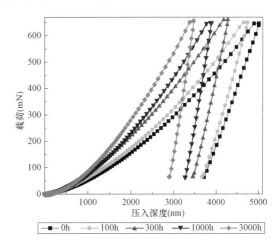

图 2 - 14　不同热老化时间的奥氏体相纳米压入
深度 - 载荷曲线

根据 CSM 动态测试技术，随着压入深度的纳米压入深度 - 硬度同步计算得到，如图 2 - 15 和图 2 - 16 所示为不同老化时间对应的铁素体相和奥氏体相的纳米压入硬度的变化趋势典型图。随着压入深度的增加，因为压入硬度的尺寸效应[11]，铁素体相的纳米压入硬度先增加后经过一定波动逐渐减少，而对于奥氏体相的纳米压入硬度增加后有一个较大幅度的降低后逐渐趋于稳定，形成一个较高的波峰。

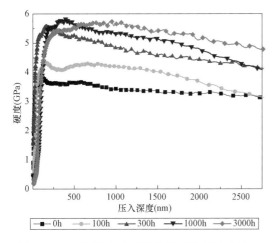

图 2 - 15　不同热老化时间的铁素体相纳米压入
深度 - 硬度曲线

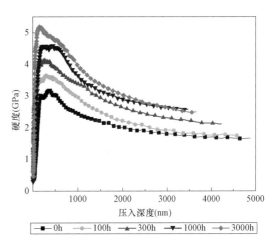

图 2 - 16　不同热老化时间的奥氏体相纳米压入
深度 - 硬度曲线

取一段较稳定段的纳米压入数值做平均值，得到其不同老化时间的铁素体相和奥氏体相的纳米压入硬度结果如图 2-17 所示。随着老化时间的增加，铁素体相和奥氏体相的平均纳米压入硬度值都升高，铁素体相的纳米压入硬度升高程度要比奥氏体相纳米压入硬度要高的多，并且铁素体相的硬度比奥氏体相的硬度高。随着热老化时间的增加，纳米压入硬度的提高说明热老化导致材料的强度提高，其中铁素体相的强度提高的程度较大，与热老化对宏观材料性能如极限强度等的影响结果趋势一致[18]。

对于图 2-13 和图 2-14 所示的纳米压入过程中的压入深度-载荷曲线，加载曲线下包围的面积为压入总能量，卸载曲线下包围的面积为压入变形后恢复的弹性变形能，加卸载曲线包围的面积为压入变形后形成的塑性变形能。随着老化时间的增加，如图 2-18 所示铁素体相和奥氏体相的压入塑性变形能量降低，其中铁素体相的压入塑性变形能量要比奥氏体相的高，这与材料的宏观韧性 Charpy 冲击功等随着老化时间的增加而降低的趋势一致[19-20]。

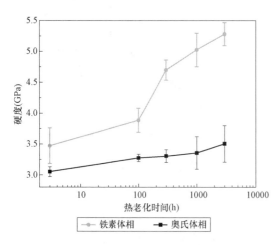

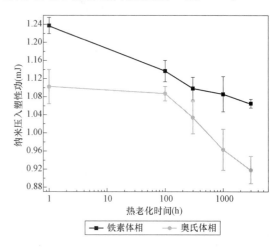

图 2-17　不同热老化时间的奥氏体相铁素体相纳米压入硬度趋势

图 2-18　不同热老化时间的铁素体相和奥氏体相纳米压入塑性功

通过不同老化时间的铁素体相和奥氏体相的纳米压入，得到随着老化时间的增加，铁素体相和奥氏体相在相同纳米压入深度的纳米压入载荷都有提高，并且铁素体相要比奥氏体相相应的载荷要高；铁素体相和奥氏体相的纳米压入硬度都增加，与奥氏体相相比铁素体相的硬度较高；铁素体相和奥氏体相的纳米压入塑性变形能都降低，与奥氏体相相比铁素体相的值要较高。

二、SEM 原位微小试样拉伸实验

扫描电子显微镜 SEM 进行原位实时观测的显微高温静动态试验机进行，采用的拉伸试样工作段厚度为 0.76mm，宽度为 1.5mm；实验过程中拉伸加载速度为 5.0×10^{-3} mm/s，数据采集间隔为 0.3ms。在加载过程中，实时观测试样表面铁素体相和奥氏体相在损伤过程中的断裂竞争机理。

如图 2-19 为原始态材料的裂纹起裂、扩展至断裂的过程，随着拉伸试样的变形，在试样表面形成明显的塑性变形，铁素体相和奥氏体相的塑性变形都较为明显，并且没有明显区别，裂纹起裂后，裂尖处形成应力水平程度较高的塑性变形区，并引起裂纹的向前扩展，依次穿过奥氏体相和铁素体相。

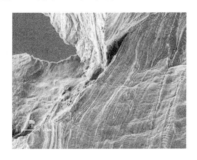

图 2 - 19　原始态材料的裂纹起裂 - 扩展过程

图 2 - 20 所示为热老化 1000h 试样拉伸过程中裂纹起裂、扩展至断裂的过程。随着试样加载过程，出现滑移线等塑性变形特征，并且在奥氏体内的塑性变形特征要明显于铁素体内的塑性变形，因为随着热老化时间的增加，铁素体内析出相使得铁素体变脆，强度提高而韧性下降。奥氏体相内的孔洞等微观塑性损伤逐渐增大，形成宏观起裂裂纹；起裂于奥氏体相的起裂裂纹扩展过程中穿过铁素体相，形成贯穿连续裂纹。

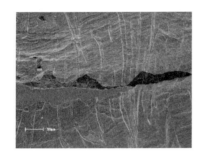
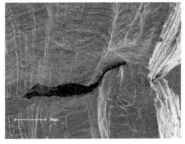

图 2 - 20　热老化 1000h 材料的裂纹扩展过程

图 2 - 21 所示为热老化 3000h 试样拉伸过程中裂纹起裂、扩展至断裂的过程。热老化时间的进一步增加，使得铁素体相内脆化特征进一步增强，随着试样加载，奥氏体相内塑性变形变大，铁素体相内因为应力应变协调条件，应变较小而应力水平较高，导致铁素体相与奥氏体相的相界和铁素体相内部产生微观裂纹，形成起裂点。而裂尖前的微观裂纹将与裂尖相连接，贯穿过奥氏体相形成连续宏观裂纹。热老化时间 10000h 的试样裂纹扩展过程中，在试样表面的铁素体相已经有较多明显微观裂纹，铁素体相内的这些微观裂纹最终相互连接贯穿过塑性变形较大的奥氏体相，形成宏观裂纹。

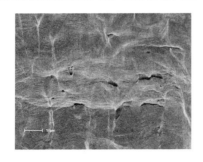
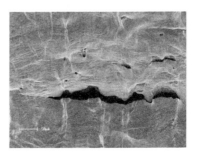

图 2 - 21　热老化 3000h 材料的裂纹扩展过程

通过 SEM 下微小拉伸试样的原位拉伸观测实验，定量的压入深度曲线实验结果变化趋势与宏观标准拉伸试样的实验结果基本一致；通过不同热老化时间试样表面的奥氏体相和铁素体相在裂纹起裂、扩展和断裂过程中的微观特征，定性地揭示了热老化导致微观断裂竞争机制的改变：未热老化的试样裂纹基本从塑性变形区内应力水平较高位置起裂，依次贯穿铁素体相和奥氏体相；足够热老化时间后的试样，裂纹起裂于已经变脆的铁素体相，贯穿奥氏体相并相互连接形成裂纹的扩展和宏观裂纹。热老化对双相不锈钢材料的宏观力学性能的影响，主要是通过铁素体相作用的，铁素体相的变脆导致连接横穿而形成裂纹扩展路径，导致材料的失效，形成宏观的脆性断裂。与铁素体相相比，热老化对奥氏体相的微纳观力学行为影响变化不大，并在双相不锈钢的热老化致脆失效中不起主导作用。

第三节　微纳米尺度的热老化机理

通过微观组织结构的分析，发现热老化对材料的晶粒尺寸、铁素体含量等影响不大，而双相不锈钢材料性能随热老化的变化（强度升高，韧性降低）主要表现在材料的微观组织结构[21]上：随着老化时间的增加，在铁素体内发生调幅分解，析出了富 Cr 的 α' 相和富 Fe 的 α 相，在铁素体相中这些造成应力集中的析出相与运动位错之间的相互作用对材料的宏观力学性能产生了影响。因为相分离的过程发生在铁素体相内几十个纳米量级的尺度范围，采用透射电子显微镜（transmission electron microscopy，TEM）（型号 JEM - 2010）对试样的微观组织结构进行研究，对双相不锈钢的热老化机理进行定性解释。

一、TEM 实验结果

将原始态和热老化 1000、3000h 的材料做成试样，采用 TEM 进行微观组织结构的分析，研究纳观的位错、滑移线与材料中的析出相之间的相互作用。未老化的试样如图 2 - 22

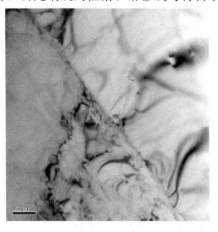

所示，没有发现富 Cr 的析出相团簇，但在铁素体 - 奥氏体相界有初始铸造过程中形成的少量的 C 或 N 的化合物沉淀相；原始态试样内铁素体相和奥氏体相中位错都很少，变形过程中产生的位错能够较为容易的自由移动并穿过铁素体相和奥氏体相以及两相的相界，相应的宏观强度较低。对不同老化时间的试样微观组织结构分析发现，随着老化时间的增加，铁素体相内在因为调幅分解产生的富 Cr - α' 相处产生位错的钉扎和聚集。

热老化 1000h 的析出相与位错的相互作用如图 2 - 23 所示，铁素体和奥氏体的相界上碳化物和氮化物的析出明显增多；热老化导致 Cr 原子通过缓

图 2 - 22　原始态的铁素体 - 奥氏体相界

慢的扩散到较为稳定的位置和构型，最终使 Cr 原子相互靠近形成团簇使系统的自由能降低，表现为在铁素体相内析出富 Cr 的 α' 相微小团簇，这些析出相团簇使得位错滑移难以进行，析出相团簇阻碍位错的运动，位错被析出相团簇和相界钉扎，并在形变时以形成孪

晶为主，这些孪晶和位错钉扎位置成为脆性解理断裂的形核地点。铁素体内的析出相团簇阻碍位错的运动，位错被析出相团簇和相界钉扎，位错的滑移需要更高的应力水平，导致应力的集中，因此强度随着热老化时间的增加而提高；钉扎的位错使晶粒内部 Mises 应力水平和三向应力比水平（静水压力与 Mises 应力之比）的提高，最终使材料的韧性降低[22]，表现为宏观 Charpy 冲击功的下降。

随着老化时间的增加，老化 3000h 的试样在相界上有碳化物、氮化物的析出，在铁素体相内及相界上有较多的位错钉扎和聚集，如图 2-24 所示，奥氏体相内也有位错聚集但是与铁素体相内

图 2-23　热老化 1000h 的析出相与位错的相互作用

相比很少，位错大多不能穿过相界，在相界上形成位错群，变形过程中将导致应力水平的集中。如图 2-25、图 2-26 所示，铁素体内析出相增多，引起位错的增加和聚集，将形成解理断裂的起裂点，随后形成弱相界的撕裂和奥氏体内的韧性断裂；微观上富 Cr 的 α' 析出相与位错的相互作用导致材料的强度提高而韧性下降。

TEM 结果显示，热老化对奥氏体相的影响不大，如图 2-27 所示为原始态的奥氏体相微观组织结构，结构比较均匀；图 2-28 为热老化 3000h 的奥氏体相的微观组织结构，结构也是比较均匀，没有明显的富 Cr 相的团簇。因为从奥氏体相上来看，热老化对奥氏体相的微观组织影

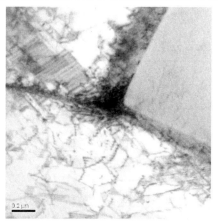

图 2-24　热老化 3000h 的铁素体相内及相界的位错

响不大，热老化对双相不锈钢材料的力学特性的影响，主要是由于热老化对铁素体相的影响。

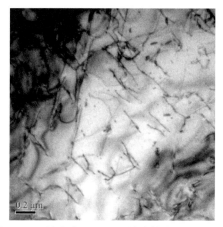

图 2-25　热老化 3000h 的铁素体内的析出相与位错相互作用

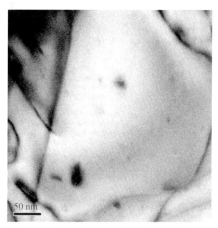

图 2-26　热老化 3000h 的铁素体相的位错与析出相相互作用

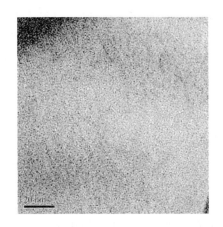

图 2-27　原始态奥氏体相内均匀的微观组织结构　　图 2-28　热老化 3000h 奥氏体相微观组织结构

热老化 3000h 的奥氏体相的成分百分含量如表 2-3 所示，与原始态不锈钢的成分表 2-1 相比，基本成分相似，Cr 含量基本相同，未产生富 Cr 相的团簇聚集。

表 2-3　　　　　　　　　　热老化 3000h 的奥氏体相的成分百分含量　　　　　　　　　　　　%

元素	O	Si	Cr	Ni	Fe	Cl
成分（wt%）	17.64	4.42	19.67	7.80	48.72	1.75

原始态铁素体相为均匀的微观组织，热老化 3000h 的铁素体相的微观组织结构如图 2-29，在铁素体相内部发生调幅分解，析出大量富 Cr 的团簇，团簇直径约 5nm，围绕富 Cr 团簇的是基本富 Fe 的相。

热老化 3000h 后富 Cr 团簇的主要成分进行表征发现，其中 Cr 含量高达 65.10%；而富 Fe 相的主要成分为 Fe 含量约 60.13%，Cr 含量约 29.91%。

热老化 10000h 铁素体相的微观组织结构如图 3-15 所示，Cr 团簇的析出更加明显，但是 Cr 团簇的尺寸基本变化不大。Cr 团簇的成分聚集越明显，其中 Cr 团簇中 Cr 的成分含量越高，越容易阻碍位错的滑移，形成位错的聚集，导致局部应力水平的提高[23]。

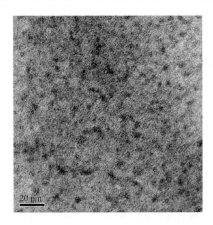
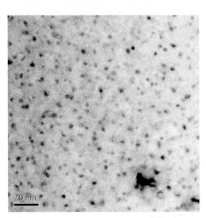

图 2-29　热老化 3000h 铁素体相内析出　　　图 2-30　热老化 10000h 铁素体相内析出
相微观组织结构　　　　　　　　　　　相的微观组织结构

铁素体相内部富 Cr 团簇的析出，微观上导致位错的聚集和滑移困难，导致局部的应力集中和三向应力比的提高，宏观上将导致铁素体相的硬度和强度提高，而韧性的下降。随着老化时间的增加，单轴拉伸强度极限和 Charpy 冲击动态强度极限提高，纳米压入硬度提高，而 Charpy 冲击功下降和纳米压入塑性变形能降低。

二、三维原子探针实验结果

　　为更精准的对调幅分解进行定量化表征，采用三维原子探针对热老化后的针状试样进行成分实验。如图 2-31 所示为铸造奥氏体不锈钢热老化 1000h 后 3DAP 光谱分析图，可以看出针状试样的成分包括 Cr、Ni、Si 等元素。

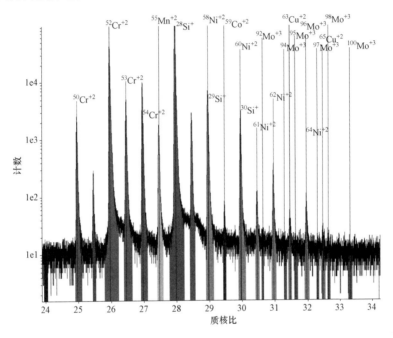

图 2-31　铸造奥氏体不锈钢热老化 1000h 后 3DAP 光谱分析图

　　图 2-32、图 2-33 和图 2-34 分别为热老化 1000、3000、6000h 后 Cr 原子的浓度变化，可以看出，随着热老化时间的延长，调幅分解导致铁素体相中的 Cr 浓度起伏增大，说明调幅分解的程度在增加。试验结果同时表明，铸造奥氏体不锈钢在热老化 1000h 附近即开始了调幅分解，随着热老化时间的增加，调幅分解的程度也逐渐增加。

　　图 2-35 为热老化 6000h 试样的 Cr、Ni、Si、B、C、P、V 等原子分布图，可以看出，Cr 原子在铁素体相和奥氏体相中出现了明显的界限，在铁素体相中，Cr 原子出现了明显的偏聚现象，奥氏体相中 Cr 原子分布则较为均匀，未出现偏聚。Si 原子在铁素体相中也出现了成分的偏聚现象，Si 原子的偏聚是 G 相出现的基础。铁素体相和奥氏体相的晶界处，B、C、P、V 等元素有明显的聚集现象，说明随着热老化时间的延长，B、C、P、V 等元素有向晶界偏聚的趋势。

　　图 2-36 为铁素体相和奥氏体相晶界两侧分析范围，图 2-37 为厚度为 1nm 的片层作为分析对象，各元素分布情况。可以看出，在热老化 6000h 后，铁素体相中的 Cr 元素出现了明显的偏聚，晶界两侧元素的成分差异明显。

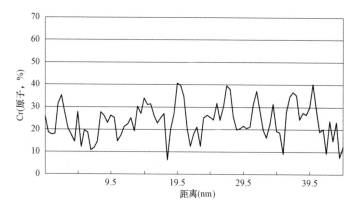

图 2 - 32　热老化 1000h 试样的 Cr 原子分布图

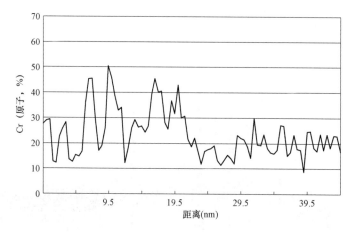

图 2 - 33　热老化 3000h 试样的 Cr 原子分布图

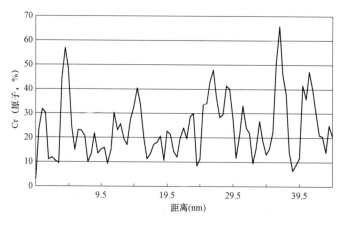

图 2 - 34　热老化 6000h 试样的 Cr 原子分布图

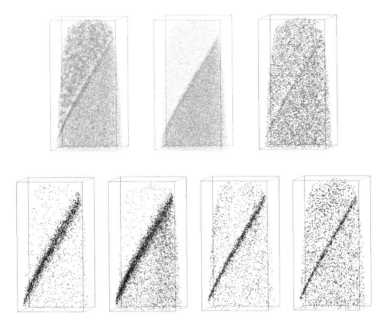

图 2-35　热老化 6000h 试样晶界两侧 Cr、Ni、Si、B、C、P、V 等原子分布图

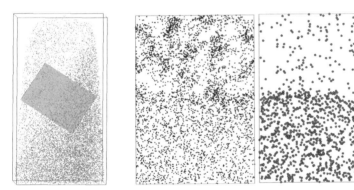

图 2-36　晶界两侧元素
　　　　分析区域

图 2-37　1nm 范围内（Cr、Ni、Si）等元素分布

　　图 2-38 为奥氏体相和铁素体相晶界两侧元素的浓度分布，铁素体相中的 Cr 原子浓度最大为 41.7％，可以得出，随着热老化的进行，铁素体相中的 Cr 原子出现了明显的偏聚现象；奥氏体相中 Cr 原子的浓度分布在 20％附近，与原始材料中的 Cr 原子浓度接近，说明随着热老化的进行，奥氏体相中的 Cr 原子未发生偏聚的现象。

　　对实验过程中发现的团簇进行分析，如图 2-39 所示为热老化 6000h 试样 Cr、Si、Ni 原子浓度分别大于 38％、3.7％和 11％的团簇分布图，可以看出，随着热老化的进行，铁素体相中出现了 Cr、Si 原子的偏聚。

　　铸造奥氏体不锈钢在长期运行下会出现热老化的现象，热老化将导致铁素体中出现调幅分解，同时会出现 G 相，热老化 1000、3000h 富 Si 和 Ni 的团簇数量及形态如图 2-40 所示。对团簇的成分进行分析，团簇中各原子的数量分布见表 2-4，热老化 1000、3000h 试样团簇中 Ni、Si 原子数量比约为 1.08 和 2.39，说明随着热老化时间的延长，G 相中

Ni/Si 原子的比例呈现增大趋势；也说明了随着热老化时间的延长，G 相的成分逐渐趋于稳定。

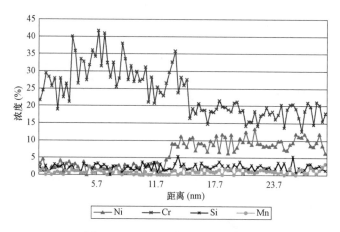

图 2-38 晶界两侧元素浓度分布

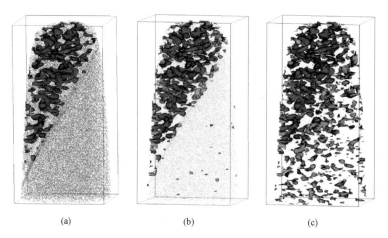

(a)   (b)   (c)

图 2-39 热老化 6000h 试样 Cr、Ni 和 Si 原子浓度分别大于 38％、37％和 11％的团簇分析图
(a) ＞38％Cr；(b) ＞38％Cr＋＞3.7％Si；(c) ＞38％Cr＋＞3.7％Si＋＞11％Ni

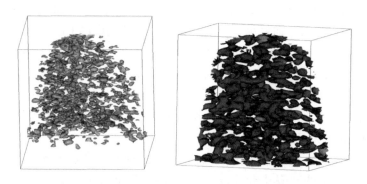

图 2-40 热老化 1000、3000h 后 Si、Ni 团簇形态

表 2 - 4 热老化 1000、3000h 团簇的成分分析

时间（h）	数量							
	Fe	Ni	Cr	Si	V	Mn	P	Ni/Si
1000	410	38	159	35	2	9	1	1
3000	637	321	187	134	3	111	1	2

铸造奥氏体不锈钢在反应堆运行温度下长期服役将会发生热老化，铁素体相中调幅分解形成的 α' 相是热老化的主要原因。调幅分解时，成分按波长为 R 的正弦曲线变化，振幅随分解过程的进行逐渐增大。利用最大分离包络法（maximum separation envelope method，MSEM）得到不同时间 Cr、Ni 团簇的数量，析出相的等效半径。

$$r_p = \sqrt[3]{\frac{3\, n_p \times \Omega}{4 \times \pi \times \xi}} \qquad (2 - 11)$$

式中　n_P——检测到的析出相原子数量；

　　Ω——原子的平均体积，收集的原子主要为 Fe 原子，以 Fe 原子计算，$1.178 \times 10^{-2}\,\mathrm{nm}^{-3}$；

　　ξ——检测参数，取 0.37。

析出相的数量密度：

$$N_V = \frac{N_P \times \xi}{n \times \Omega}$$

式中　n——所分析的体积内含的原子总数；

　　N_P——检测到体积内的析出相的数量；

　　ξ——检测参数，取 0.37；

　　L 为名义颗粒间距，R 为波长，N 为数量，可以通过式（2 - 12）进行计算。

$$L = 0.866/(R/N)^{1/2} \qquad (2 - 12)$$

针对热老化 1000、3000、6000h 的试样开展热老化后调幅分解波长的计算，可以利用式（2 - 12）进行计算，结果见表 2 - 5，可以看出随着热老化时间的增加，调幅分解的波长在逐渐减小，说明铸造奥氏体不锈钢热老化后调幅分解的程度逐渐增强。

表 2 - 5 波 长 计 算

热老化时间（h）	1000	3000	6000
波长（$\times 10^{12}$）nm	1.123	1.085	1.071

第四节　热老化机理的数值研究

一、相分离动力学模拟热老化机理

相场法在研究相分离动力学特征中得到了较为广泛的应用，相场法的原理是以经典的热力学和动力学理论为基础的。总体自由能的减少是组织变化的驱动力：原子和界面的迁

移速率决定组织变化的速率。在组织变化的过程中，总自由能的减少通常包括以下的一个或几个部分：体化学自由能的降低；表面能和界面能的减少；弹性应变能的松弛以及与外作用场相关的能量的降低，如外加应变场、电场和磁场。在这些因素的驱动下，组织的各个组成部分（如各相和各区域）将通过扩散和界面控制的动力学过程发生变化，达到一种能量较低的新的状态。这种变化通常包括新相或新区域的形核（或连续分解）和新多相/多区域组织随后的长大和粗化。场变量模型是一种通过建立一系列高阶可微的保守场和非保守场变量来描述微观结构演变的数学模型，最早是由 van der Walls 在描述扩散型界面的模型中提出的，并由 Cahn 和 Hilliard 加以完善[24]。在场变量模型中微观结构随时间的演化是由一对连续性方程加以描述，也就是 Cahn - Hilliard 非线性扩散方程和 Allen - Cahn（时间演化 Ginzburg - Landau）方程。相场方法是以金兹堡 - 朗道理论为基础，用微分方程来体现扩散、有序化势和热力学驱动的综合作用。相场是一种计算技术，它能使研究者直接模拟微观组织的形成。相场方法也称为直接的微观组织模拟。

相场法是一种基于经典热力学和动力学理论的半唯象方法。它所使用的模型是动力学金兹堡朗道型相场模型。与传统的方法相比，相场法也是用偏微分方程来描述组织的变化，但是它是通过引入一套与时间和空间有关的场变量来把复杂的组织作为一个整体来研究。最为大家所熟悉的场变量的例子就是表征成分分布的浓度场和表征多相材料和多晶材料中结构变化的长程有序化参数场。这些场变量随时间和空间的变化为我们提供了关于介观尺寸的组织变化的全部信息。场变量的变化可以通过求解半唯象的动力学方程来获得，如表征浓度场变化的非线性 Cahn - Hilliard 扩散方程和表征长程有序化参数场变化的 Ginzburg - Landau 方程[25]通过求解的结果可以详细地了解在组织变化的任一时刻，组织中每个颗粒和每个单相区域的尺寸、形状和空间分布的演化情况。

如果对统计结果做进一步的统计分析还可以获得诸如平均粒子尺寸、粒子尺寸分布以及这些量随时间的变化关系等更加定量的材料组织信息。这些信息不但可以作为最终结果直接加以利用，还可以作为十分宝贵的初始数据提供给宏观尺寸的模型，进行材料宏观性能的模拟计算。常用于调幅分解研究的实验手段有 TEM、小角散射、穆斯堡尔谱及场离子显微镜原子探针等。TEM 可以直接观察调幅组织的形貌，但无法定量研究。TEM 观察发现，与一般的形核长大机制不同，调幅分解在晶界处不出现无析出带和非均匀形核。小角散射强度主要取决于两种原子散射振幅的差异与系统中浓度波的振幅之间有直接的关系，因此小角散射被认为可用于调幅分解振幅的表征，但是具体的表征方法还有待研究。穆斯堡尔谱能准确判断铁基合金的相分解机制。对 Fe - Cr 合金的穆斯堡尔谱研究表明，并不存在严格的调幅分解线，在调幅分解线附近，形核长大与调幅分解两种机制同时存在。场离子显微镜原子探针是目前研究调幅分解最为理想的手段，它不但能够直观而准确的对分解机制进行判断，而且还能在原子尺度上给出调幅分解的波长、振幅及形貌等信息。场离子显微镜原子探针研究表明，Ti - Ni 合金在淬火过程中就已经有调幅分解发生。人们利用场离子显微镜原子探针不但证实了已有的调幅分解理论，还发现了许多新现象。

对于非均匀的连续体系，需要采取扩散 - 界面进行描述，即利用各种守恒的和非守恒的场变量的空间梯度描述各相之间的扩散—界面。相变热力学和伴生的结构演化是通过选构一个依赖于保守和非保守相场序参量的自由能密度泛函而实现的。基于 Ginzburg - Landau 模型的各种确定性相场方法，可以正确地预测相变的主微结构途径，但是不能处理原子层次的结构问题；基于微观晶格扩散理论的微观相场动力学，对于空间分布不均匀的合金，可以同时对有序化和分解的扩散动力学进行描述。在微观相场动力学中，Cahn - Hilliard 方程通过一个非平衡自由能泛函把组分和长程有序参量联系起来，把连续体相场动力学中出现的宏观动力学系数，在微观层次上进行计算；在微观相场动力学中，通过引入微观场，用于描述由原子在晶格上的扩散所引起的位移相变，即通过晶格扩散思想使微观相场动力学具体化、公式化。

连续体相场动力学的基础是 Landau 相变理论，Landau 相变理论强调了对称的重要性，对称性的破坏对应着相变的发生。在 Landau 相变理论中，对称性由序参量所描述，对称破缺意味着序参量不为零的有序相的出现。序参量是某个物理量的平均值，描述偏离对称的性质和程度，可以是标量、矢量、复数或更复杂的量。

对于结构相变，系统的总自由能 F_{tot} 可以分解成体自由能 F_{inc}、界面能 F_{int} 和弹性变形能 F_{elast}，即

$$F_{tot} = F_{inc} + F_{int} + F_{elast} \qquad (2-13)$$

对于微结构由成分场 $c(r, t)$ 和一组序参量描述的体系：

$$F_{inc} + F_{int} = \int_v \left[f_0(c, \eta_1, \eta_2, \cdots, \eta_\theta) + a(\nabla c)^2 + \sum_i \beta_{jk}^i \frac{\partial \eta_i}{\partial r_j} \frac{\partial \eta_i}{\partial r_k} \right] dV \qquad (2-14)$$

式中　c——成分浓度。

连续体相场动力学方程为

$$\begin{cases} \dfrac{\partial c(r,t)}{\partial t} = M \nabla^2 \dfrac{\delta F_{tot}}{\delta c(r,t)} \\[2mm] \dfrac{\partial \eta_1(r,t)}{\partial t} = -\hat{L}_{1j} \dfrac{\delta F_{tot}}{\delta \eta_1(r,t)} \\[2mm] \cdots \\[2mm] \dfrac{\partial \eta_i(r,t)}{\partial t} = -\hat{L}_{ij} \dfrac{\delta F_{tot}}{\delta \eta_i(r,t)} \end{cases} \qquad (2-15)$$

式中　r——位移量，m；

$\quad\quad t$——时间量，s；

$\quad\quad g$——序参量；

$\quad\quad \hat{L}_{ij}$——动力学结构算符的对称矩阵，是与序参量相关的弛豫常数。

在该两相合金体系中，对于两种组分之间的相互作用自由能，采用规则溶液模型模拟实际合金相变时局域化学自由能的体积积分，即

$$f(c, T) = c\mu_0^A + (1-c)\mu_0^B + \omega c(1-c) + k_B T(c \ln c + (1-c)\ln(1-c)) \qquad (2-16)$$

式中　c——组元 Cr 的摩尔百分比；

$\quad\quad k_B$——波尔兹曼常数，$k_B = 1.3806505 \times 10^{-23}$ J/K；

$\quad\quad T$——绝对温度，K；

μ_0^A，μ_0^B——纯组元 Cr、Fe 的化学自由能（Cr：8100J/Mol，Fe：50kJ/Mol）；

$\quad\quad \omega$——相互作用参数。

自由能双阱势函数如图 2-41 所示，自由能随着组分含量的增加先降低，经过双阱后增加，对于双组分的自由能，沿 50% 含量位置成对称结构。

相场方法中，界面是弥散的，序参量变化大的区域就是界面区，在界面能中必然要包

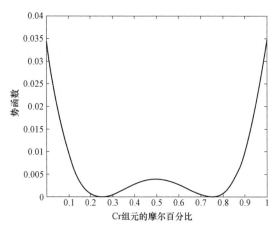

图 2-41　自由能双阱势函数示意图

含序参量的一阶导数。

$$F_{\text{int}} = \int_v K_\phi \, (\nabla\phi)^2 \, \mathrm{d}V \quad (2-17)$$

式中　K——梯度能系数；

　　　ϕ——体系有序参量；

　　　V——体积，m^3。

梯度能系数在各向同性界面下为标量，各向异性下为张量，梯度能包含了 Gibbs - Thomas 效应，界面化学势表示为

$$\mu_{\text{int}} = -2K_\phi \Delta_\phi \quad (2-18)$$

调幅分解两相及基体中原子的成分不同，导致其各自不同的晶格常数，在忽略浓度对原子交叠区大小的影响，可以认为晶格常数与浓度呈线性关系，即

$$a(c) - a_0 = \eta(c - c_0)a_0 \quad (2-19)$$

式中　a——晶格常数；

　　　a_0——初始晶格常数；

　　　c——摩尔浓度；

　　　c_0——初始摩尔浓度；

　　　η——浓度变化引起的体积线性扩张系数。

则体系中应力应变可以表示为

$$\varepsilon_{yy} = \varepsilon_{zz} = -\frac{a(c) - a_0}{a_0} = -\eta(c - c_0) \quad (2-20)$$

$$\sigma_{yy} = \sigma_{zz} = \frac{E}{1 - \nu^2}(\nu\varepsilon_{zz} + \varepsilon_{yy}) \quad (2-21)$$

式中　E——平均成分固溶体的杨氏模量，Pa；

　　　ε_{yy}、ε_{zz}——应变张量；

　　　σ_{yy}、σ_{zz}——应力张量；

　　　ν——泊松比。

弹性能可表示为

$$f_e = \frac{1}{2}(\sigma_{yy}\varepsilon_{yy} + \sigma_{zz}\varepsilon_{zz}) = \frac{E\eta^2}{1 - \nu}(c - c_0)^2 \quad (2-22)$$

则系统总自由能得到为

$$F = \int_V \left[f(c) + f_e + K \, (\nabla c)^2 \right] \mathrm{d}V \quad (2-23)$$

总自由能密度表示为

$$f_t = f(c) + f_e + K \, (\nabla c)^2 \quad (2-24)$$

浓度变化引起的自由能变化为

$$\delta F = \int_V \left\{ \left[\frac{\partial f(c)}{\partial c} + \frac{\partial f_e}{\partial c} + \frac{\partial K}{\partial} \, (\nabla c)^2 \right] \delta c + 2K \, \nabla c \, \delta(\nabla c) \right\} \mathrm{d}V \quad (2-25)$$

$$\delta F = \int_V \left[\frac{\partial f(c)}{\partial c} + \frac{\partial f_e}{\partial c} - \frac{\partial K}{\partial c} (\nabla c)^2 - 2K \nabla^2 c \right] \delta c \, dV \qquad (2-26)$$

式中　V——体积，m^3；

　　　K——梯度能系数；

　　　c——摩尔浓度；

　　　f_e——弹性量。

扩散流量为

$$J = -M \nabla \mu = -M \nabla \left(\frac{\partial f}{\partial c} \right) = -M \frac{\partial}{\partial x} (\mu_B - \mu_A) \qquad (2-27)$$

式中　M——原子活动性。

$$M = \frac{Dc(1-c)}{k_B T} = \frac{Dc_0(1-c_0)}{k_B T} \qquad (2-28)$$

$$\mu_B - \mu_A = \frac{\partial f(c)}{\partial c} + \frac{\partial f_e}{\partial c} - 2K \nabla^2 c \qquad (2-29)$$

式中　D——扩散系数；

　　　c——摩尔浓度；

　　　c_0——合金的平均成分；

　　　K——与原子交互作用参数相关的梯度能系数；

　　　k_B——波尔兹曼常数，$k_B = 1.3806505 \times 10^{-23} \, J/K$；

　　　λ——原子有效交互作用距离的平方根。

只考虑最近邻原子的交互作用，则 $\lambda = a/\sqrt{3}$，其中 a 为原子交互作用距离。则

$$K = \lambda^2 k_B T = \frac{a^2}{3} k_B T = \frac{10^{-14}}{3} m^2 \times 1.3806505 \times 10^{-23} \, J/K \times 673K \qquad (2-30)$$

T——温度，K。

根据 Ginzburg‐Landau 动力学方程组，有

$$\frac{\partial \varphi_i}{\partial t} = -M_{ij} \frac{\partial F}{\partial \varphi_j} \qquad (2-31)$$

式中　F——不同函数 φ_j 的自由能泛函；

　　　$\dfrac{\partial F}{\partial \varphi_j}$——热力学驱动力；

　　　t——时间；

　　　M_{ij}——对称的 Onsager 动力学算符。

Cahn‐Hilliard 方程是使用场变量对浓度分布的描述，浓度场是一个保守场，满足连续性方程，即

$$\frac{\partial c}{\partial t} + \frac{\partial j}{\partial x} = 0 \qquad (2-32)$$

式中　c——浓度；

　　　t——时间，S；

　　　j——扩散流量；

　　　x——位移，m。

$$\frac{\partial c}{\partial t} = -\nabla \cdot J = -\nabla \cdot [-M \nabla \mu] = M \nabla^2 \mu = M \nabla^2 (\mu_B - \mu_A)$$

$$= M \nabla^2 \left(\frac{\partial f(c)}{\partial c} + \frac{\partial f_e}{\partial c} - 2K \nabla^2 c \right) \tag{2-33}$$

得到最终时间相关的相分离动力学控制方程，即

$$\frac{\partial c}{\partial t} = M \nabla^2 \left(\frac{\partial f(c)}{\partial c} + \frac{\partial f_e}{\partial c} - 2K \nabla^2 c \right) \tag{2-34}$$

相分离动力学控制方程离散化以后得

$$c_{t+\Delta t} = c_t + \Delta t \cdot M \nabla^2 \left(\frac{\partial f(c)}{\partial c} + \frac{\partial f_e}{\partial c} - 2K \nabla^2 c \right) \tag{2-35}$$

展开得到

$$\begin{aligned} c_{t+\Delta t} = c_t + \Delta t \cdot M \nabla^2 \big[& 2f_0 (c - c_p)(c - c_m)(2c - c_m - c_p) \\ & + \frac{2E}{1-\nu} \eta^2 (c - c_0) - 2K \nabla^2 c \big] \end{aligned} \tag{2-36}$$

式中　　c_m——m 组分的成分比例；

　　　　c_p——p 组分的成分比例。

采用元胞动力学方法[27]进行计算，得到双相不锈钢中铁素体相 Fe-Cr 两相分离模态结果，如图 2-42 所示，与 TEM 下形成的富 Cr 团簇实验结果基本一致。

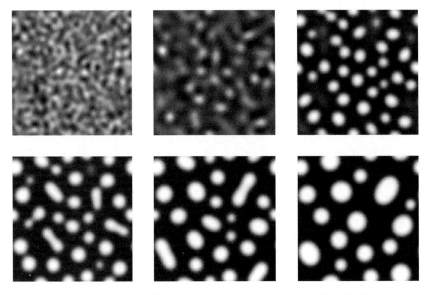

图 2-42　双相不锈钢中铁素体相 Fe-Cr 两相分离模态结果

与小角度散射实验结果一致的表征散射结果的结构因子[28]表示为

$$\varphi(q) = \langle c_q c_{-q} \rangle \tag{2-37}$$

其中，大括号"$\langle \rangle$"为 c_q 与 g_q 卷积后的模。

其中 c_q 的傅里叶展开为

$$c_q = \sum_n c(n) \exp(iq \cdot n) \tag{2-38}$$

其中，$q = 2\pi n / L$，$n \in \{0, 1, \cdots, L-1\}$；$i^2 = -1$。

计算得到小角度散射模拟结果如图 2-43 所示，散射图案表现为各向同性闭合圆环，随时间推移，半径逐渐减小，初始材料成分比较均匀没有 Cr 相团簇析出，因为散射图案不明显，当富 Cr 相团簇出现以后，散射图案形成明显闭合圆环，当富 Cr 相团簇的逐渐增大，

闭合圆环的半径逐渐减小。

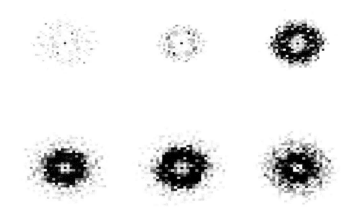

图2-43　小角度散射模拟结果

对模拟结果进行数据统计分析，得到中心线上成分含量的起伏涨落如图2-44所示，起始两相成分随机均匀分布，随着热老化时间增加，对应的时间从20h到2500h，再到10000h，两相成分逐渐分离，形成波峰和波谷。

对模拟的尺寸范围内进行数据统计分布，得到20、100、500、1000、2500、5000h时Cr成分的相对百分含量，由初始集中在50%附近，均匀分布，到最后两个峰值集中在Cr含量为25%，Fe含量为75%附近，说明Cr相和Fe相已经发生较为完全的相分离，如图2-45所示，Cr成分的演变如图2-46所示。

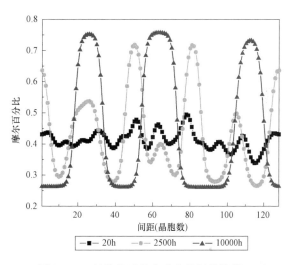

图2-44　相分离过程中成分的起伏涨落

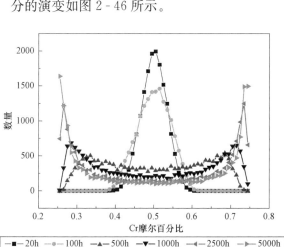

图2-45　相分离过程中成分含量的演变

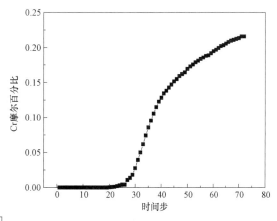

图2-46　相分离过程中Cr成分含量的演变

特征域尺寸函数定义为

$$\langle q(t)\rangle = \frac{\sum_{q>0} |q|^{-1}\varphi(q,t)}{\sum_{q>0} |q|^{-2}\varphi(q,t)} \tag{2-39}$$

式中　t——时间，s；

　　φ——无量纲结构因子。

其中 $q=2\pi n/L$，$n\in\{0,1,\cdots L-1\}$。

相分离过程中特征域尺寸演化过程如图 2-47 所示，X 方向和 Y 方向的特征域尺寸相

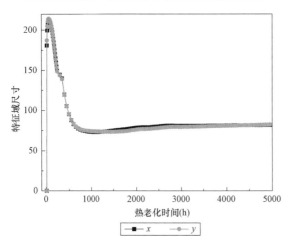

图 2-47　相分离过程中特征域尺寸演化过程

同，对应着各向同性域形态结构，这种情况下，热力学导致的扩散作用主导整个相分离过程。热老化处理初期，Fe-Cr 两相材料均匀分布，特征域尺寸非常小，与网格尺寸基本一致；随着老化时间增加，两相逐渐分离，特征域尺寸增加；当两相分离形成较为明显的团簇特征后，随着团簇的逐渐变大，特征域尺寸开始减小，然后到一个逐渐平衡的大小。图 2-48 为含 Cr 量预设为 25% 附近时的 Fe-Cr 两相铁素体相在热老化条件下的相分离演变过程，得到的相分离模拟结果与 TEM 观测到的实验结果基本

一致。材料在热处理制备过程中，Cr 成分的含量在纳米甚至微米级别必然存在着局部的成分涨落，下文则研究在不同的初始 Cr 成分含量条件下两相材料的相分离过程。如图 2-49 为计算时预设 50% 的 Cr 含量，计算得到的相分离模态与 Cr 成分较低时的微观组织结构明显不同，Cr 含量较高时，富 Cr 团簇容易相互连接聚集成网状。该相分离演变结果与 AFM 下局部位置的 Cr 相移图相似，说明 AFM 观测的局部位置 Cr 成分的含量可能较高，应该在 50% 附近。当材料中 Cr 成分的含量进一步提高，Fe 相析出，形成团簇。

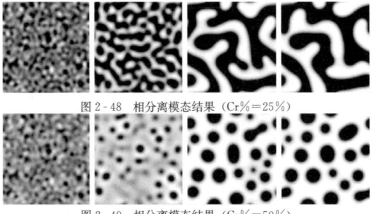

图 2-48　相分离模态结果（Cr%＝25%）

图 2-49　相分离模态结果（Cr%＝50%）

通过相分离动力学方法，得到在热老化条件下铁素体相内作为 Fe‐Cr 两相合金随着时间的演变，Cr 相的析出以及形成团簇，在微观组织结构上的演变特征，以及相应的小角度散射结果和特征尺寸等特征的演变结果，该演变结果为后续有限元计算提供了几何模型。

二、有限元法宏观模拟热老化机理

对双相不锈钢中铁素体相和奥氏体相采用不同的材料模型，包括弹性模量和塑性硬化部分的应力‐应变曲线，对不同老化时间下的宏观力学特性和微观断裂机制进行模拟；通过 GTN 孔洞损伤单元和有限元模拟方法，对 SEM 取得的实验金相组织结构图，经过数值图像处理方法形成二值图，然后建立相应的有限元几何模型，经过数值模拟计算得到孔洞的增长、连接形成宏观裂纹，定性结果解释热老化导致的微观损伤机制；根据上节中相分离动力学结果结合 GTN 孔洞损伤模型对不同热老化时间下铁素体相得损伤行为进行了研究。

采用物理模型和有限元几何模型进行定性模拟讨论时，材料内部有铁素体相和奥氏体相，两者宏观上有不同的屈服极限和不同的硬化指数，都采用指数形的材料模型［见式（2‐40）］，有限单元采用的 GTN[29‐30] 孔洞单元，孔洞单元屈服面方程见式（2‐41）。

指数型材料弹塑性模型为

$$\begin{cases} \dfrac{\sigma}{\sigma_s} = \dfrac{E\varepsilon}{\sigma_s} & (\sigma < \sigma_s) \\[2mm] \dfrac{\sigma}{\sigma_s} = \left(1 + \dfrac{E\varepsilon^p}{\sigma_s}\right)^n & (\sigma < \sigma_s) \end{cases} \tag{2-40}$$

式中　σ_s——屈服应力，Pa；

　　　E——弹性模量，Pa；

　　　ε——应变；

　　　ε^p——塑性应变。

屈服面 ϕ 方程为

$$\phi = \frac{q}{\sigma_s} + 2q_1 f^* \cosh\left(q_2 \frac{3p}{2\sigma_s}\right) - (1 + q_3 f^*) \tag{2-41}$$

式中　　q——等效 Mises 应力；

　　　　p——静水压力；

　　　　σ_s——温度及率相关的屈服应力；

　　　　f^*——孔洞密度的函数；

q_1、q_2、q_3——材料相关的常数。

孔洞率的演化方程分为原来孔洞的长大、聚集和连接以及新孔洞的生成［见式（2‐42）］，孔洞的增长主要由塑性变形张量的迹控制［见式（2‐43）］，孔洞的生成主要与等效塑性应变相关［见式（2‐44）］。造成单元失效及屈服面演化的孔洞率的演化归纳为

$$\dot{f} = \dot{f}_{growth} + \dot{f}_{nucleation} \tag{2-42}$$

$$\dot{f}_{growth} = (1-f)D_{kk}^p \tag{2-43}$$

$$\dot{f}_{nucl} = A\dot{\bar{\varepsilon}}_m^{pl} + B(\dot{\bar{\sigma}}_m^{pl} + \dot{\sigma}_h) \tag{2-44}$$

式中　$\dot{f}$——孔洞率增长量；

　　　$\dot{f}_{growth}$——孔洞率长大部分增长量；

$\dot{f}_{\text{nucleation}}$——新孔洞率增长量；

A——新孔洞的生成中等效应变控制项参数〔见式（2-45）〕；

B——等效应力控制项参数〔见式（2-46）〕。

$$A = \frac{f_N}{S_N \sqrt{2\pi}} \exp\left[-\frac{1}{2} \frac{\varepsilon_m^{pl} - \varepsilon_N}{S_N}\right] \tag{2-45}$$

$$B = \frac{f_N}{S_N \sqrt{2\pi}} \exp\left\{-\frac{1}{2} \left[\frac{(\sigma_m^{pl} + \sigma_h) - \sigma_N}{S_N}\right]\right\} \tag{2-46}$$

屈服应力为温度的函数〔见式（2-47）〕和应变率的函数〔见式（2-48）〕：

$$\sigma_s = K\varepsilon_{pl}^N (1 - \beta T) \tag{2-47}$$

$$\sigma_s(\varepsilon_{cq}^{pl}, \dot{\varepsilon}_{eq}^{pl}) = \sigma_0 \left[1 + \left(\frac{\dot{\varepsilon}_{eq}^{pl}}{\dot{\varepsilon}_0}\right)^{1/p}\right] \tag{2-48}$$

式中　σ_s——屈服应力，Pa；

T——温度，℃；

ε_{eq}^{pl}——塑性等效应变；

$\dot{\varepsilon}_{eq}^{pl}$——塑性等效应变率。

f^* 的演化方程为

$$f^* = \begin{cases} f & f < f_c \\ f_c + \dfrac{\overline{f_F} - f_c}{f_F - f_c}(f - f_c) & f_c \leqslant f < f_F \\ \overline{f_F} & f \geqslant f_F \end{cases} \tag{2-49}$$

式中　f_c——临界孔洞率；

f_F——失效孔洞率。

GTN 孔洞增长单元模型可以很好的表征由于孔洞的增长连接形成宏观裂纹的塑性断裂的断裂机制，也能定性的表征塑性断裂到脆性断裂的转变，本节后面将采用 GTN 单元定性研究双相不锈钢中铁素体相和奥氏体相随热老化时间增加而导致的不同宏观断裂形式及微观断裂机制。为研究铁素体相和奥氏体相不同相，随着热老化不同时间导致的具体损伤机理，根据原始金相组织图，进行数字处理，进而进行网格划分和有限元计算。根据 SEM 测得的金相结构如图 2-50 所示，其中岛状分布的为铁素体，嵌在奥氏体内；进行数值化处理以后得到二值图像如图 2-51 所示，其中色度较暗的为铁素体。

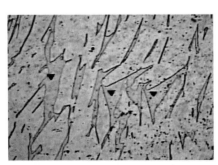 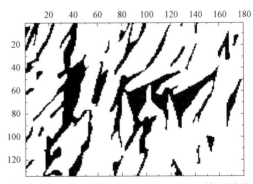

图 2-50　铁素体及奥氏体两相材料原始金相组织图像　图 2-51　原始图像数据化处理后的二值图结果

根据数值化处理以后的二值图像建立有限元模型如图 2-52 所示，其中深颜色的为铁素体，局部放大图如图 2-53 所示，采用平面应变四边形双线性单元，减缩积分，采用周期性边界条件。

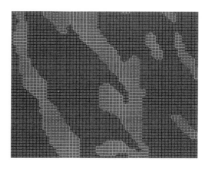

图 2-52　有限元几何模型中的两相材料分布　　图 2-53　有限元几何模型中的两相材料局部放大

　　数值计算共采用了三种工况的材料属性，原始态的、热老化 1000h 的和热老化 10000h 的，对不同热老化时间材料的断裂机制进行研究。原始态的双相不锈钢材料损伤失效时的 Mises 应力分布如图 2-54 所示，损伤失效的单元基本在奥氏体相内部，并且在奥氏体相内逐渐扩展；最终奥氏体相内失效的单元通过铁素体相连接成宏观的连贯的扩展裂纹。

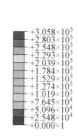
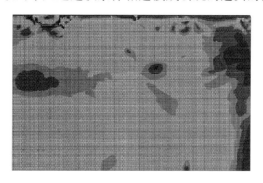

图 2-54　原始态双相不锈钢材料损伤失效时的 Mises 应力分布

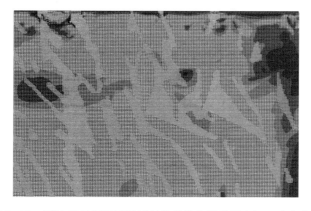

图 2-55　原始态双相不锈钢材料的整体失效阶段 Mises 应力分布

　　热老化 1000h 的双相不锈钢材料损伤过程的 Mises 应力分布如图 2-56～图 2-61 所示，热老化 1000h 初始损伤阶段应力分布如图 2-56、图 2-57 所示，损伤失效的单元基本在铁素体相内部，并且在铁素体相内逐渐扩展，如图 2-59、图 2-60 所示；最终铁素体相内失效的单元通过奥氏体相连接成宏观的连贯的扩展裂纹，如图 2-60、图 2-61 所示。

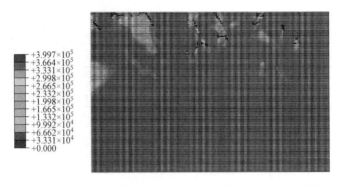

图 2-56　热老化 1000h 的双相不锈钢材料损伤初始阶段应力分布（一）

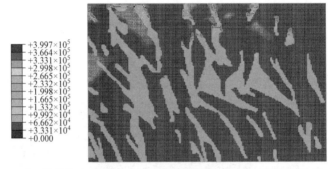

图 2-57　热老化 1000h 的双相不锈钢材料损伤初始阶段应力分布（二）

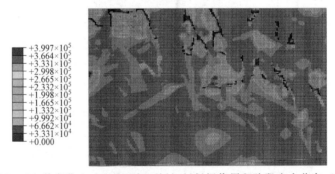

图 2-58　热老化 1000h 的双相不锈钢材料损伤累积阶段应力分布（一）

图 2-59　热老化 1000h 的双相不锈钢材料损伤累积阶段应力分布（二）

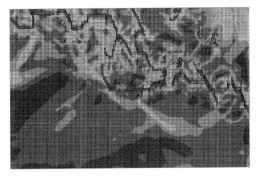
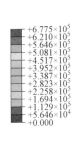

图 2-60 热老化 1000h 的双相不锈钢材料整体失效阶段应力分布（一）

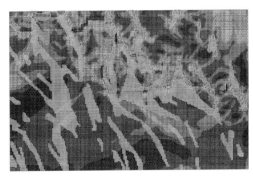
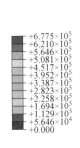

图 2-61 热老化 1000h 的双相不锈钢材料整体失效阶段应力分布（二）

热老化 10000h 的双相不锈钢材料损伤过程的 Mises 应力分布如图 2-62～图 2-67 所示，热老化 10000h 初始损伤阶段应力分布如图 2-62、图 2-63 所示，损伤失效的单元基本在铁素体相内部，并且在铁素体相内逐渐扩展，如图 2-64、图 2-65 所示；最终铁素体相内失效的单元通过奥氏体相连接成宏观的连贯的扩展裂纹，如图 2-66、图 2-67 所示。

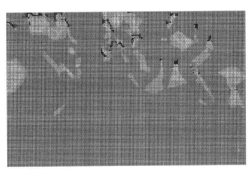
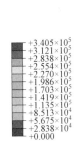

图 2-62 热老化 10000h 的双相不锈钢材料损伤初始阶段应力分布（一）

通过数值模拟得到微观的损伤机制的转变：原始态时主要是由奥氏体相内产生损伤，形成穿过铁素体相的裂纹，离奥氏体相内贯穿裂纹较近的铁素体相内产生应力集中导致的损伤，在整个双相不锈钢内产生连接的贯穿裂纹；而热老化以后的材料主要在铁素体相内形成较长的裂纹，裂纹经过奥氏体相时，会穿过奥氏体相形成整条贯穿裂纹。数值模拟的结果与 SEM 下原位拉伸和原位 SENB 断裂力学实验得到的裂纹扩展规律基本一致。

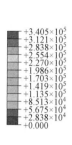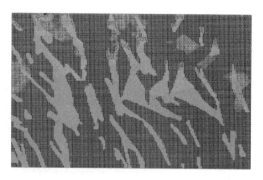

图 2-63　热老化 10000h 的双相不锈钢材料损伤初始阶段应力分布（二）

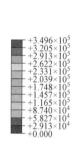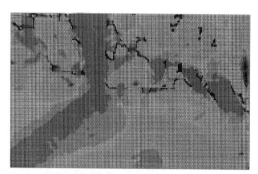

图 2-64　热老化 10000h 的双相不锈钢材料损伤累积阶段应力分布（一）

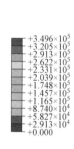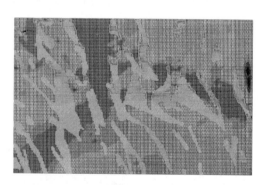

图 2-65　热老化 10000h 的双相不锈钢材料损伤累积阶段应力分布（二）

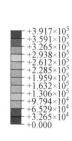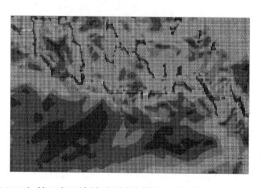

图 2-66　热老化 10000h 的双相不锈钢材料整体失效阶段应力分布（一）

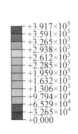

图 2-67　热老化 10000h 的双相不锈钢材料整体失效阶段应力分布（二）

根据不同热老化时间下铁素体相内的分离特征，建立相应的不同热老化阶段的几何模型。采用平面应力单元和周期性边界条件；富 Cr 相团簇和富 Fe 基体采用不同的材料模型，富 Cr 相有较高的硬度和强度。通过 GTN 孔洞单元损伤模型，研究在不同热老化时的铁素体相内，富 Cr 相团簇和富 Fe 基体的损伤及裂纹扩展规律，如图 2-68、图 2-69 所示，模拟结果发现，热老化 1000h 和 3000h 铁素体相内裂纹的起裂扩展基本都在富 Fe 基体内产生，环绕过富 Cr 相的团簇，形成贯穿铁素体相的裂纹，并且计算结果显示，随着热老化时间的增加，富 Fe 基体内越易产生裂纹。富 Fe 基体内产生裂纹的原因：随着热老化时间的增加，Cr 逐渐聚集到团簇中，使得团簇硬度强度提高，而相应地导致基体硬度强度降低，裂纹更易在基体中产生；同时 TEM 实验结果发现，富 Cr 团簇导致位错的钉扎或者绕过团簇，使得富 Cr 相团簇周围的富 Fe 基体更易累计应力水平，导致塑性变形加剧，在富 Fe 基体内产生裂纹。热老化 5000h 的铁素体相内裂纹起裂扩展过程如图 2-70 所示，在富 Cr 相团簇周围更易形成较多的微裂纹，贯穿铁素体，最终形成铁素体相内的宏观起裂裂纹。

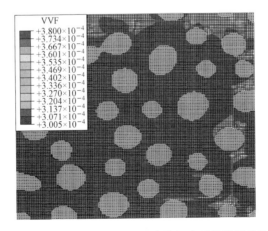

图 2-68　热老化 1000h 的铁素体相内裂纹扩展规律

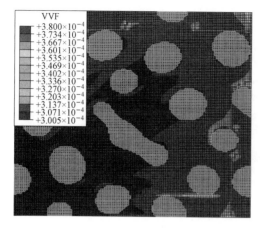

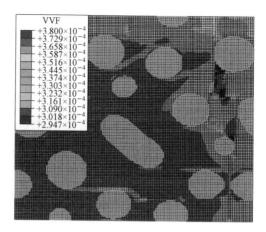

图 2 - 69　热老化 3000h 的铁素体相内裂纹扩展规律　　图 2 - 70　热老化 5000h 的铁素体相内裂纹扩展规律

参考文献

［1］ Jin Sik Cheon，In Sup Kim. Evaluation of thermal aging embrittlement in CF8 duplex stainless steel by small punch test. Journal of Nuclear Materials，2000，278：96 - 103.

［2］ Seiichi Kawaguchi，Naruo Sakamoto，Genta Takano，Fukuhisa Matsuda，Yasushi Kikuchi，L´ubos Mráz. Microstructural changes and fracture behavior of CF8M duplex stainless steels after long term aging. Nuclear Engineering and Design，1997，174：273 -285.

［3］ 李树肖. 铸造奥氏体不锈钢热老化组织演化的相场模拟. 北京科技大学硕士学位论文，2008.

［4］ Afcen. RCC - M 3406 Centrifugally cast chromium nickel austenitic - ferritic stainless steel pipes（containing no molybdenum）for PWR reactor coolant system piping，Design and construction rules for mechanical components of PWR nuclear islands. Paris：Afcen Tour Areva，2000：327 - 338.

［5］ GHOSH S K，MONDAL S. High temperature ageing behaviour of a duplex stainless steel ［J］. Material Characterization，2008，59：1776 - 1783.

［6］ CHEON J S，KIM I S. Evaluation of thermal aging embrittlement in CF8 duplex stainless steel by small punch test ［J］. Journal of Nuclear Materials，2000，278：96 - 103.

［7］ IACOVIELLO F，CASARI F，Gialanella S. Effect of "475 ℃ embrittlement" on duplex stainless steels localized corrosion resistance. Corrosion Science，2005，47：909 - 922.

［8］ WANG J，ZOU H. The spinodal decomposition in 174PH stainless steel subjected to long term aging at 350℃. Materials Characterization，2008，59：587 - 591.

［9］ WANG J，ZOU H. The microstructure evolution of type 174PH stainless steel during long term aging at 350℃. Nuclear Engineering and Design，2006，236：2531 - 2536.

［10］ MCNAUGHT AD，WILKINSON A. IUPAC Compendium of Chemical Terminology. Blackwell Scientific Publications，Second edition. Cambridge，1997：60 - 65.

［11］ SREENIVASAN，P R，MOITRA，A，RAY，S K，MANNAN S L，CHANDRAMOHAN R. Dynamic fracture toughness properties of a 9Cr - 1Mo weld from instrumented impact and drop－weight tests，International Journal of Pressure Vessels and Piping 69，1996：149 - 159.

［12］ 赵则样，王海容，蒋庄德. 纳米压入法 MEMS 材料力学性能测量与评定标准化的初步设想. 机械强度，2001，23（4）：456 - 459.

［13］ SWADENER J G，GEORGE E P，PHARR G M. The correlation of the indentation size effect measured with indenters of various shapes. J Mech Phys Solids，2002，50：681.

[14] Toru Goto，Takeshi Naito，Takasi Yamaoka. A study on NDE method of thermal aging of cast duplex stainless steels. Nuclear Engineering and Design，1998，182：181 - 192.

[15] OLIVER W C，PHARR G M. An improved technique for determining hardness and elastic modulus using load and displacement sensing indentation experiments. J Mater Res，1992，7（6）：1564 - 1583.

[16] PHARR G M，OLIVER W C，BROTZEN F R. On the generality of the relationship among contact stiffness，contact area，and elastic modulus during indentation. J Mater Res，1992，7（3）：613 - 617.

[17] CHOPRA O K，CLUNG H M. Aging of cast duplex stainless steels in LWR systems. Nuclear Engineering and Design，1985，89：305.

[18] MAY J E，SOUSA C A C de，Kuri S E. Aspects of the anodic behaviour of duplex stainless steels aged for long periods at low temperatures. Corrosion Science，2003，45：1395 -1403.

[19] MASAYOSHI K. Summary of third workshop on materials science and technology for the spallation neutron source at KEK，March 2002. Journal of Nuclear materials，2003，318：371 - 378.

[20] HISHINUMA A，KOHYAMA A，KLUEH R L，GELLES D S，DIETZ W，EHRLICH K. Current status and future R&D for reduced - activation ferritic/martensitic steels. Journal of Nuclear Materials，1998，258 - 263：193 - 204.

[21] WANG J，ZOU H，The spinodal decomposition in 174PH stainless steel subjected to longterm aging at 350℃. Materials Characterization，2008，59：587 - 591.

[22] WANG ZX，SHI HJ，LU J. Size effects on the ductile/brittle fracture properties of the pressure vessel steel 20g. Theoretical and applied fracture mechanics，2008，50：124 - 131.

[23] MASAYOSHI K. Summary of third workshop on materials science and technology for the spallation neutron source at KEK，March 2002. Journal of Nuclear materials，2003，318：371 - 378.

[24] CAHN J，HILILARD E. Free energy of a nonuniform system. I. Interfacial free energy. J. Chem. Phys，1958，28：258 - 267.

[25] GINZBURG L，LANDAU D，On the theory of superconductivity. Zh. Eksp. Teor. Fiz，1950，20：1064 - 1082.

[26] GUGGENHEIM A. Mixtures：The Theory of the Equilibrium Properties of Some Simple Classes of Mixtures，Solutions and Alloys. Clarendon Press，Oxford，p，1952：270.

[27] PURI，S，OONO Y. Study of phase - separation dynamics by use of cell dynamical systems. II. Two - dimensional results. Phys. Rev. A 38，1542.

[28] USTINOVSHIKOV Y，SHIROBOKOVA M，Pushkarev B. A structural study of the Fe - Cr system alloys. Acta Mater，1956，44：5021 - 5032.

[29] GURSON A L. Continuum theory of ductile rupture by void nucleation and growth：part I - yield criteria and flow rules for porous ductilemedia. Journal of Engineering and Materials Technology，1977，99：2 - 15.

[30] NEEDLEMAN A，TVERGAARD V. An analysis of ductile rupture in notched bars. Journal of the Mechanics and Physics of Solids，1984，32：461 - 490.

第三章

压力容器安全端异种钢焊缝结构的性能评估及失效机理

第一节 异种钢焊缝的性能及失效机理

一、异种钢焊缝的性能

异种钢焊接是指母材的物理性能和金属组织不同的金属之间的焊接，主要包括异种钢焊接、异种有色金属焊接、钢和有色金属焊接三种情况。其中异种钢的焊接应用最为广泛，如奥氏体钢和非奥氏体钢的焊接、珠光体钢和马氏体钢的焊接、珠光体钢和贝氏体钢的焊接等。异种钢焊接接头和同种钢焊接接头有本质差异，主要是熔敷金属与两侧焊接热影响区和母材存在的不均匀性，异种钢焊接接头的主要特点有：

（1）化学成分不均匀。在焊接加热过程中，两侧母材的熔化量、熔敷金属和母材熔化区的成分因稀释作用会发生变化。在母材和焊缝之间有一个成分和母材或焊缝都不相同且往往介于两者之间，实际上形成化学成分的过渡层，其成分不均匀程度不仅取决于母材、填充金属各自的原始成分，也受焊接工艺的影响。例如当焊接接头在焊后热处理或高温条件下工作时，碳从珠光体钢母材向奥氏体不锈钢焊缝扩散，结果在靠近熔合线珠光体钢一侧形成脱碳层而软化，在奥氏体不锈钢焊缝金属一侧形成增碳层而硬化，脱碳层和增碳层的宽度随温度的增高和高温停留时间的加长而增大。

（2）组织的不均匀。在焊接热循环的影响下，接头内的各区域组织是不同的，而且在个别区域内还会出现复杂的组织结构。主要取决于母材和填充材料的化学成分，还与焊接方法、焊道层次、焊接工艺以及焊后热处理过程有关。在焊缝金属中局部熔化的母材所占的比例称为熔合比或稀释率，主要取决于焊接方法、规范、接头形式、坡口角度、焊剂的性质以及焊条的倾角等因素。

（3）性能的不均匀性。由于各区域组织和成分的差异，造成了性能上的不均匀，接头各区域的强度、硬度、塑形和韧性等力学性能以及物理化学性能都有很大的差别，特别是焊缝两侧的热影响区冲击功值变化较大，高温性能如持久强度、蠕变强度变化也很大。由于熔合线两侧金属性能相差悬殊，接头受力时可能引起应力集中，会降低接头高温持久强度和塑性。

（4）应力场分布不均匀。由于组织和成分的不同，接头的热膨胀系数和导热系数也不同，热膨胀系数不同引起塑性区域不同，残余应力不同；导热系数不同会引起热应力不同。在组织应力和热应力的共同作用下发生叠加后会产生应力峰值，可能导致焊接接头的应力水平超标。例如，奥氏体钢和珠光体钢的异种钢焊缝，奥氏体钢母材和焊缝金属的线膨胀系数比珠光体钢母材大 1.5 倍左右，而热导率却只有珠光体钢的 1/2 左右，因此在焊接时，受到迅速加热和冷却，必然产生很大的热应力和残余应力。异种钢接头通过焊后热处理不可能消除焊接残余应力，只能引起应力的重新分布，这一点与同种金属的焊接有很大的不同。

对于异种钢焊接接头，其化学成分、组织、性能和应力场分布的不均匀是主要特点，因此而导致在工业应用上的结构局部缺陷也得到较多的重视。

异种钢焊接方法的选择原则既需满足异种钢焊接质量，还需考虑效率和经济。优先选择焊条电弧焊，电弧焊可选择的焊条种类多，适应性强。比如珠光体钢与高铬马氏体钢焊接可采用二氧化碳焊；高合金异种钢焊接一般采用氩弧焊；简单异种钢构件可采用扩散焊、钎焊等。不同焊接方法焊接异种金属有不同的特点，熔化焊总有部分母材熔入焊缝引起稀释，使接头各区域组织状态不同，通过调整工艺可以控制高温的停留时间和减少熔深降低稀释率。压力焊的接热温度不高或不加热，减轻或避免热循环对母材金属性能的不利影响，防止产生脆性的金属间化合物，不存在稀释率引起的接头性能问题。其他方法母材不发生熔化和结晶过程，对接头影响不大，在重要设备中使用的较少。

奥氏体不锈钢与铁素体型耐热钢异种金属的焊接研究，近 20 年来取得了较大的进展。随着火力发电机组容量和参数的提高，电站锅炉对流管束高温段越来越多地选用奥氏体铬镍不锈热强钢，从经济角度考虑，其低温段仍然沿用铁素体型低合金铬钼耐热钢。因此，火力发电机组中随着各个部位工作温度的不同，相应地需要使用各种不同化学成分和组织结构的钢材，必然会遇到异种钢的焊接问题，同时异种钢焊接接头在交变温度条件工作时，容易形成所谓热疲劳裂纹。

二、异种钢焊缝的失效机理

近年来，国内外多次发生异种钢焊接接头的断裂失效事故，异种钢接头的早期失效是一个世界性的问题，即使采用镍基材料，接头往往也达不到设计寿命。影响异种钢接头失效的因素很多，失效的主要原因至今还没有形成统一的认识，研究结果归纳如下：

（1）材料之间的热膨胀系数差别太大。

（2）由于碳迁移在低合金钢侧热影响区产生脱碳带。

（3）材料之间的蠕变不匹配。

（4）有害元素在热影响区晶界偏析。

（5）铁素体钢热影响区的蠕变脆性和回火脆性。

（6）热影响区产生碳化物，这种碳化物促使裂纹成核。

（7）在铁素体钢一侧靠近焊缝界面产生氧化缺口，减少了有效截面积，造成应力集中。

（8）铁素体钢焊缝界面附近贫铬，形成氧化缺口，裂纹形核扩展，缺口裂纹形核扩展。

（9）焊缝缺陷以及再热裂纹。

（10）接头存在残余应力。

（11）启动、停机（加载、卸载）产生的温度、应力循环。

（12）热膨胀装配不合理、振动和自重产生的系统内部应力。

（13）超温、超载。

上述诸多因素中，由于组织、性能的差异而产生的失效是异种钢焊缝应考虑的主要方面，而外部使用环境也是引发异种钢焊缝失效的关键原因。

压水堆核电站合金对接焊缝的开裂事件发生在如下核电站：VC Summer、Ringhals3 and 4、Tihange2、Tsuruga2、TMI－1（Three Mile Island Unit1）、Calvert Cliffs、Wolf Creek 等，见表3－1。

表 3－1　　　　　　　　　　　　国际异材焊接件环境失效案例

电站/机组名称	国家	失效时间	参考文献
Ringhals 3 and 4	瑞典	2000 年 8 月	EAR PAR 2000—019
V C Summer	美国	2000 年 10 月	NRC LER 2008—008 NRC IN 2000—017
Tsuruga 2	日本	2003 年 9 月	MER TYO 2003—010
TMI－1	美国	2003 年 11 月	NRC LER 2003—003
Farley 2	美国		
Davis Besse 1	美国	2008 年 1 月	NRC LER 2008—001
Millstone 3	美国	2005 年 10 月	NRC LER 2005—004
Farley 2	美国		
Several plants	日本		
Wolf Creek	美国	2006 年 10 月	NRC LER 2006—003

以 VC Summer 焊缝失效为例，2000 年 10 月换料时发现一出水口安全端处有大约 90kg 硼酸漏出，该焊接件材质结构为 A508－II/A182/82/304，内表面经过多次补焊，如图 3－1 所示。

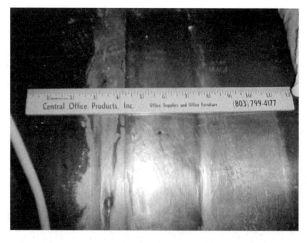

图 3－1　VC Summer 核电站焊缝失效案例（一）

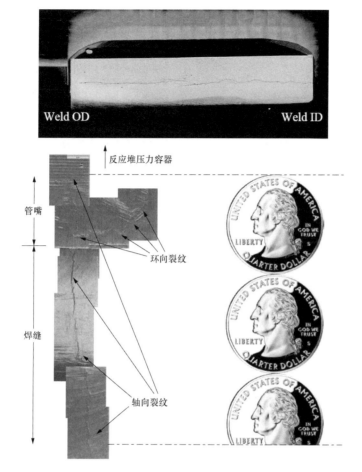

图 3-1　VC Summer 核电站焊缝失效案例（二）

　　研究结果表明，Inconel 182 镍基合金焊缝中存在热裂纹，电站运行过程中，主要是作为预堆边焊的 182 镍基合金的内壁在高温水中萌生环向应力腐蚀裂纹，在径向扩展到 Inconel 82 镍基合金中并且在轴向向外扩展，直至泄漏裂纹的一侧径向扩展进入 A508 Ⅲ 低合金钢后裂尖有所钝化，另一侧径向扩展穿过 Inconel 82 镍基合金后进入 304 不锈钢区，发生沿晶应力腐蚀破裂。

　　瑞典的 Ringhals 3 and 4 号机是一座由西屋公司设计的功率为 915MW 的压水堆核电站，1983 年开始服役，1993 年在役检测中超声波和涡流检测未在接管 - 安全端部位发现可报告的指示，2000 年在役检测中超声波和涡流检测发现在该部位修补区有四条轴向裂纹（其中两条裂纹未被涡流检出），裂纹均在 Inconel 182 镍基合金的焊缝金属中，该部位曾经经过补焊修理，裂纹呈枝晶间分叉形状，离内壁越远，分叉越多，如图 3-2 所示。

　　研究分析表明，该焊接件存在热裂纹，运行过程中在高温水冷却剂里发生枝晶间应力腐蚀裂纹扩展。美国太平洋西北国家实验室对这些裂纹及周围微观组织和成分的高分辨电子显微镜分析表明，破裂发生在高角晶界，没有证据表明这些破裂晶界上存在导致热裂的低熔点相或溶质，也没有晶界沉淀和晶界偏聚，腐蚀产物分析表明这些裂纹都渗入过高温水，裂纹周围的焊缝金属有高密度位错，表明材料中的高残余应力对破裂有重要贡献，裂纹扩展原因已确定是高温水冷却剂中的应力腐蚀破裂。

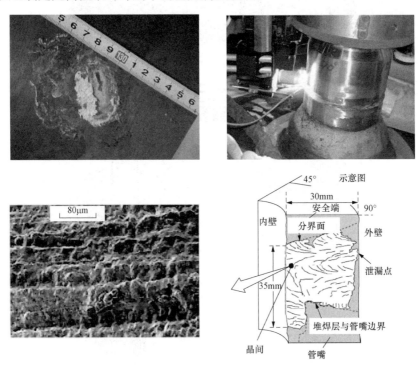

图 3-2　Ringhals 3 and 4 机组焊缝失效案例

第二节　安全端异种钢焊缝的宏观性能

　　以国内某核电厂的压力容器管嘴部位的安全端为例，反应堆压力容器管嘴与主管道之间通过安全端相连接，反应堆压力容器材料为 A508Ⅲ 碳钢，主管道为 316L 不锈钢材料，安全端采用 316L 锻造不锈钢材料，安全端与管嘴之间通过焊接连接，为异种钢焊缝，整体结构示意图如图 3-3 所示；安全端与主管道之间为同种钢焊缝，通过安全端避免了由管嘴直接通过异种钢焊缝与主管道相连接，同为 316L 不锈钢材料，锻造安全端的性能要好于铸造主管道的性能，通过安全端的缓冲提高了结构件的安全性。

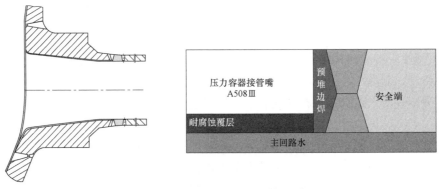

图 3-3　安全端异种钢焊缝结构示意图

为研究碳钢管嘴 - 锻造奥氏体不锈钢安全端及异种钢焊缝在服役条件下的损伤机理，以某核电站的实际尺寸和焊接工艺制备了环状安全端和异种钢焊缝试验件，实物图如图 3-4 所示。

　　异种钢焊缝的微观组织结构如图 3-5 所示。

　　异种钢焊缝的残余应力是引起应力腐蚀的主要因素，对试验件的焊后残余应力进行测量，通过应变片打孔法测量安全端异种钢焊缝，焊接以及热处理后轴向与环向表面残余应力测试图如图 3-6 所示，本试验设定 12 个测量点测量区域横跨焊缝，包含管嘴母材区域 - 焊缝 - 安全端母材区域。

图 3-4　安全端异种钢焊缝实物图

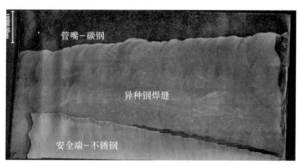

(a)

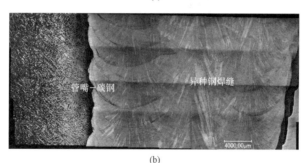

(b)

图 3-5　安全端异种钢焊缝金相组织图

　　残余应力的测量方法可以分为有损和无损两大类。有损测试方法就是应力释放法，也可以称为机械的方法；无损方法就是物理的方法。机械方法目前用得最多的是钻孔法（盲孔法），其次还有针对一定对象的环芯法。物理方法中用得最多的是 X 射线衍射法，可参考 GB/T 7704—2008《无损检测 X 射线应力测定方法》，其他主要物理方法还有中子衍射法、磁性法、超声法以及压痕应变法。本研究采用的小直径盲孔法对工件损伤较小、测量较可靠，已成为现场实测的一种标准试验方法，见 ASTM E837 - 2013 a Standard Test Method for Determining Residual Stresses by the Hole - Drilling Strain - Gage Methaod（由钻孔应变计法测定残余应力的标准测试方法）。

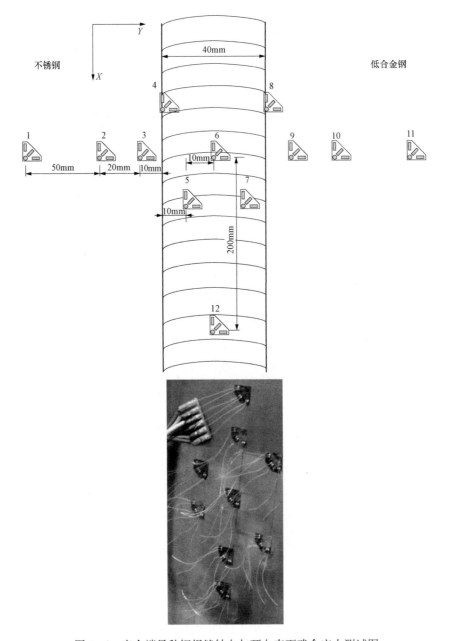

图 3-6　安全端异种钢焊缝轴向与环向表面残余应力测试图

采用直角 45°应变花测量结构件表面的平面应变，根据式（3-1）计算主应变，根据式（3-2）计算主应力：

$$\left.\begin{array}{r}\varepsilon_{\max}\\\varepsilon_{\min}\end{array}\right\}=\frac{\varepsilon_{0°}+\varepsilon_{90°}}{2}\pm\sqrt{\left(\frac{\varepsilon_{0°}-\varepsilon_{90°}}{2}\right)^2+\left(\frac{\varepsilon_{0°}-2\varepsilon_{45°}+\varepsilon_{90°}}{2}\right)} \qquad (3-1)$$

$$\sigma_1=\frac{E}{1-\mu^2}(\varepsilon_1+\mu\varepsilon_2)$$

$$\sigma_2=\frac{E}{1-\mu^2}(\varepsilon_2+\mu\varepsilon_1) \qquad (3-2)$$

式中　　　ε_1——面内第一主应变；

ε_2——面内第二主应变；

$\varepsilon_{0°}$、$\varepsilon_{45°}$、$\varepsilon_{90°}$——$0°$、$45°$、$90°$应变片测量值；

σ_1、σ_2——面内第一、第二主应力，Pa；

E——弹性模量，Pa；

μ——泊松比。

12个测点位置的下表面残余应力测量结果如图3-7所示，其中x方向为轴向，y方向为环向，根据式（3-2）可计算轴向和环向的应力水平，在母材及焊缝内部的残余应力水平较低，约为100MPa，大概为热处理后的整体应力水平；在焊缝两侧的残余应力水平较高，特别是靠近安全端侧在热影响区范围内残余应力水平高达250MPa。

将表面轴向与环向平面应力进行计算得到最大主应力的值，如图3-8所示，同样在母材及焊缝内部的残余应力水平较低，最大主应力约为100MPa；在焊缝两侧的残余应力水平较高，特别是靠近安全端侧，在热影响区范围内残余最大主应力水平高达250MPa。

焊缝区域的表面残余拉应力，在一回路水环境下，当含氧较高时容易引起应力腐蚀情况的发生。

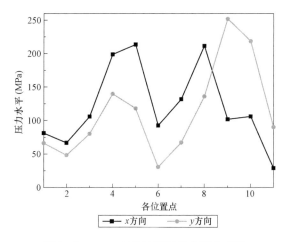

图3-7　x、y方向的表面残余应力水平

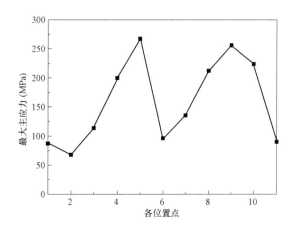

图3-8　x、y方向的表面残余最大主应力

第三节　安全端异种钢焊缝的微观力学性能

一、异种钢焊缝的显微硬度试验

材料局部抵抗硬物压入其表面的能力称为硬度。硬度是衡量金属材料软硬程度的一项性能指标，是材料抵抗弹性变形、塑性变形或破坏的能力。硬度不是一个简单的物理概念，是材料弹性、塑性、强度和韧性等力学性能的综合指标，它不仅取决于所研究的材料本身的性质，而且也决定于测量条件和试验方法。硬度试验根据测试方法的不同可以分为静压法（如布氏硬度、洛氏硬度、维氏硬度等）、划痕法（如莫氏硬度）、回跳法（如肖氏

硬度）及显微硬度、高温硬度等多种方法。硬度试验是机械性能试验中最简单易行的一种试验方法，金属材料的各种硬度值之间，硬度值与强度值之间具有近似的相应关系。硬度值是由起始塑性变形抗力和继续塑性变形抗力决定的，材料的强度越高，塑性变形抗力越高，硬度值也就越高。

"显微硬度"是相对"宏观硬度"而言的一种人为的划分，是参照 ISO 6507/1—1999《金属材料维氏硬度试验》中规定"负荷小于 0.2kgf（1.961N）维氏显微硬度试验"及 GB/T 4340.1—2009《金属材料维氏硬度试验　第 1 部分：试验方法》中规定"显微维氏硬度"负荷范围为"0.01～0.2kgf（$9.807×10^{-2}$～1.961N）"而确定的。显微硬度测试采用压入法，维氏（vickers）压头是锥面夹角为 136°的金刚石正方四棱角锥体，在一定的负荷作用下，垂直压入被测样品的表面产生凹痕，其每单位面积所承受力的大小即为维氏硬度，见式（3-3）。

$$Hv = \frac{P}{s} = \frac{2P\sin\left(\frac{\alpha}{2}\right)}{d^2} = \frac{1.8544P}{d^2}(\text{kgf/mm}^2) \tag{3-3}$$

式中　P——垂直压入载荷，N；

　　　s——压入锥面的投影面积，m^2；

　　　d——锥面投影对角线长度，m；

　　　α——锥面夹角为 136°。

显微硬度测量的准确程度与金相样品的表面质量有关，在包含焊缝的不锈钢侧部位取样，经过磨光、抛光、浸蚀后进行显微硬度测试试验，如图 3-9 所示，记录压头载荷并测量压痕边缘长度进行计算得到显微硬度。

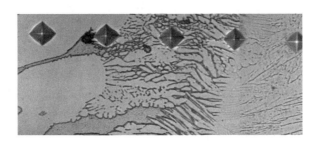

图 3-9　焊缝附近区域显微硬度实验

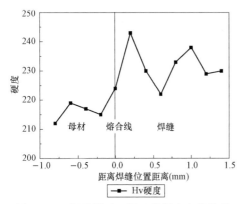

图 3-10　焊缝附近区域显微硬度变化趋势

焊缝附近区域显微硬度变化趋势如图 3-10 所示，焊缝内整体而言显微硬度高于不锈钢母材的显微硬度，在靠近融合线的焊缝部位有较高的显微硬度。与宏观硬度相比，显微硬度测量结果的精确性、重现性和可比较性均较差，同一材料在不同仪器上由不同试验人员测量往往会测得不同结果，即使同一材料同一试验人员在同一仪器上测量，如果选取的载荷不同，其测量结果的差异也较大。

二、异种钢焊缝的纳米压入硬度试验

纳米压入硬度实验方法在"第二章　第二节　一、纳米压入试验"中已有详细介绍。异种金属焊接结构往往具有复杂的微观组织，尤其是在界面区域和热影响区。为了研究结构的细观材料力学性能，采用美国 MTS 公司的纳米压痕仪（型号 XP；三棱锥的玻氏压针，棱面与中心线夹角 $65.3°$，棱边与中心线夹角 $77.05°$，底面边长与深度之比 7.5315），分别对 316L 母材、A508 - III 母材、308L 焊缝、焊缝接近熔合区处、粗晶区和细晶区 6 个区域用抛光腐蚀后的试件进行了纳米压痕试验，试验如图 3 - 11 所示，不同区域的纳米压痕压入位移 - 卸载曲线如图 3 - 12 所示。

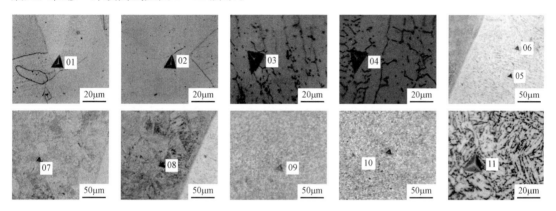

图 3 - 11　不同区域的纳米压痕测点

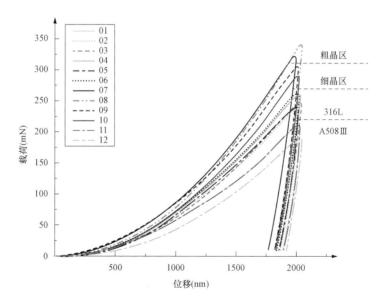

图 3 - 12　不同区域的纳米压痕压入位移 - 卸载曲线

根据压入曲线计算纳米硬度，结果如图 3 - 13 所示，纳米硬度与显微硬度试验趋势基本一致，都是在热影响区的粗晶区最高，细晶区其次，在熔合线附近形成很强的梯度。

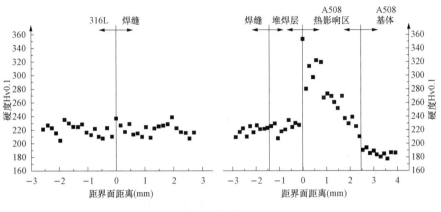

图 3-13　不同区域的纳米压入硬度结果

三、异种钢焊缝的微小试样力学试验

采用原位 SEM 试验机对各部位的微小试样在常温和高温 320℃下进行单轴拉伸试验，试验结果见表 3-2，常温和高温下焊缝的屈服应力均高于不锈钢的屈服应力，但是极限应力略低于不锈钢的极限应力。

表 3-2　　　　　　　　　　各部位微小试样的拉伸试验结果

试验温度（℃）	位置	σ_s(MPa)	σ_u(MPa)
25	316L	232.6	630.2
	Weld	392.8	593.3
	A508	446.4	597.9
320	316L	143.4	459.0
	Weld	343.1	429.0
	A508	368.4	518.5

含焊缝的微小试样拉伸断裂后进行 SEM 扫描电子显微镜表征，因为焊缝的屈服强度比不锈钢母材屈服强度高，拉伸时如图 3-14 所示从不锈钢段起裂并扩展，断裂表面为韧性断裂特征，韧窝均匀分布，如图 3-15 所示。

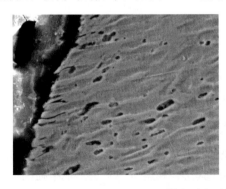
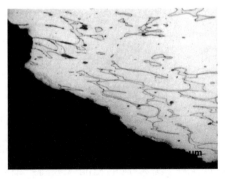

图 3-14　试样断裂形貌

从硬度角度看，碳钢热影响区的硬度高于焊缝的硬度，焊缝的硬度高于不锈钢的硬度，硬度与强度在一定程度上有直接的关系，因此含焊缝的微小试样的拉伸主要从不锈钢部分断裂。在不锈钢的裂纹扩展面上，发现有夹杂，如图 3 - 16 所示，夹杂引起局部起裂连接裂纹扩展面。

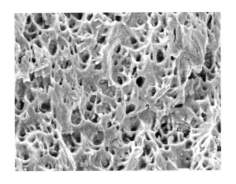

图 3 - 15　试样断裂韧窝形貌

图 3 - 16　试样断裂表面上的缺陷

第四节　安全端异种钢焊缝的焊接残余力学模拟

焊接过程实际就是一个局部快速加热使焊接构件熔化然后快速冷却的过程，随着焊接热源的移动，整个焊件的温度随时间和空间急剧变化，与此同时材料的热物理性质也随着温度的变化而变化，同时还存在相变等现象，因此采用理论计算只能作为焊接温度和应力场的一次近似解。由于现代计算机技术的迅速发展，采用有限元方法完全可以做出更精确的分析。

三维瞬态焊接温度场的有限元分析为对象，非线性瞬态热传导问题的控制方程为[1]：

$$\rho c \frac{\partial T}{\partial t} = \frac{\partial}{\partial x}\left(\lambda \frac{\partial T}{\partial x}\right) + \frac{\partial}{\partial y}\left(\lambda \frac{\partial T}{\partial y}\right) + \frac{\partial}{\partial z}\left(\lambda \frac{\partial T}{\partial z}\right) + \bar{Q} \tag{3-4}$$

式中　ρ——材料的密度，m/s^3；

c——材料的比热容，$J/(kg \cdot ℃)$；

T——温度，℃；

t——时间，s；

λ——材料的导热率，$W/(m \cdot ℃)$；

$\bar{Q}$——焊接内生热源强度，J。

有限元法分析热传导时，通常要定义其边界条件：

（1）对流换热产生的边界热流密度：

$$q_c = \alpha_c(T - T_{0c}) \tag{3-5}$$

式中　α_c——对流换热系数；

T_{0c}——零对流时的参考温度，℃。

（2）辐射换热导致的边界热流密度：

$$q_r = \sigma_0 \varepsilon_0(T^4 - T_{0r}^4) \tag{3-6}$$

式中　ε_0——黑度（发射率），无量纲；

σ_0——黑体辐射常数；

T_{0r}——对应零辐射时的参考温度，℃。

在该加热区域内，力学平衡方程为

$$\sigma_{ij,j} = 0 \tag{3-7}$$

式中　σ_{ij}——包括热应力项的应力分量，对 j 求导数，Pa；

i、j——取 1，2，3…。

热应变可按式（3-8）描述：

$$\varepsilon_{ij}^T = \alpha_{ij}(T - T_0)\delta_{ij} \tag{3-8}$$

式中　ε_{ij}^T——热应变张量；

α_{ij}——热膨胀系数；

T_0——参考温度，℃；

δ_{ij}——δ 算子。

应力应变本构方程为：

$$d\sigma_{ij} = D_{ij}(d\varepsilon_{kl} - d\varepsilon_{kl}^p - d\varepsilon_{kl}^c - d\varepsilon_{kl}^T) \tag{3-9}$$

式中　　　　　　$d\sigma_{ij}$——弹性本构张量系数；

$d\varepsilon_{kl}$、$d\varepsilon_{kl}^p$、$d\varepsilon_{kl}^c$、$d\varepsilon_{kl}^T$——总应变、塑性应变、蠕变应变和热应变。

一般而言，金属材料在相变过程中体积变化取决于相变前后的组成相比容的大小变化和组成相的百分比含量。组成相的比容大小主要由加热后奥氏体化时溶入的含碳量来确定的。对于焊缝金属来说，则是由于基体和焊接材料在熔池中一系列冶金反应，受多种因素的影响，难以确地获得有关化学成分和相组成等信息，因此，目前研究相变应力时[2-3]可以通过试验方法来确定母材和焊材的线膨胀量（即材料的线膨胀系数）随着温度的变化关系曲线，图 3-17 和图 3-18 分别为不锈钢和碳钢在不同温度下的材料性能曲线。

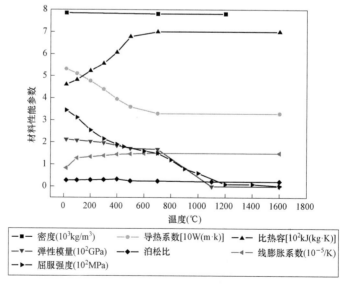

图 3-17　不锈钢的材料特性随温度的变化趋势

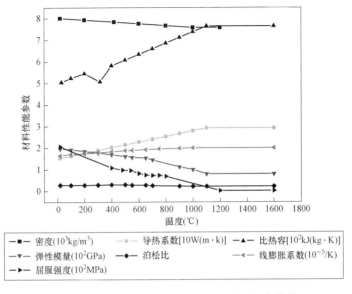

图 3-18 A508III 的材料特性随温度的变化趋势

由于在焊接过程中，每道焊之间都存在升温与降温的过程，此时金属材料也处于奥氏体与马氏体转变的过程。当输入焊接热量时，温度升高，金属材料由马氏体变为奥氏体，达到熔点后金属融合，此时其体积变化与热膨胀系数沿着图 3-19 中的实线变化[4]。而当焊后冷却时，随着温度的降低，金属材料由奥氏体转变为马氏体，此时其体积与热膨胀系数的变化沿着图 3-19 中的虚线点变化。

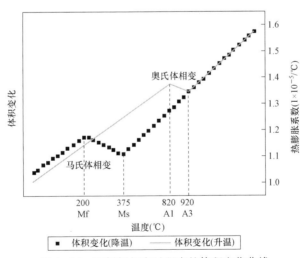

图 3-19 不锈钢相变过程中的体积变化曲线

　　整个有限元分析过程是基于网格单元与节点进行求解的过程，在对焊接结构进行有限元分析时，由于焊缝处的热输入量大，而且要瞬时进行热传导，热量梯度与应力应变梯度较大，是有限元分析的重点部位，在结构与求解方程上非线性程度非常高，是有限元分析的重点区域。因此，焊缝及其热影响区的网格密度相对要增大，而在远离此区域的大部分母材区域中，则可以逐渐放大网格单元尺寸，以提高计算效率。安全端有限元网格如图 3-20 所示，网格类型为 C3D8R。

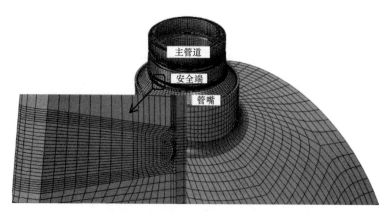

图 3-20　安全端有限元网格模型

安全端焊接过程总共分为 60 道焊，第 1 道、第 30 道和第 60 道焊接结束时的温度分布图分别如图 3-21 所示，焊接热循环曲线如图 3-22 所示。从这两张图可以看出，焊接开始时，焊缝熔池温度为 1300℃，随着第 1 道焊接结束，第 2 道焊接开始，焊缝温度升高到 1700℃。待到焊接完全结束，焊缝逐渐冷却到室温。

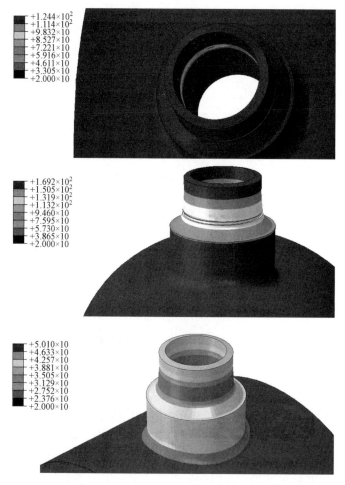

图 3-21　第 1 道、第 30 道和第 60 道焊接结束时的温度场（NT11）分布图

安全端焊接残余应力有限元模拟采用温度－应力顺次耦合方法获得，图 3－23 和图 3－24 分别为安全端轴向与环向应力分布图，图 3－25 和图 3－26 分别为安全端 Mises 应力与最大主应力分布图。

轴向拉应力最大值出现在安全端与管嘴连接处的外表面，最大值为262.3MPa。最大环向应力位于安全端与管嘴连接处的外表面和焊缝内表面的焊趾处，最大值为 271.4MPa。

由焊接残余应力分析可知，在焊缝内外表面均出现焊接残余拉应力，因此该部位是安全端易发生应力腐蚀的敏感处。

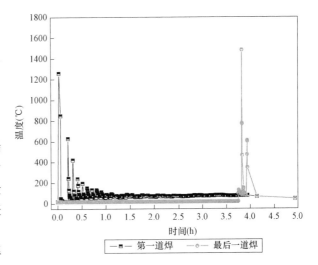

图 3－22 焊接热循环曲线

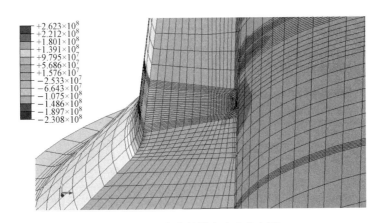

图 3－23 安全端轴向应力分布图

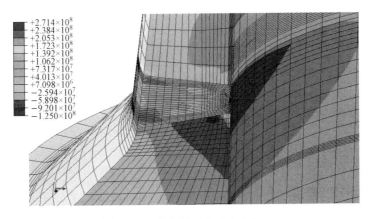

图 3－24 安全端环向应力分布图

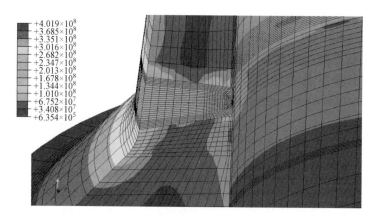

图 3-25 安全端 Mises 应力分布图

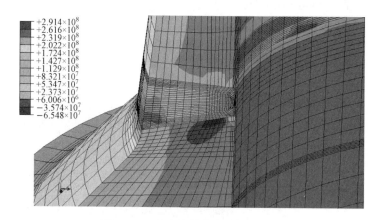

图 3-26 安全端最大主应力分布图

第五节 安全端结构件的热力学性能评估

以国内某核电站的实际工况为例，在 1 月 22～31 日期间正常服役工况下，安全端异种钢焊缝接触一回路典型水化学数据见表 3-3。

表 3-3　　　　　　　　　　　　一回路服役工况典型水化学数据

时间	pH 值	阳电导 （$\mu s/cm$）	O_2 （mg/kg）	N_2H_4 （mg/kg）	Fe^{3+} （mg/kg）	$COND^+$	NH3 （mg/kg）
1 月 31 日	9.69	0.077	0.2	54.8	—	0.077	—
1 月 30 日	9.73	0.079	0.2	79.6	1.4	0.079	5288
1 月 29 日	9.73	0.078	0.2	80	—	0.078	—
1 月 28 日	9.72	0.079	0.2	80.5	—	0.079	—
1 月 27 日	9.71	0.078	0.2	79.7	—	0.078	—
1 月 26 日	9.69	0.081	0.2	82.2	—	0.081	—

续表

时间	pH 值	阳电导 (μs/cm)	O_2 (mg/kg)	N_2H_4 (mg/kg)	Fe^{3+} (mg/kg)	$COND^+$	$NH3$ (mg/kg)
1月25日	9.65	0.076	0.2	80.2	—	0.076	—
1月24日	9.66	0.079	0.2	79.3	—	0.079	—
1月23日	9.66	0.079	0.3	79.7	1.3	0.079	3953
1月22日	9.65	0.08	0.2	79.4	—	0.08	—

某机组在热启机工况下的温度和压力变化趋势如图 3-27 和 3-28 所示，随着温度的升高，压力也同步升高，成一定的正相关关系。

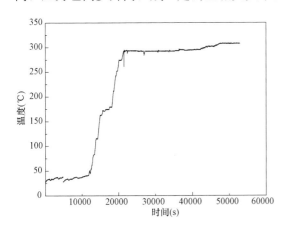

图 3-27 某机组启动过程中温度升高趋势

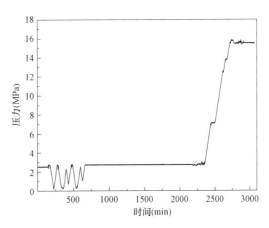

图 3-28 某机组启动过程中压力升高过程

压力容器安全端在服役过程中，其管道内流体经历启动升温、停堆降温，以及不同运行功率下的温度波动，甚至因为湍流引起的温度快速或缓慢地较低温差地变动。安全端或者管道因为内壁流体的温度变化而变化，当内部流体的温度变化较快时，安全端或者管道的内壁会随着流体温度热交换传热而发生温度变化，但安全端或者管道存在壁厚，从内壁热传导到外壁需要一定的时间，外壁温度的响应会比较内壁慢，并且有可能温度变化幅度较小；当内部流体的温度变化较慢时，内部流体与管道内壁的热交换，通过壁厚逐渐到达外壁，外壁的温度可能会随着变化。

为了研究内壁温度变化对外壁温度变化趋势的影响，除了采用实验手段在内壁提供热交换条件外，还可以采用热瞬态有限元计算，获得在不同的热量交换速度条件下内壁和外壁的温度变化，本节设计可放置在安全端内与内壁接触的陶瓷加热套筒，通过调整电加热的热功率，改变升温速度。

设计了两种升温试验工况：

第 1 种工况，当安全端整体温度保持在 50℃以后，在稳定热输入功率条件下，加热套筒使得内壁在 1h 内温度从 50℃上升至 320℃，然后保持该温度不变，热输入功率不变，试验记录内壁和外壁的温度变化趋势。

第 2 种工况，在安全端整体温度保持在 160℃后，在稳定热输入功率条件下，加热套筒使得内壁在 20min 内温度从 160℃上升到 320℃，然后保持该内壁温度不变，热输入功率不变，试验记录内壁和外壁的温度变化趋势。

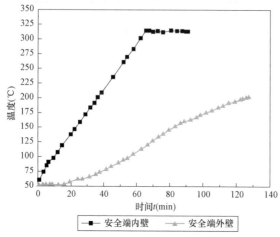

图 3 - 29　第 1 种工况下测量得到的中内外壁的
温度变化曲线

第 1 种工况下测量得到的内外壁的温度变化曲线如图 3 - 29 所示，在内壁加热升温过程中，外壁缓慢升温，升温过程中内外壁的温差逐渐变大，在内壁达到 320℃ 时内外壁温差最大；内壁达到 320℃ 后保持温度和热输入功率不变时，外壁的温度继续逐渐升高，内外壁的温差逐渐减少。

通过有限元计算，建立安全端几何模型，采用热力耦合单元，按照内壁的升温速度和热功率输入，进行瞬态热力耦合计算，外壁的温度变化结果与实验结果相同，在 60min 时外壁温度达到

116℃，此时热应力水平最高，外壁 Mises 应力值最大约 196MPa，如图 3 - 30 所示。

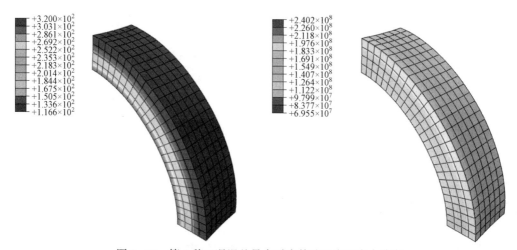

图 3 - 30　第 1 种工况温差最大时内外壁温度和应力分布

此时沿壁厚方向的温度和应力分布曲线如图 3 - 31 所示，温度变化趋势比较平缓，而应力水平因为管道的几何约束条件导致先降低后增加，应力最高点在外壁，Mises 应力水平约为 196MPa。

保持内壁温度和热输入功率不变的条件下，试验 120min 时，管道的内外壁温度和应力分布模拟结果如图 3 - 32 所示，温度分布结果与试验结果也基本一致，外壁温度达到 220℃，外壁应力水平约 120MPa。

加热 120min 时安全端管道沿壁厚的温度和应力分布如图 3 - 33 所示。

第 2 种工况下，进行加热升温试验，试验测量得到的内外壁的温度变化曲线如图 3 - 34 所示，在内壁加热升温过程中，外壁缓慢升温，升温过程中内外壁的温差逐渐变大，在内壁达到 320℃ 时内外壁温差最大；内壁达到 320℃ 后保持温度和热输入功率不变时，外壁的温度继续逐渐升高，内外壁的温差逐渐减少。

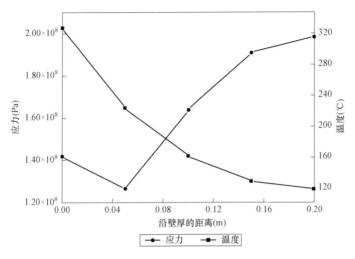

图 3-31　工况 1 温差最大时沿壁厚的温度和应力分布

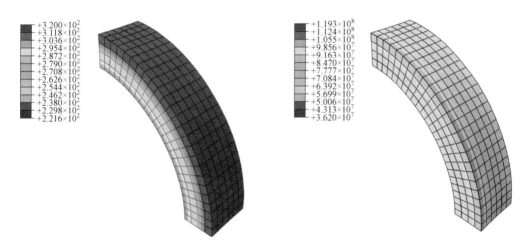

图 3-32　第 1 种工况下 120min 时内外壁温度和应力分布

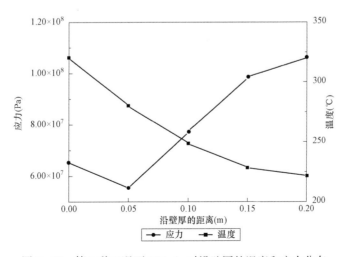

图 3-33　第 1 种工况下 120min 时沿壁厚的温度和应力分布

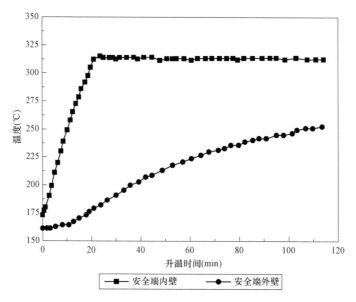

图 3-34　工况 2 安全端升温过程中内外壁温度变化曲线

　　通过有限元计算，建立安全端几何模型，采用热力耦合单元，按照内壁的升温速度和热功率输入，进行瞬态热力耦合计算，外壁的温度变化结果与实验结果相同，在 20min 时外壁温度达到 168℃，此时热应力水平最高，外壁 Mises 应力值最大，约 175MPa，如图 3-35所示。

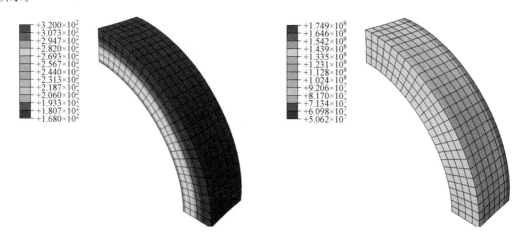

图 3-35　工况 2 下温差最大时内外壁温度和应力分布

　　此时沿壁厚方向的温度和应力分布曲线如图 3-36 所示，温度变化趋势比较平缓，而应力水平因为管道的几何约束条件导致先降低后增加，应力最高点在外壁，Mises 应力水平约为 200MPa。

　　保持内壁温度和热输入功率不变的条件下，试验 20min 时，管道的温度和应力分布模拟结果如图 3-36 所示，温度分布结果与试验结果也基本一致，外壁温度达到 270℃，外壁应力水平约 57.8MPa，加热 20min 时安全端管道沿壁厚的温度和应力分布如图 3-38 所示。

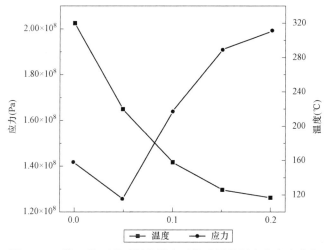

图 3 - 36　第 1 种工况下温差最大时沿壁厚的温度和应力分布

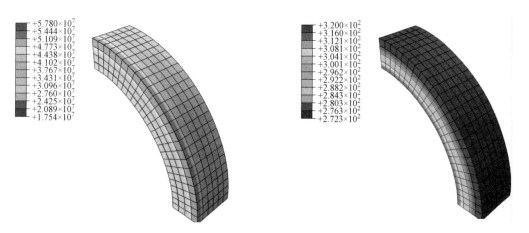

图 3 - 37　第 2 种工况下 20min 时内外壁温度和应力分布

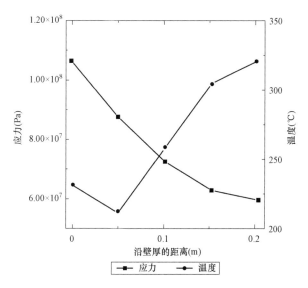

图 3 - 38　第 2 种工况下 120min 时沿壁厚的温度和应力分布

在第 1 种工况条件下叠加正常运行内压后，温差最大时的应力分布如图 3-39 所示。

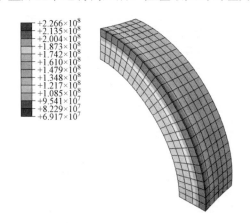

图 3-39　第 1 种工况条件下叠加正常运行内压后 60min 时沿壁厚的应力分布

第六节　安全端结构件的寿命评估方法

安全端特别是安全端异种钢焊缝，其环境影响热-机疲劳寿命评估一直是行业内特别关注的重点，考虑到安全端异种钢焊缝焊接过程导致的焊接残余应力，接触一回路硼酸腐蚀环境，会导致硼酸均匀腐蚀和局部应力腐蚀；考虑到内壁腐蚀/应力腐蚀（stress corrosion cracking，SCC）裂纹的扩展，在全寿期内的寿命评估主要考虑腐蚀/应力腐蚀、热疲劳、机械疲劳等失效机理。

构件的疲劳寿命主要由起裂阶段、扩展阶段以及失稳阶段组成，其中起裂阶段和扩展阶段在整个疲劳寿命中占的比例最大。根据经验反馈腐蚀/应力腐蚀裂纹扩展将是疲劳裂纹起裂阶段的主要因素；启停机以及升降功率等工况下的温度和压力导致的热机耦合疲劳是扩展阶段的主要因素。在针对安全端异种钢焊缝结构件开展寿命评估时，以考虑焊接残余应力叠加工况下的热应力和机械应力为疲劳应力，计算整个寿期内的疲劳损伤累积因子。

根据 ASME BPV 强制性附录以疲劳分析为基础的材料疲劳寿命曲线（如图 3-40 所示），以及本章第四节和第五节中进行的残余应力和工况应力的计算，可以评估该构件的疲劳寿命。根据 ASME 规范，硼酸腐蚀和局部应力腐蚀等腐蚀环境下，需单独评定腐蚀环境对疲劳寿命的影响，叠加环境影响因子。

从本章第一节失效案例来看，对核电站异种钢焊缝而言，开展环境影响热机疲劳评估是非常有必要的，本节简要概括评估过程中主要包括以下步骤：

（1）确定焊接后焊缝的内外部残余应力水平。表面残余应力主应力水平的测量值为 250MPa，有限元计算值局部可达 290MPa，内部残余应力低于表面残余应力水平。

（2）根据运行水化学数据信息确定腐蚀速率。根据表 3-3 溶解氧含量数据，年均匀腐蚀深度在 μm 量级，局部应力腐蚀深度根据应力水平不同而不同，以本章中 250MPa 的应力水平，年度局部应力腐蚀深度约为 $10\mu m$ 量级。

（3）选取腐蚀敏感部位结构根据各种工况计算承压热应力水平。根据有限元计算，承

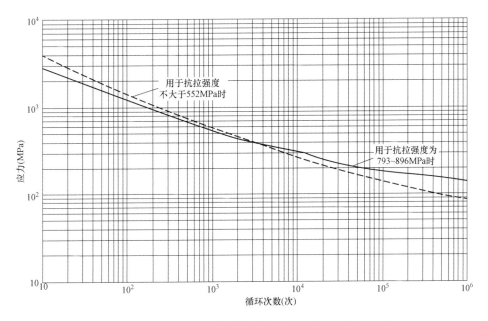

图 3-40 ASME BPV 强制性附录中材料的疲劳寿命曲线

受正常运行内压时的热应力沿壁厚的分布结果，最高应力水平约为 226MPa。

从保守的角度，直接叠加局部残余应力 250MPa，合应力水平为 476MPa。

（4）获取材料的疲劳寿命曲线或者设计曲线。根据 ASME BPV 强制性附录中材料的疲劳寿命曲线，476MPa 应力水平对应的疲劳寿命为 $1.5×10^3$ 周次，相当于本次启机工况下，消耗的疲劳因子为 $6.67×10^{-4}$。

（5）考虑环境影响因子的影响。根据 ASME 环境影响因子在该典型腐蚀环境下设定为 2，则启机工况下，消耗的疲劳因子为 $1.34×10^{-3}$。

（6）统计服役期间各种工况累积数量，计算累积疲劳损伤因子。以设计寿命 40 年，60 次启停机工况的累积疲劳损伤因子为 0.079，总的累积疲劳损伤因子为所有工况的累积疲劳损伤因子之和。

（7）根据累积疲劳损伤因子，疲劳裂纹扩展速率，估计剩余疲劳寿命。

根据总的累积疲劳损伤因子，计算该部位的剩余疲劳寿命。

参考文献

[1] 张国栋. 复杂载荷下焊接构件蠕变损伤与寿命预测研究. 博士学位论文，南京：南京工业大学，2009.

[2] TALJAT B, RADHAKRISHNAN B, ZACHARLA T. Numerical analysis of GTA welding process with emphasis on post - solidification phase transformation effects on residual stresses. Materials Science and Engineering，2006，A246（1 - 2）：45 - 54.

[3] DEAN D. FEM prediction of welding residual stress and distortion in carbon steel considering phase transformation effects. Materials and Design，2009，30（2）：359 - 366.

[4] DENG D，MURAKAWA H. Prediction of welding residual stress in multi - pass butt - welded modified 9Cr - 1Mo steel pipe considering phase transformation effects. Computational Materials Science，2006，37（3）：209 - 219.

蒸汽发生器传热管振动磨损性能及失效机理

第一节　蒸汽发生器及传热管结构和材料

在压水堆核电机组中，反应堆核裂变产生的能量由冷却剂带出，由一回路载热剂携带，通过蒸汽发生器（steam generator，SG）与二回路循环水对流传热将热量传递给二回路，以此来产生具有一定温度、压力、干度的蒸汽。在压水堆核电站中 SG 主要功能是作为热交换设备，通过 U 形管作为换热介质将一回路冷却剂中的热量传给二回路给水，使其产生饱和蒸汽供给二回路。汽轮机则是通过将蒸汽所携带的热能转化为机械能，进而转化为电能。在这个能量转换过程中，SG 既是一回路的设备，又是二回路的设备，所以被称为一、二回路的枢纽。M310 堆型的 SG 示意图如图 4-1 所示。

SG 作为连接一回路与二回路的枢纽，在一、二回路之间构成防止放射性外泄的第二道屏障。由于水受辐照后活化以及少量燃料包壳可能破损泄漏，流经堆芯的一回路冷却剂具有放射性，而压水堆核电站二回路设备不受放射性污染，因此 SG 管板和倒置的 U 形管是反应堆冷却剂压力边界的组成部分，属于第二道放射性防护屏障之一。SG 中的冷却剂压力边界的组成部分的部件安全等级 1 级，二次侧部件的安全等级是 2 级、抗震等级 II、质保等级 1 级、设计等级 1 级。

以目前国内占比较高的 1000MW 的 M310 堆型核电机组为例，有三个环路，每个环路装有一台蒸汽发生器，每台容量是按

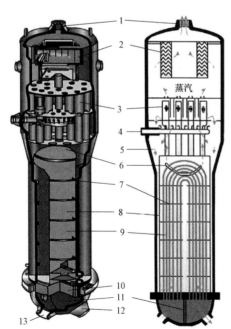

图 4-1　M310 堆型的 SG 示意图

1—蒸汽出口管嘴；2—蒸汽干燥器；3—旋叶式汽水分离器；
4—给水管嘴；5—水流；6—防振条；7—管束支撑板；
8—管束围板；9—管束；10—管板；11—隔板；
12—冷却剂出口；13—冷却剂入口

照满功率的 1/3 的反应堆热功率设计。SG 作为一回路主设备，主要功能有：

（1）将一回路冷却剂的热量通过传热管传递给二回路给水，加热给水至沸腾，经过汽水分离后产生驱动汽轮机的干饱和蒸汽。

（2）作为一回路压力边界，承受一回路压力，并与一回路其他压力边界共同构成防止放射性裂变产物溢出的第三道安全屏障。

（3）在预期运行事件、设计基准事故工况以及过度工况下保证反应堆装置的可靠运行。

U 形管的传热特性决定了整个 SG 的传热特性，是 SG 的核心组件。一回路的载热剂从 SG 的底部进入入口水室，然后流经传热管并将热量通过传热管传递给二回路工质；二回路的水从 SG 上部给水接管流入 SG，沿管体流到底部，再折回从管体中部流回上部。在这个过程中二回路工质通过 U 形管壁吸收一回路载热剂的热量产生蒸汽，以汽水混合物的形式流入 SG 上部的汽水分离器；汽水混合物经过两级汽水分离器，分离出蒸汽，此时的蒸汽湿度低于 0.25%，再经过干燥器干燥，成为主蒸汽流出蒸汽发生器去推动汽轮机做功，汽水分离器分离出的水流回给水接管处继续加热。

实际运行经验表明，SG 能否安全、可靠的运行，对整个核动力装置的安全性、可靠性和经济性有着十分重要的影响。据压水堆核电厂事故统计显示，SG 在核电厂事故中居重要地位，由于设计原因、材料原因或者运行条件，当前全球范围的核电站某些 SG 的安全性和可靠性是比较低的，它对核电厂的安全性、可靠性和经济效益有重大影响。美国电力研究所（Electric Power Research Institute，EPRI）、美国核管会（National Research Council，NRC）和法国电力集团（Electricite de France，EDF）等机构均都把研究与改进 SG 当做完善压水堆核电厂技术的重要环节，并制订了庞大的科研计划，主要包括 SG 热工水力分析，传热管材料的研制、腐蚀性能评估，传热管的无损探伤技术开发，振动、磨损和疲劳科学研究，结构设计优化以便减少腐蚀产物的堆积，水化学控制与调整等内容。

不同的堆型，SG 的结构和材料不同，以 M310 和 AP1000 的 SG 为例，其主要性能参数对比见表 4-1。

表 4-1　　　　　　　　　　　不同堆型的 SG 性能参数对比

设计参数	M310 堆型 SG	AP1000 堆型 SG
换热面积（m²）	11500	5430
一次侧设计压力（MPa）	172	172
二次侧设计压力（MPa）	82.5	85
换热功率（MWt）	1707.5	1707.5
出口蒸汽压力（MPa）	57.5	67.1
蒸汽流量（kg/s）	943.7	538
给水温度（℃）	226.7	226.7
一次侧入口温度（℃）	321.1	327
一次侧出口温度（℃）	280.7	292.4
出口蒸汽温度（℃）	272.8	282.14
二次侧设计温度（℃）	315.6	320

M310 的 SG 为 55/19 型，底部 1 个热侧接管，1 个冷侧接管，上段有 2 个二次侧给水

接管，主给水、辅助给水和启动给水均通过该接管注入蒸汽发生器，并通过给水接管、给水环管和倒 J 形管注入蒸汽发生器二次侧，两级汽水分离器（称作一级分离、一级干燥），无泥渣收集装置。

AP1000 的 SG 为 △125 型，底部 1 个热侧接管，冷侧 2 个主泵接管，1 个非能动堆芯余热排出热交换器 PRHR HX 的回流接管或 1 个净化流量回流接管，上段有 1 个二次侧主给水接管和 1 个启动给水接管，各自独立给水，两级汽水分离器，其中第一级中安装有泥渣收集装置。

SG 的传热是由大量小直径薄壁无缝 U 形管实现的，是 SG 中最重要的部件，也是运行条件下最受关注的部件，因此作为本章主要的研究对象。传热管设计通常选用的外径范围为 12～22mm，壁厚小于 1.5mm。在 1968 年以前，传热管材料大多选用 18-8 型奥氏体不锈钢，由于后来出现氯离子应力腐蚀破裂失效案例，改用退火处理的 Inconel-600 合金（即 I-600MA），600 合金管型在早期运行中性能良好，但是到 19 世纪 70 年代中期相继发生了严重的耗蚀、凹痕和晶间腐蚀现象，因此从 20 世纪 80 年代中期开始使用经特殊热处理的 Inconel-600 合金（即 I-600TT），20 世纪 90 年代后主要使用经特殊热处理的 Inconel-690 合金（即 I-690TT）；联邦德国和加拿大则从 20 世纪 70 年代开始一直使用 Incoloy-800 合金（即 I-800），传热管在被弯成 U 形后，对于弯管直径小的传热管还需要再次进行热处理以消除残余应力。上述各合金材料的 SG 传热管物理性能参数见表 4-2，国内某些核电站采用的 SG 及传热管材料的基础信息见表 4-3[1]。

表 4-2   SG 传热管物理性能参数

钢号	密度 (g/cm³)	导热系数 [W/(m·℃)]	热膨胀系数 (×10⁻⁶/℃)	抗拉强度 (MPa)	屈服极限 (MPa)
1Cr18Ni9Ti	8.0	15.48(100℃)	18.5(0～538℃)	539	196
Inconel600 （退火）	8.42	14.65(室温) 19.26(316℃)	14.1(20～300℃)	≥549 （室温）	≥240（室温） 215（300℃）
Incoloy800	8.02	11.72（室温） 16.74(316℃)	16.1(20～300℃)	491（300℃）	167（300℃）
Inconel690		17.6(350℃)	14.7(20～300℃)	≥551	276～448

表 4-3   国内某些核电站采用的 SG 及传热管材料的基础信息

项目	田湾核电厂	秦山一期	秦山三期	秦山二期	大亚湾、岭澳
蒸汽发生器数量	4	2	4	2	3
传热管材料	0Cr18Ni10Ti	I-800	I-800	I-690TT	I-690TT
传热面积（m²）	6115	3077.5	3177	5632.5	5435
传热管根数	11 000	2977	3550	4640	4478
外径×壁厚 (mm×mm)	ϕ16×1.5	ϕ22×1.2	ϕ15.9×1.13	ϕ19.05×1.09	ϕ19.05×1.09

研究表明，管子支撑部位局部几何结构对缝隙区传热和传质过程具有重要影响。早期核蒸汽发生器由于使用圆形管孔和流水孔结构，导致在缝隙区出现局部缺液传热状态，由

此产生化学物质浓缩，这是造成传热管凹陷及支撑板破裂的主要原因，因此后来大多采用经过改进设计的三叶形孔或四叶形孔，这使得该区域的腐蚀状况大为改善，采用栅格形支撑对缝隙腐蚀和析出物堆积则更为有利，设备制造厂的 U 形管盘管示意如图 4-2、图 4-3所示。

图 4-2　U 形管盘管示意图（一）

图 4-3　U 形管盘管示意图（二）

压水堆核电厂 SG 传热管的局部腐蚀及机械磨损是导致其承压能力降低而破裂的原因，目前已知的 SG 传热管遭受腐蚀及机械磨损而降质的主要类型包括一次侧的应力腐蚀开裂（primary water stress corrosion crack，PWSCC）、二次侧的应力腐蚀开裂（out - diameter stress corrosion cracking，ODSCC）/晶界腐蚀、点蚀、凹痕、耗蚀、微动磨损、机械损伤和高周疲劳等[2]，这些传热管常见降质类型及位置分布如图 4-4 所示[3]。

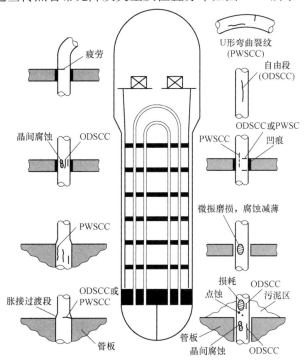

图 4-4　SG 常见降质类型及位置分布

造成传热管破损的一般原因主要有三点：蒸发器结构本体材料上的原因；一、二回路水化学环境问题；设备制造过程未消除预应力或结构运行条件下的应力水平。

一、一次侧应力腐蚀开裂（PWSCC）

一次侧应力腐蚀（PWSCC）的发生需要腐蚀环境、较高的残余应力或者工作应力、SCC 敏感的材料 3 个条件。其中 PWSCC 速率与应力的 4 次方相关，PWSCC 一般发生在高残余应力的传热管内表面，例如由于弯管制造过程或者装配过程中留下过大的残余应力的内表面，还有在胀管过渡区由于胀管时的机械应力未消除的 U 形管内侧和已发生凹陷的部位等。

一次侧应力腐蚀开裂现象主要取决于镍和铬的成分，主要发生在 Inconel - 600 合金中，Inconel - 690 合金与 Inconel - 800 合金对 PWSCC 的敏感性相对较低[4]，如图 4 - 5 所示，这与至今为止使用这些合金传热管的运行电站降质机理报告是一致的，实验室调查发现尚无证据表明 Inconel - 690 合金对 PWSCC 这种降质机理敏感[5]。

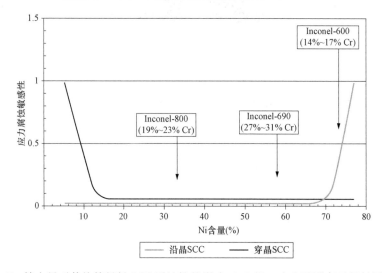

图 4 - 5　镍含量对传热管材料 SCC 耐蚀性的影响（350℃、应力稍微高于材料屈服点）

二、二次侧晶间应力腐蚀

二次侧晶间应力腐蚀开裂这一种降质主要包括晶间应力腐蚀开裂（inter granular stress corrosion cracking，IGSCC）和晶间腐蚀（inter granular attack，IGA），尽管在一些 SG 中损坏也发现于淤泥堆和自由段区域，但这种降质还是最常被发现在传热管与管板、传热管与传热管支撑板缝隙间。IGSCC 通常沿着最大主应力方向的晶界发生，而 IGA 的特征是晶界的材料局部腐蚀，并不需要大的拉应力，但较大的拉应力可以加速这种机理下的裂纹的萌生与扩展。

Inconel - 600 合金对 ODSCC 的敏感性要大于 Inconel - 800 或 Inconel - 690 合金，对应力阀值的要求 Inconel - 600 要低的多。Inconel - 600 传热管二次侧应力腐蚀开裂最初发生在 20 世纪 70 年代早期，后来二次侧应力腐蚀开裂就成为比较普遍的腐蚀问题，Inconel - 600 合金传热管的电化电势值取决于在运行时二回路水质的成分，当氧进入 SG 后，发生晶间应力腐蚀开裂的风险将加大；腐蚀性物质的积累，尤其氧化物的存在是 IGA 或者 IGSCC 或者两者都发生的决定因素。

三、防振条对管子的微动磨损和松动部件对管子的磨损

传热管在防振条或支撑板的接触处产生微动磨损，管壁会出现严重的减薄现象。如果 U 形弯头区的防振条离支撑点距离过远或者管子与防振条之间的间隙太大，都会在 U 形弯头区出现微振磨损。微动磨损的主要应力源是流致振动（flow - induced vibration，FIV）[6]，由这种机理引起部件材料损伤的萌生、稳定、扩展特性是多个变量的函数，这些变量包括支撑的部位、支撑的刚度、传热管与支撑板之间的间隙、二次侧流体的流速和方向以及氧化层的特性。

20 世纪 70 年代，微动磨损首次被认定是一种需要关注的降质机理，并且在 PWR 全部型式的 SG 中均有案例发生［如西屋公司 RSG 的预热器和防振条（anti - vibration bar，AVB）的磨损/微动磨损、冷腿减薄，燃烧工程公司（combustion engineering，CE）的 RSG 中防振条的磨损/微动磨损，西门子 KWU（kraft werk union，式 SG 中防振条的磨损/微动磨损，B&W 制造的用于 CANDU 型重水堆和 PWR 压水堆电厂 SG 中 U 形弯管区微动磨损］。

传热管微动磨损主要由 FIV 导致，SG 传热管是薄壁细长结构，因此当处于流场中时会相对于其结构支撑发生不稳定振动。可能的 FIV 机理有湍流激励、涡流发散和流体弹性激励（fluid elasticity instability，FEI）。在这些机理中，如果已有磨损未被探测到，那么 FEI 将会引起部件材料磨损的快速发展，因此 FEI 也引起了更多的关注。正常运行工况下，传热管束振动状态是由流体弹性激振和紊流扰动组合而成的。美国电力研究所（Electric Power Research Institute，EPRI）和加拿大原子能公司（AECL）均开发了相应的计算机模型，用于预测流致振动引起的微动磨蚀和磨损，计算局部湍流确定防振条附近和传热管束外围的非稳态流，并提供产生冲击载荷的时间。

传热管与松动部件之间的微动磨损问题也相应的引起了特别关注。

四、均匀腐蚀和局部腐蚀

均匀腐蚀是由于电化学反应造成的金属部件表面的均匀减薄。不锈钢与镍基合金在 SG 运行或停机保养条件下对均匀腐蚀不敏感，但是碳钢在此条件下对均匀腐蚀敏感，早期压水堆蒸汽发生器传热管用 Inconel - 600 制造，二次侧水化学处理为磷酸盐处理，结果磷酸钠在缝隙和泥渣堆里浓缩，造成在这些区域内传热管的管壁减薄。均匀腐蚀对于一个检查得很好的 SG 来说不是主要关注的内容。

点蚀表现为在氧化性条件下局部区域钝化膜破坏导致的壁厚小直径穿透，在此区域电化学腐蚀电位超过了材料的点蚀电位。影响因素包括金属局部冷加工、机械缺陷、表面划痕，碳化物/硫化物或其他第二相颗粒、晶界在金属表面的露头、局部区域破坏钝化膜的侵蚀性阴离子等。点蚀主要发生在冷侧管板与第 1 块支撑板间的泥渣堆中或有污垢的管段上，是一群微小直径的管壁腐蚀点，在该处形成了局部腐蚀电池。当存在氯化物或硫酸盐等时形成局部酸性条件下而引起的，在氧化环境下或有铜离子时，会加快点蚀的过程。点蚀与氯离子、低 pH 值、$CuCl_2$ 和氧等有关。泥渣和污垢是一种媒介物，在那里含有杂质的

水将发生沸腾而浓缩。

五、高周疲劳

高振幅与低疲劳强度相结合，可能会导致灾难性的疲劳失效。防振条的支撑不当并伴有高频率再循环流动（引起 U 形管区域的流致振动）会导致 SG 振动；较高的平均应力（如残余应力）或管缺陷（微动标记或裂纹），显著降低了疲劳强度。因此，管凹痕、磨损痕迹或循环式 SG 传热管 U 形区域的顶管支撑板裂缝均易引起高周疲劳失效。

对上述 SG 传热管的降质形式进行归纳总结[7]，见表 4-4。

表 4-4　　　　　　　　　压水堆 SG 传热管潜在的降质表现形式

序号	降质机理	激励源	位置	潜在表现形式
1	一次侧应力腐蚀开裂	温度、残余应力、敏感材料（低轧机退火温度）	U 形弯曲段的内壁卷制过渡区	混合裂纹
			传热管压凹区域	混合裂纹、环向裂纹
2	二次侧应力腐蚀开裂	张力、杂质聚集、敏感材料	传热管与管板间的裂缝	轴向或环向裂纹
			淤泥堆积区	环向裂纹
			传热管支撑板	轴向裂纹
			自由延伸段	轴向裂纹
3	侵蚀、磨损	流致振动、化学品的腐蚀	传热管和防振动条的连接处，传热管和预热挡板处	局部磨损
			传热管与松散的部件，传热管与传热管间的接触处	基于松散部件的几何形状轴向磨损
4	高周疲劳	高平均应力和流动所致的振动，引起的开裂（裂缝、压凹和凹痕等）	假如传热管被夹紧，在支撑板的顶部	环形穿晶开裂
5	凹痕	氧气、氧化铜、氯化物、温度、pH、裂纹情况、沉淀物	在传热管支撑板处，泥渣堆积区，管板缝隙处	传热管内的流动阻塞可能导致的环向开裂，减少的抗疲劳强度
6	点蚀	微咸水、氯化物、氧气、氧化铜	SG 冷管段的淤泥堆积区	局部腐蚀和传热管减薄
			热管段腐蚀处的聚集物	可能形成间隙腐蚀
7	耗蚀	磷酸盐化学物、氯化物聚集、树脂泄漏	管板裂纹、泥渣堆积区、传热管支撑板、防振条	普通的减薄

第二节　蒸汽发生器传热管管束的振动特性

SG 传热管工作在高温、高压、汽—液两相流环境中，FIV 是导致蒸汽发生器 U 形传热管破裂失效的关键因素之一，二次侧横向流作用引起的传热管振动是导致管壁磨损、破裂、疲劳失效的主要原因，而 FIV 受到众多因素的影响，由于 SG 传热管流致振动的不可避免性，导致管和支撑之间的磨损始终存在，只是撞击力强弱和磨损率大小不同。

传热管的流致振动与管束的排列形式、传热管的节径比、二次侧流体介质等因素密切相关[8]；流弹失稳和湍流激励是诱发传热管流致振动的重要机理[9]。分析 SG 流体弹性不稳定性、漩涡脱落强迫振动、声共鸣或紊流抖振机理等都需要用到 U 形管动态特性参数。U 形管动态特性参数，特别是固有频率和模态振型是分析 SG 传热管流体诱导振动发生机理和强弱以及采取预防措施的重要参数。

管束在横向流作用下，管子和流体之间、相邻管子之间会出现相互作用。随着二次侧流体横向速度增加，流体力对管子所做的功大于管系阻尼所消耗的功，管子振动幅度将迅速增大，直到管子撞击防振条或者相邻管子。流弹性失稳就是指流速增大到一定程度时管束的振幅会急剧增大的现象，管束的流弹不稳定现象可用引起流弹失稳的临界流速来描述，这种流弹不稳定现象会在很短的时间内使传热管失效，成为 SG 传热管破裂事故的主因。自 1962 年 Roberts[10]，在管束模型的流致振动试验中首次观察到这一现象以来，由于它与传热管的磨损和振动破坏有直接的关系，得到了工业界广泛的研究。根据式（4-1）的计算，频率是判断传热管是否出现流弹性失稳现象的一个重要因素[11]。

$$V_{cn} = \beta f_n D \sqrt{\frac{m \, 2\pi \xi}{\rho D^2}} \qquad (4-1)$$

式中　β——Connors 系数；

f_n——传热管第 n 阶固有频率，Hz；

D——传热管外径，m；

m——传热管单位长度质量，kg/m；

ξ——传热管第 n 阶模态的阻尼比，N/(m/s)；

ρ——二次侧流体的平均密度，kg/m³。

尽管 U 形管的几何形状并不复杂，但 U 形管的固有频率计算比直管困难得多，这是因为 U 形管的振动同时存在面内弯曲和面外弯扭振动模态，并且 U 形管的振动收到非线性边界条件的约束，包括防振条和支撑板的几何形状以及间隙。U 形管为薄壁环形壳体，径向纤维应力分量引起的截面畸变降低了其强度和刚度。U 形管弯头具有类似曲梁的曲率柔性效应，这一扭转柔性会降低管子的固有频率。汽-液两相横流冲刷下的蒸汽发生器 U 形管弯头段，面外振动更突出，需加装防振条进行减振，U 形管与防振条之间存在非线性的接触问题，在传热管弯管段由于防振条的存在，因此振动响应值整体较小，在支撑板和防振条约束处位移为零[12]。在实际结构中，抗振条对 U 形传热管弯管段面内支撑机理与面外的方向上不同，是通过摩擦约束实现的。这使得在模态分析计算中，传热管弯管段支撑处的边界条件设置非常重要，通常需要将传热管与抗振条接触点处的面外边界条件假设为简支，而在面内方向上用弹簧来模拟抗振条对传热管的摩擦约束。

对于立式 SG 的弯管段，传热管在抗振条处的边界条件在流场升力方向上往往假设为简支，而在流场阻力方向上，如果假设为简支，则会使阻力方向上的频率高于升力方向的，从而使预测的流弹性失稳出现在升力方向上；如果假设为无支撑，则预测的流弹性失稳在阻力方向上出现，但得到的临界流速无法在试验中得到验证[13]。Weaver 等[14]在圆柱管列的流致振动试验中观测到升力方向和阻力方向上均出现了流速增大到一定程度时管束的振幅会急剧增大的现象，但该试验采用的直管管束在升力和阻力方向上的固有频率一致，并不能说明流弹性失稳产生的方向。

SG 传热管流弹稳定性的分析是核电站 SG 设计中被关注的重点。将传热管与抗振条接触处假设为弹簧刚度的支承条件后，随面内接触刚度的不断下降[15-16]，传热管弯管段出现的面内各个模态的频率也不断减小。通过改变弹簧刚度，研究不同强弱的面内支撑对传热管流致振动的影响，当抗振条与传热管面内接触刚度较弱时，面内流弹性失稳可能较面外流弹性失稳出现得更早。

建立几何模型，采用三维实体单元，SG 传热管模型示意图如图 4-6 所示。

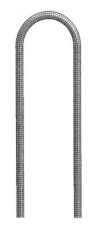

图 4-6　SG 传热管模型示意图

物理模型中用到 Inconel-690 合金在不同温度下的弹性模量、热扩散率、热导率、弹性模量和泊松比等参数，已有数据结果可以利用[17　18]。

U 形管固有频率影响因素[19]较多，列举如下：

（1）支撑边界约束处理方式。蒸汽发生器 U 形传热管底端与刚性很大的管板焊接在一起，几何边界条件设置为固支。支撑板约束管子的水平方向位移，管-支撑板之间存在 0.2mm 左右的径向间隙，U 形弯头段设置防振条作为抗振支撑。防振条支撑模型对固有频率的影响比较大，其约束自由度处理方法有两种近似情况：一是仅约束面外自由度；二是同时约束面外和径向自由度。

（2）支撑板厚度。改变支撑板厚度进行计算可得到支承厚度对各阶固有频率的影响情况，随着支撑板厚度的增加，U 形管固有频率提高。

（3）支撑板间距。减小支撑板间距能提高固有频率、降低振动位移幅和应力幅。但是由于设计时热工水力性能要求，直管段间距不能太短也不能太长。受空间限制，U 形弯头段也只能在那些振动强烈的管束上加装防振条。大弯曲半径的 U 形弯头防振条布置夹角对固有频率影响较大，如果防振条夹角选择不当，会在 U 形管弯头段产生强烈振动，导致 U 形管破裂失效。

（4）弯管系数。SG 内不同位置 U 形管支撑点数不变时，固有频率随弯管系数 λ 增大而降低，因此 SG 流体诱导管振动在个别地方剧烈，而其他地方微弱。

（5）一次侧和二次侧压力。外力作用下 U 形管截面会产生畸变效应，内压使管子弯头产生张力，外压则引起轴向压缩力，内压能够提高管子固有频率，外压则降低。

（6）管-支撑间隙。管-支撑间隙不仅给传热管振动特性带来了流固耦合接触的几何非线性，而且还造成管支撑是否有效的问题。对于管子低幅振动，某些支撑可能根本未与管子接触，支撑接触的有效性给固有频率的计算带来了很大不确定因素。只有当间隙非常大或在接近过盈配合的情况下，才会对固有频率有明显的影响。大的间隙降低固有频率，而紧配合则提高固有频率。将管-支撑简化为简支模型分析管振动是能够满足工程要求的。流致振动条件下，传热管间隙的存在使传热管与支撑板或抗振条发生反复碰撞，由此导致的微动磨损是传热管流致振动失效的主要原因。

初始阶段，传热管间隙对传热管整体振动的作用可近似为简支，由于间隙很小，间隙中传热管的振动幅值受限，但间隙中传热管的转动却没有受到影响。当传热管振动尚未衰减时，间隙中的传热管在间隙中来回碰撞。传热管间隙内水膜是传热管振动的阻尼，可有效减弱传热管的碰撞次数和频率，传热管振动经一段时间衰减后，间隙中的传热管振幅逐步减小到不再发生碰撞，此时传热管振动频率下降，间隙对传热管振动的影响可及简化为自由振动状态[20]。

以日本美滨核电厂2号机组SG的振动试验[21]为例，沿着管束流动的介质速度，当超过临界流速时，单根传热管或者管束就产生剧烈的振动；如果传热管没有防振条支撑，其固有频率和临界速度将降低，如果某些防振条由于加工制造原因导致插入较浅，没有防振条的位置局部流速就会增加，当超过临界流速时，发生流体弹性振动，从而容易引起传热管的疲劳断裂。

第三节　传热管管束的微动磨损机理及评估

传热管的微动磨损是由于振动引起的，SG中，管子与防振条或支撑板之间留有间隙，是设计和制造所需要的，如图4-7所示。管子的振动可由垂直于管子的横向流或者平行于管子的平行流引起的，管子与防振条或支撑板之间是振动运动，并且振幅较小，这种表面间发生的摩擦过程称为微动磨损。与滑动磨损相比，微动磨损的运动幅度与接触区域相比是较大的，是磨损微粒在两个磨损表面之间参加磨损的过程。

在SG中，由于流动引起的扰动力和两个接触表面发生的振动，是标准型微动磨损和滑动磨损相结合而产生的，也可以认为是冲击型的微振磨损。两个接触表面会周期性的分离开，这种周期性的行为具有重要的磨损性能：磨损微粒能够从磨损表面除去，在接触表面之间存在着很小的冲击力。

磨损是由于相对机械运动或者相对机械运动与化学共同作用同时发生而引起材料从管子表面脱落的过程。半经验公式Archard方程是工程应用较广的，可以用来表征或者预测传热管与防振条或支撑板之间的微动磨损。工作率模型是一种广泛应用的预测模型，由Frick[22]于1984年提出，经不断改进，为评估SG管束的磨损性能，基于Archard磨损方程，研究者已经提出相应的磨损功率模型：

图4-7　传热管与四叶孔形支撑板几何形貌

$$V = \frac{kFS}{3H} \tag{4-2}$$

式中　V——磨损体积，m^3；

F——磨损接触法向应力，N；

S——磨损滑移路程，m；

H——材料硬度；

k——与服役环境相关的材料常数。

磨损工作率又称法向工作率，是单位时间内法向接触力和滑动距离的积分。磨损工作率

$\dot{W}_N$ 表征了传热管和支撑材料间通过动力学相互作用耗散的有效机械能，是量化微动磨损的参数。磨损工作率定义为耗散在磨损过程中的能量释放率，用以表征磨损率，表达式为

$$\dot{W}_N = \frac{1}{t}\int F_N \mathrm{d}s = \frac{\int_0^t F_N(t)L(t)\mathrm{d}t}{\int_0^t \mathrm{d}t} \tag{4-3}$$

磨损率正比于磨损工作率：

$$\dot{V} = K\dot{W}_N \tag{4-4}$$

式中　$\dot{W}_N$——磨损工作率，J/s；

$\quad\quad \dot{V}$——磨损率，m^3/s；

$\quad\quad t$——时间，s；

$\quad\quad F_N$——法向接触力，N；

$\quad\quad s$——滑动距离，m；

$\quad\quad L(t)$——单位时间内滑动位移，m；

$\quad\quad K$——有量纲磨损系数，定义为单位法向载荷和滑移路程下的磨损体积，m^2/N 或 Pa^{-1}。

磨损系数为材料常数，是不同接触磨损对和实验条件的函数，用于计算磨损率的磨损系数基于实验测定或者模拟计算。磨损率与服役工况温度、振动模式、振幅、pH 值和溶解氧浓度等相关。

累计磨损体积可以表达为

$$V = K\int \dot{W}\mathrm{d}t = K\int F\mathrm{d}s \tag{4-5}$$

管束和管板/防振条的接触弹性模量表示为

$$E_{\mathrm{contact}} = \left[\frac{1}{E_{\mathrm{tube}}} + \frac{1}{E_{\mathrm{plate}}}\right]^{-1} \tag{4-6}$$

式中　E_{contact}——接触弹性模量，Pa；

$\quad\quad E_{\mathrm{tube}}$——管束弹性模量，Pa；

$\quad\quad E_{\mathrm{plate}}$——管板弹性模量，Pa。

研究表明[23]SG 管束材料磨损系数一般远小于 $40\times10^{-15}/Pa$，设计时要求管束材料的磨损功率小于 5mW，对于厚度 1mm、外径 20mm、接触部分长 15mm 的管束，磨损减薄 20% 时的寿命约为 40 年[24]。

磨损功率表示了传热管磨损快慢程度的物理量，对于管束与平板类接触的接触对（见图 4-8），磨损率与壁厚减薄速率的数学关系可通过几何关系得到。

$$h = R(1-\cos\alpha) \tag{4-7}$$

$$\sin\alpha = W/2R = \sqrt{2Rh-h^2}/R \tag{4-8}$$

得到磨损体积 V 为

$$V = L\left[\frac{1}{2}R^2 \cdot 2\alpha - \frac{1}{2}R^2 \cdot \sin(2\alpha)\right] \tag{4-9}$$

对式（4-9）两边求微分得

$$\mathrm{d}V = 2L\sqrt{2Rh-h^2}\mathrm{d}h \tag{4-10}$$

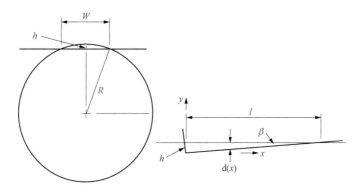

图 4 - 8　管束与平板类接触的接触对示意图

与式（4 - 4）结合得

$$\dot{h} = \frac{K\dot{W}_{\mathrm{N}}}{2L\ \sqrt{2Rh - h^2}} \tag{4 - 11}$$

根据式（4 - 7）～式（4 - 11），可得

$$2\alpha - \sin 2\alpha = bt \tag{4 - 12}$$

$$b = \frac{2K\dot{W}_{\mathrm{N}}}{R^2 L}$$

式中　R——管束半径，m；

　　　W——磨损宽度，$W = 2L$；

　　　α——W 对应的圆心角的一半；

　　$\dot{W}_{\mathrm{N}}$——磨损工作率，J/s；

　　　K——有量纲磨损系数，m^2/N 或 Pa^{-1}；

　　　t——时间，s。

以国内某核电站为例，SG 传热管使用的是 Inconel - 690TT 材料，抗振条为 Inconel - 600 合金表面镀铬。传热管尺寸为 19.05mm×1.09mm（外径×壁厚），抗振条为棒状，宽度为 8.1mm（见图 4 - 9）。

为了预测传热管磨损损伤破坏，需要对各个支撑位的磨损功率进行评价。美国电力研究所进行的研究，旨在分析传热管振动和磨损问题，包括实验、理论分析和软件开发，流体扰动函数及线性或非线性管束动力学研究，磨损系数、传热管壁厚度损失和体积损失间的比率等实验测量[25]。Inconel - 690 合金在室温水环境中与不锈钢振动磨损机理取决于磨损起裂表面变形层的摩擦特性，接触表面之间的剪应力产生塑性变形，塑性变形和断裂作用于磨损起裂表面使得磨损颗粒脱离，磨损系数测定实验装置示意图如图 4 - 10 所示。

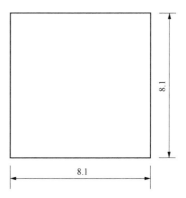

图 4 - 9　国内某核电站抗振条横
截面尺寸图

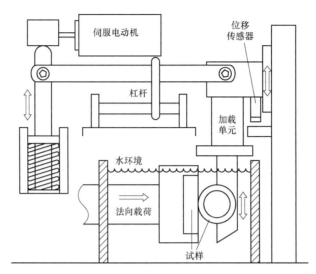

图 4 - 10 磨损系数测定实验装置示意图

质量磨损率（单位滑移路程下的磨损质量，mg/m），在空气及二回路流体环境下均随着法向载荷的增加而升高，在常磨损接触法向载荷作用下，磨损体积正比于磨损滑移路程。参考 25℃水环境下 Inconel - 690TTV 与 405SS 接触对，和 Inconel - 690TT 与 409TT 接触对的实验结果[26]见表 4 - 5，其磨损系数与 Inconel - 800 合金类似，均小于 40×10^{-15}/Pa。

表 4 - 5　25℃水环境下 Inconel - 690TT 与 405SS 接触对和 Inconel - 690TT 与 409TT 接触对的试验结果

项目	10N 时质量磨损率（mg/m）	20N 时质量磨损率（mg/m）	30N 时质量磨损率（mg/m）	磨损系数 K（m²/N）
Inconel - 690TT 与 405SS 接触对	0.0032	0.0067	0.0095	39.15×10^{-15}
Inconel - 690TT 与 409TT 接触对	0.0027	0.0058	0.0052	18.82×10^{-15}

对国内某 M310 堆型核电站的 SG 传热管，其尺寸为 $19.05\text{mm} \times 1.09\text{mm}$，防振条宽度 8.1mm（即传热管上的磨损距离）；磨损系数 $K = 40 \times 10^{-15}$。堵管限值为 40%壁厚，即 0.436mm。采用式（4 - 11），假设磨损功率为定值，分别取为 0.1、0.15、0.25、0.5mW，计算了传热管的磨损量（壁厚减薄百分比）随时间的变化趋势，计算结果如图 4 - 11 所示。根据计算结果，不同磨损功率下传热管的预测寿命为

（1）磨损功率为 0.1mW：传热管达到 40%堵管限值的时间为大于 80 年。

（2）磨损功率为 0.15mW：传热管达到 40%堵管限值的时间为 71.2 年。

（3）磨损功率为 0.25mW：传热管达到 40%堵管限值的时间为 42.7 年。

（4）磨损功率为 0.5mW：传热管达到 40%堵管限值的时间为 21.4 年。

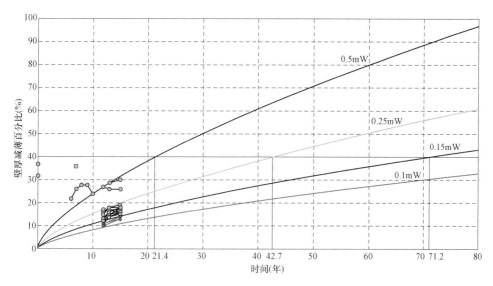

图 4-11 Inconel-690 合金传热管微动磨损作用下磨损量预测

对于无在役检查记录的传热管，保守认为其壁厚减薄量已达到在役检查可记录的限值 10%（运行 16 年），这部分传热管的磨损功率小于 0.1mW，其预测的寿命大于 60 年。例如，有 2 根传热管壁厚减薄量超过 20%，其磨损功率为 0.25～0.5mW，预测其达到 40% 堵管限值的时间为 21.4～42.7 年；有 27 根传热管磨损功率为 0.15～0.25mW，预测其达到 40% 堵管限值的时间为 42.7～71.2 年；对于无在役检查记录的传热管，保守认为其壁厚减薄量已达到在役检查可记录的限值 10%（运行 16 年），这部分传热管的磨损功率小于 0.1mW，其预测的寿命大于 60 年。

因此，在仅考虑传热管微动磨损情况下，该核电站 SG 超过 99% 的传热管寿命超过 60 年，并根据计算结果提出检查建议，如图 4-12 所示，绿色范围内的建议每个检查周期做一次。

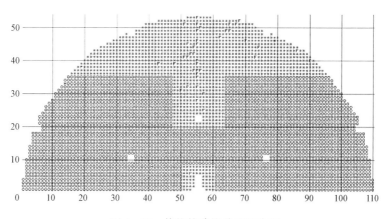

图 4-12 传热管建议检查示意图

接触表面的相对位移由接触副外界振动引起的微动，接触副只承受局部接触载荷，或承受固定的预应力。SG 传热管磨损发生在传热管与支撑架接触部位，可移动范围一般在微米级，符合典型的微动磨损条件。常规微动磨损是一个复合过程，在载荷作用下相互配合的接触峰点形成黏着结点，接触表面受到外界微小振动时，黏着结点被剪切，剪切面逐渐被氧化发生氧化磨损，产生的磨屑堆积在界面具有磨料作用，接触表面发生磨粒磨损。

影响材料磨损速率和机制的因素包括材料性质和性能（组织、硬度、强度、疲劳、氧化和腐蚀、裂纹扩展、韧性、黏着性等）、接触条件（载荷、振幅、频率、时间、几何形状）和环境条件（温度、湿度、化学势、润滑），由这些因素共同构成摩擦学系统，以下是几种典型影响因素对磨损的影响[26-31]。

（1）载荷。压力的增大使接触表面的弹性变形增加、微动相对滑移量减小。对于在交变应力下的构件，产生微动疲劳裂纹的倾向增大，或是在较低的交变应力下就产生裂纹。

（2）振幅。通常，微动振幅较小时，表现出较低的微动磨损速率；在微动振幅较大时，磨屑容易从接触区排出，金属与金属接触增大，有较高的磨损率。

（3）频率。若根据一定的循环次数来评价损伤，则频率越低，损伤越大。频率影响的实质是化学因素、变形率、界面磨屑流动行为等。

（4）循环次数。当振幅、频率、负载等参数固定时，磨损量与循环次数呈线性关系，即磨损速率恒定。但在微动开始时有一磨损率迅速增加的阶段，这类似滑动磨损中的跑合，实质上是黏着与磨屑的发生和增长阶段。跑合阶段除与材料有关，也与微动条件有关，条件指标增加，产生磨屑的速度加快，跑合段缩短，反之亦然。在极轻微的实验条件下，微动开始时，还可观察到一段所谓"潜伏期"，在潜伏期中，材料完全不受磨损，有的潜伏期可达 10^4 次循环以上。

（5）几何形状。试样的表面接触总的可以分为平面对平面、平面对曲面、曲面对曲面等三类，几何形状主要从应力分布、磨屑流动特性等方面来影响微动磨损行为。

（6）温度。温度从两方面影响微动：第一，氧化或腐蚀随温度升高而增加；第二，材料的机械性能也受温度的影响。在大多数情况下，温度升高，氧化的可能性增加，材料塑性增大，增加了微动磨损阻力。

（7）湿度。提高湿度可以增加微动过程中的润滑，使磨屑易于从接触区溢出。

（8）材料性质。不同材料具有不同的硬度、弹性模量、断裂韧性、延展性等，这使得摩擦副在不同摩擦过程中发生不同的破坏行为。

总体来看，影响微动磨损的因素很多，而且多种因素的作用效果不是简单地叠加，而是相互影响。其中，材料性质和性能是最基本的影响因素，同种材料与不同材料对磨，磨损速率和机制可能不同。所以，耐磨性并非材料的固有特性，它只是材料在特定摩擦系统中表现出来的抗磨特性，也将随着系统中各因素的变化而改变。

20 世纪 80 年代后，微动的研究方法得到了系统的发展，取得了一些研究成果。1987年，Vingsbo 和 Söderberg 根据摩擦力—位移（F_t-D）变化曲线的不同和损伤分析，提出了微动图（vingsbo and soderberg's fretting map）概念，并建立了微动图理论，他们认为根据摩擦对间相对运动幅值从小到大，依次可划分为三个磨损区，即黏着区（stick）、黏着 - 滑动混合区（mixed stick and slip）和滑移区（gross slip）。当微动运行于上述三个区域内，F_t—D 曲线呈现出不同的形状特征，分别为直线形、椭圆形和平行四边形曲线（见图 4 - 13）。在黏着区，摩擦对间相对位移幅值仅为几微米，界面微凸体的接触处于黏着状态，在接触边缘观测不到微滑，运动主要依靠弹性变形调节，在该区域，磨损引起的损伤很小，且无疲劳裂纹产生。在黏着 - 滑动混合区（相对位移幅值为 $5 \sim 10 \ \mu m$）发生微动疲劳，在这一区域，磨损和腐蚀的作用都很小，但是由于裂纹生长速率很大使得材料的疲劳寿命减小，并发生大量的塑性变形。在滑移区（相对位移幅值为 20～300 μm）发生微动磨损，腐蚀协助下的微动磨损会引起严重的损伤，但是由于磨损速率很快，裂纹生长速率有限[32-33]。

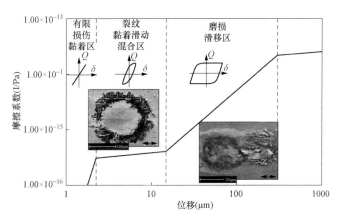

图 4-13　微动图（Vingsbo 和 Söderberg）

Q—载荷；δ—位移

以 Inconel-690 合金或 Inconel-600 合金（表面镀 Cr）合金材料为例，在空气和去离子水环境中，位移幅值为 20 μm、法向载荷为 100 N 参数条件下进行微动磨损实验，获得的 F_t-D 稳态曲线如图 4-14 所示。两组稳态 F_t-D 曲线均完全打开，呈现出平行四边形曲线特征，表明两接触体在往复摩擦运动过程中发生相对滑移，这说明微动运行于滑移区，损伤机制为磨损。

在空气和去离子水环境中的摩擦系数-循环次数（μ-N）关系曲线如图 4-15 所示，空气环境中的稳态摩擦系数约为 0.8，去离子水环境中的稳态摩擦系数约为 0.5，在去离子水环境中材料对的摩擦系数比在空气环境中小，相对空气介质中的干摩擦，水溶液将改变材料对的接触状态，并影响摩擦热的产生、黏着性、导电性、磨屑或磨粒的流动性、氧气的溶解度等，水溶液对摩擦热的产生和对磨屑或磨粒流动性的影响将突出体现在对摩擦系数的影响上。一方面，水

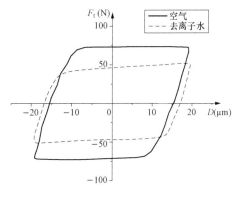

图 4-14　Inconel-690 合金或 Incoenl-600 合金（表面镀 Cr）在空气/去离子水中 F_t-D 曲线

溶液可以有效地限制空气中的氧与磨损区域发生接触，并降低接触界面间摩擦热的产生，减少氧化物的形成，使得氧化磨损程度大大降低甚至消失，使得摩擦系数增大；另一方面，水溶液具有一定的润滑作用，使得摩擦系数减小，而水溶液将带动磨屑排出接触区，使得摩擦系数增大。对于 Inconel-690 合金或 Inconel-600 合金（表面镀 Cr）材料对，在去离子水环境中较空气环境中的摩擦系数减小，这是上述两方面因素综合作用的结果，说明水溶液的润滑作用占主导地位。

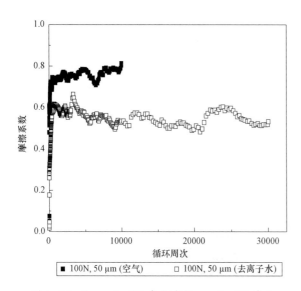

图 4-15 Inconel-690 合金或/Inconel-600 合金
（表面镀 Cr）在空气/去离子水中 μ-N 曲线

在接触压力 F_N＝100N，接触滑动位移 D＝20 μm，滑动频率 f＝2 Hz，循环周次 N＝10^4 条件下，Inconel-690 合金管材样品和 Inconel-600 合金（表面镀 Cr）方棒样品在空气环境中磨损后典型的磨痕形貌 SEM 图像，如图 4-16 所示。观察磨损后 Inconel-690 合金管材样品，发现大量片状磨屑剥落覆盖在接触区，且磨屑呈现龟裂特征，部分区域呈现白色，由于磨损过程中产生摩擦热而生成氧化产物。在磨损区域内的非磨屑覆盖区域可以观察到犁沟特征，这说明当微动运行在滑移区时，接触面在相对滑动过程中发生了严重的塑性变形。

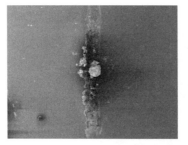

图 4-16 Inconel-690 合金样品磨痕形貌的 SEM 图像

Inconel-690 合金管材表面大量片状磨屑的形成方式可能有两种，一种方式是在摩擦热的作用下，Inconel-690 合金表面发生氧化，由于载荷较高，在较大的循环应力作用下，氧化膜产生裂纹并以剥层方式剥落，片状剥离的磨屑覆盖在接触区表面；另一种方式是剥落的磨屑在摩擦对的反复碾压及摩擦热的共同作用下逐渐氧化并堆积成凸起部分，厚的磨屑层是由片状颗粒剥落并经过反复碾压、碎化和氧化后黏结而成。采用 TEM 观察片状磨屑的形态发现，宏观形态呈现为片状的磨屑，其微观结构为平均晶粒尺寸约为 5nm 的纳米晶，说明 Inconel-690 合金表面大量片状磨屑的形成方式为第二种。

在 F_N＝100 N，D＝20 μm，f＝2 Hz，N＝3×10^4 试验条件下，去离子水环境中磨损

后典型的磨痕形貌 SEM 图像如图 4-17 所示，在去离子水环境中摩擦得到的磨痕形貌与在空气环境中干摩擦不同。一方面，Inconel-690 合金管材上接触区域表面黏着的磨屑量显著减少，在接触区附近可观察到大量磨屑被水溶液带出接触区而附着在管材表面，且在接触区域犁沟特征不明显；另外，Inconel-600 合金（表面镀 Cr）接触区表面可观察到片状剥离的磨屑。

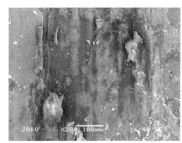
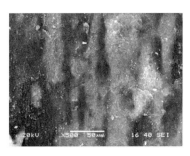

图 4-17　Inconel-690 合金样品磨痕形貌的 SEM 图像

通过比较磨痕宽度来比较在去离子水环境中和空气环境中的磨损程度。测量结果显示，在去离子水环境中经过 $3×10^4$ 周次摩擦后的 Inconel-690 合金管材磨痕宽度小于相同载荷、位移幅值条件下在空气环境中经过 10^4 周次摩擦后的磨痕宽度，这说明在去离子水环境中，虽然水溶液易于带动磨屑排出接触区，使得磨屑作为"第三体"的固体润滑作用减弱，但水溶液的润滑作用占主导地位，使得 Inconel-690 合金管材在水环境中磨损速率显著小于其在空气环境中的磨损速率。

第四节　磨损传热管管束的堵管

一、失效案例

运行经验表明，因为磨损导致 SG 传热管破裂的事故较多，典型失效案例如：

（1）1991 年日本美滨核电 J2 号机组由于防振条处的微动磨损发生了传热管破裂事故。

（2）美国西屋公司采用 F 型 SG（支撑板为四叶形结构，有 4 个流水孔和 4 个平面接触的支撑凸缘）的技术来设计新的 SG，近期 F 形 SG 由于防振条处传热管的微动磨损而堵管的数目占总堵管数的 66%。

（3）法国 900MWe 核电站 SG 传热管堵管的原因，主要是 U 形管小弯头处和胀管过渡段的一次侧应力腐蚀和防振条的微动磨损。

（4）加拿大 B&W 公司目前运行的 30 台 SG 中 26 台进行了涡流检查，其中有 12 台发现了防振条的微动磨损，磨损形貌为矩形或者呈锥形的缺陷。

（5）Hogmark 等[34]分析了瑞典 Ringhals 核电站 SG 传热管失效的案例。传热管磨损过程主要为表面氧化层的移除，流体对磨损过程具有高速水流的冲蚀，空穴化以及化学溶解等加速作用。

（6）Magel 等[35]采用光学显微镜分析了加拿大重水反应堆核电站 SG 传热管失效现象，观察到具有敲击凹坑特征的损伤表面的照片，冲击和滑动磨损造成的塑性变形和黏着磨损是主要的失效特征。

WANO 收集了部分的经验反馈，见表 4-6。

表 4-6　　　　　　　　　　WANO SG 传热管磨损运行经验反馈

电厂/机组	事件时间	事件描述	老化机理
美国 San Onofre Unit 3	2012 年 01 月 31 日	机组满功率运行时，监测到 SG 二次侧高放射性信号，立即将功率降至 35%。传热管泄漏位置是弯管区，在泄漏位置处无外来物。原因可能是振动引起的磨损	微动磨损
印度 Kaiga Atomic Power Station Unit 3	2011 年 07 月 19 日	Kaiga 电站 3 号机组大修。SG 在役检查结果显示，1、2、4 号 SG 中有 9 根传热管被减薄，其中 8 根传热管进行了堵管维修，1 根传热管被取出做减薄根本原因分析。减薄原因可能是由于异物微动磨损，但检查中没有发现异物	异物磨损
印度 Rajasthan Atomic Power Station Unit 4	2011 年 03 月 31 日	RAPS 电站 4 号机组 SG1 一根传热管泄漏而手动停堆。与其相邻的一根传热管壁厚减薄了 15%，将该传热管进行了堵管维修。传热管泄漏的原因是异物和传热管之间的微动磨损	异物磨损
加拿大 Darlington Unit 3	2009 年 07 月 24 日	对 3 号机组 SG 传热管检查时发现类似壁厚减薄的降质。壁厚减薄达 34%	磨损
巴西 Angra Unit 2	2004 年 05 月 25 日	Angra 电站 2 号机组，SG 传热管涡流检查发现 2 根传热管在 U 形弯管区与防振条接触处发生磨损，其中 1 根堵管	微动磨损、异物磨损
美国 Oconee Unit 1	2002 年 03 月 25 日	NRC 发表了 IN 对 Oconee 电站 1 号机组传热管的在役检查结果进行了总结，其中包括传热管的磨损降质	磨损
德国 KWB Biblis	1999 年 01 月 07 日	Biblis B4 环路大修期间，发生传热管微小泄漏，传热管泄漏是由于异物磨损	异物磨损
荷兰 Borssele（EPZ）	1991 年 09 月 06 日	电站满功率运行时，1 号 SG 传热管泄漏，一回路泄漏至二回路，反应堆 30h 后停堆。传热管泄漏位置是 U 形弯管区与防振条接触处	微动磨损
匈牙利 Paks Unit 2	1990 年 03 月 10 日	2 号机组由于凝汽器内氚浓度达到限值进行冷停堆。这是由于 SG 传热管泄漏	

二、防护措施

为降低或者尽可能消除 SG 传热管的微振磨损，各国核电研发单位都进行了一些研发，通常的防护措施[36]包括：

（1）尽量避免 SG 二次侧的横向流动，使流体流动引起的频率与管子固有频率之间有较大的差值。

（2）有合理的支撑板间距、足够的支撑板厚度。

（3）制造工艺允许的条件下，尽可能采用较小的防振条与管子之间的间隙和支撑板与管子之间的间隙。

（4）选择防振条和支撑板材料时要考虑与管子材料组合时具有低的磨损率。

美国西屋公司对传热管微振磨损的防护措施：

（1）防振条材料的改进。

（2）增加防振条与管子接触点数目。

（3）控制防振条与管子间隙，提高安装质量。

法国法马通公司对传热管微振磨损的防护措施主要为增加镀络层厚度，并稍微增加防护条厚度，减少管子与防振条的间隙。

德国西门子改进防振条跨距结构，降低了引起管子微动磨损的任何不允许的振动。

加拿大 B&W 公司对传热管微振磨损的防护措施：

（1）尽量减少传热管与防振条或支撑板的间隙。

（2）管束和 U 形管管区的支撑系统间距控制到最少。

（3）对支撑系统进行评定和分析，避免 U 形管弯区高流速通道，同时对传热管的微动磨损寿命进行设计评估。

除针对 SG 的传热管及防振条进行改进外，在 SG 使用寿期内避免传热管破裂应采取的防护措施还包括：

（1）水化学控制。在 SG 中，由于蒸发以及高温使杂质浓缩，因此设计上增加了 SG 排污系统，排污系统将排污水过滤除盐后重新排入凝汽器进行循环利用。通过连续排污虽然可降低杂质浓度，但排污率只有 42t/h，作用有限。

（2）在役检查。对 SG 传热管进行在役检查，通过发现前期的可预见性的缺陷，提前采取相应的措施，避免在运行中 SG 传热管破裂的事故发生。对传热管完整性的检测是为了保障核电厂安全可靠运行的重要环节。目前，国内主要使用的是通过涡流方法来检测大范围区域的传热管，由于其具有很高的灵敏性和快捷的检测速度等特点，近 10 年来涡流技术水平发展较快。

（3）SG 的清洗与保养。清洗包括机械清洗和化学清洗。在 SG 停用期间，必须严格限制它的含氧量，以防止局部腐蚀。SG 保养分为湿保养和干保养，湿保养是向 SG 充注经化学处理的除氧水（溶解氧含量小于 0.1×10^{-6}），干保养是将 SG 水疏净后将 SG 的空气抽净，然后使设备处于氮气保护下。

SG 传热管面积占一回路承压边界面积的 80%，传热管壁厚为 1~1.5mm，而它却承受着一次侧和二次侧之间较大的温差和压差，以及水力振动、腐蚀和集中应力，因此传热管也是整个一回路压力边界最容易破裂的地方。为防止传热管破裂，对含缺陷传热管必须建立安全评定判据，ASME 规范第 XI 卷 IWB 分卷轻水冷却核电厂一级设备要求第 IWB - 3521 条的 SG 传热管验收标准规定，允许的缺陷深度不得超过壁厚 40%，当传热管外径缺陷超过壁厚的 40% 即认为传热管不可用，所以当出现这种情况和已出现破口就要采取措施。一般有两种方法：一是堵管，堵管是非常成熟的方法，但是它只允许有 20% 以下的堵管率，否则应降低额定功率；二是衬管，衬管采用焊接或机械胀管为传热管增加一个金属衬管，优点是保持了 SG 传热面，不会降低效率，缺点是费用高，只能衬一层，而且衬管的接头可能先开始腐蚀。

一般而言，从营运单位角度，当传热管的运行情况满足堵管准则后就需要进行堵管处理[37-38]，SG 传热管的腐蚀破损一直是核电站非计划停堆和电站容量因子损失的主要因素。目前，世界上将近半数的压水堆核电站 SG 都是带着损伤的传热管在运行着，每年堵管数有 10000~12000 根。

常用的堵管技术包括爆炸堵管、焊接堵管和机械堵管。其中爆炸堵管由于高残余应力，容易导致应力腐蚀，基本已不再使用。传统焊接的堵管堵头结构简单，采用密封角焊缝连接，密封性能和力学性能良好，堵管成本低，但需人员近程操作，一般应用于制造和调试阶段。机械堵管工艺简单，堵管所需时间很短，目前广泛应用于在役堵管服务，但堵头结构复杂，需要通过结构塑性变形实现密封，密封性能和力学性能不及焊接堵管堵头。堵头与管孔之间的焊接方法采用不加丝自动钨极惰性气体保护焊[39]，逆时针旋转机头，按照给定的焊接电流、焊接电压、焊接速度和旋转角度进行自熔焊。

参考文献

[1] 丁训慎. 核电站蒸汽发生器传热管的腐蚀与防护. 腐蚀与防护，2000，21 (1)：15 - 18.

[2] 丁训慎. 蒸汽发生器传热管的降质及对其完整性的评估. 核安全，2009 (2)：37 - 42.

[3] FULLE R E. steam generator integrity assessment guidelines. Electric Power Research Institute，2006：75.

[4] SHAH V N, MACDONALD P E, eds. Ageing and life extension of major light water Reactor Components. Elsevier，(New York)，1993.

[5] Materials Reliability Program：Resistance of Alloys 690，52 and 152 to Primary Water Stress Corrosion Cracking (MRP237，Rev. 1). Summary of Findings From Completed and Ongoing Test Programs Since 2004，Electric Power Research Institute Report 1018130.

[6] HAN, FISER N J. Validation of flow - Induced vibration prediction Codes - PIPO FE and vibic versus experimental measurements. Proceedings of ASME International Mechanical Engineering Conference & Exposition IMECE2002. New Orleans，Louisiana，USA，2002：17 - 22.

[7] 张加军，郑丽馨，等. 压水堆核电厂蒸汽发生器传热管的降质问题. 压力容器，2013，30 (12)：57 - 63.

[8] KTUSHNOOD S, Z M, Khan. A review of heat exchanger tube bundle vibrations in two - phase cross - flow. Nuclear Engineering and Design，2004，230：233 - 251.

[9] AU - YANG M K. Flow - induced vibration of power and process plant components. New York：AMSE Press，2001.

[10] ROBERTS B W. Low frequency aero - elastic vibrations in a cascade of circular cylinders. London，Institution of mechanical engineers，1966.

[11] CONNORS H J. Fluid - elastic vibration of tube arrays excited by cross - flow. ASME Winter Annual Meeting 1970. New York，ASME，1970，42 - 56.

[12] 朱勇，秦加明，等. 基于 ANSYS 的蒸汽发生器传热管流致振动分析程序. 核动力工程，2014，35（4）：17 - 20.

[13] AU - YANG M K. Folw - induced vibration of power and process plant components：A practical work book. New York，ASME 2001.

[14] WEAVER D S，ADB - RABBO A. A flow visualization study of a square array of tubes in water cross - flow. Symposium on Flow - induced vibrations，1984（2）：165 - 177.

[15] 唐力晨，谢永诚，等. 抗振条面内接触刚度对蒸汽发生器传热管流致振动的影响. 原子能科学技术，2016，50（4）：645 - 652.

[16] 郑陆松，孙宝芝，等. 基于流热固耦合的核电蒸汽发生器传热管热应力数值模拟. 原子能科学技术，2014，48（2）：74 - 79.

[17] 郑陆松，孙宝芝，等. 基于流热固耦合的核电蒸汽发生器传热管热应力数值模拟. 原子能科学与技术，2014，48（1）：74 - 80.

[18] 罗强，吴青松，等. 蒸汽发生器传热管 Inconel690 合金的热物理性能测定. 核动力工程，2014，32（6）：3 - 5.

[19] 刘敏珊，刘彤. 蒸汽发生器 U 形传热管动态特性影响因素分析. 核动力工程，2008，29（2）：43 - 47.

[20] 张锴. 蒸汽发生器传热管间隙对传热管动态特性的影响分析. 核技术，2013，36（4）：1 - 6.

[21] 车宏龙，雷明凯. 蒸汽发生器传热管的微动磨损损伤及预测模型. 中国核电，2013，6（2）：115 - 119.

[22] FRICK T M，SOBEK T E，REAVIS J R. Overview on the development and implementation of methodologies to compute vibration and wear of steam generator tubes. Symposium on Flow - Induced Vibrations，Volume 6：Computational Aspects of Flow - Induced Vibration. Presented at the 1984 ASME Winter Annual Meeting. New York：ASME，1984：149 - 161.

[23] PETTIGREM，M J，et al. Flow - induced vibration：recent findings and open questions. nuclear Engineering and Design，1998. 185（2 - 3）：249 - 276.

[24] HOFMANN P J，SCHETTLER T，STEININGER D A. PWR Steam Generator Tube Fretting and Fatigue Wear Phenomena and Correlations. Winter Annual Meeting of the American Society of Mechanical Engineers. New York：ASME，1992：211 - 236.

[25] LEE Y H，et al. A comparative study on the fretting wear of steam generator tubes in korean power plants. WEAR，2003. 255（7 - 12）：1198 - 1208.

[26] 周仲荣，朱旻昊. 复合微动磨损. 上海：上海交通大学，2004.

[27] 温诗铸，黄平. 摩擦学原理（第 3 版）. 北京：清华大学. 2008.

[28] 蔡振兵. 扭动微动磨损机理研究. 西南交通大学博士学位论文. 2009.

[29] JEONG S H，LEE Y Z. Fretting wear characteristics of tube - support components for a steam generator in elevated temperature. Proceedings of WTC 2005 World Tribology CongressⅢ，2005，63399.

[30] FISHER N J，KECKWERTH M K，GRANDISON D A，et al. Fretting - wear of zirconium alloys. Nuclear Engineering and Design，2002，213：79 - 90.

[31] ZHOU Z R，NAKAZAWA K，ZHU M H，et al. Progress in fretting maps. Tribology International，2006，39：1068 - 1073.

[32] BERTHIER Y，VINCENT L，GODET M. Velocity accommodation in fretting. Wear，1988，125：25 - 38.

[33] VINGSBO O，SODERBERG S. On fretting maps. Wear of Materials，1987，2：885 - 894.

[34] HOGMARK S，OBERG A，STRIDH B. On the wear of heat exchanger tubes. Proceedings of the JSLE International Tribology Conference. New York：Elsevier Science Publishing Company，1985：723 - 728.

［35］ MAGEL E E，ATTIA M H. Characterization of wear scars on fretted u‑bend steam generator tubes. Proceedings of Annual Conference of the Canadian Nuclear Society. Toronto：Canadian Nuclear Society，1993：279‑286.

［36］ 丁训慎. 蒸汽发生器传热管的微振磨损及其防护. 核安全，2006，3：27‑32.

［37］ 李思源，唐毅，聂勇，等. 蒸发器传热管堵管判据的研究. 压力容器，2008，25（2）：13‑17.

［38］ 闫国华，未永飞，冯利法，等. 蒸汽发生器堵头设计与堵管研究. 压力容器，2011，28（2）：1‑4，21，37.

［39］ 章贵和，邓小云，等. 蒸汽发生器焊接堵管堵头的设计与评价. 原子能科学技术，2016，50（7）：1270‑1274.

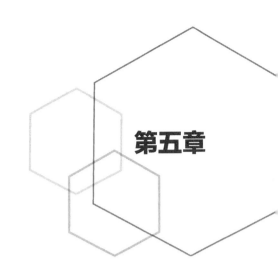

第五章

主泵关键部件及材料的性能与失效评估

第一节 主泵结构及性能

对于核工业系统来说，设备的故障可能引起核设施的安全问题和巨大的经济损失，还可能引起人身的重大伤亡、环境的严重污染，乃至造成重大的政治事件。所以，核工业设备的工况监测和故障诊断是核工业系统工程中的一个重要的组成部分。据全球统计，从 1980 年以来，全球核电厂由于泵的故障引起核电站停堆达 148 起，造成了重大的经济损失，主泵工作的好坏，直接影响着反应堆的正常运行，泵的故障会造成冷却剂流量降低或失流事故，导致堆芯温度升高，且其故障后维修需排出冷却剂，给检修工作带来了一定的困难。对其常见故障进行分析，对提高反应堆运行的安全性和减少维修费用等具有重大意义[1]。

压水堆核电站一回路冷却剂循环泵（简称主泵）是核电站的关键旋转设备，工作原理如图 5-1 所示，用于驱动冷却剂在 RCP（反应堆冷却剂）系统内循环流动，承担着补偿一回路冷却剂压力降、推动冷却剂循环等重要功能。主泵相当于核电站的心脏，连续不断地把堆芯中产生的热量传递给 SG 二次侧（二回路）给水，用来将冷水通过蒸发器转换热能，是核电运转控制水循环的关键，每个循环回路都至少有一个主泵，是核电运转控制水循环的关键，主泵对整个核电站的安全起着至关重要的作用，属于核电站的一级设备。主泵要求具有绝对的可靠性。

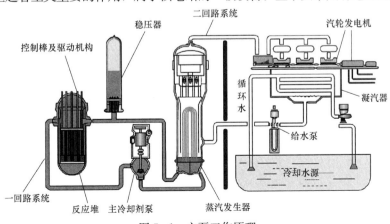

图 5-1 主泵工作原理

主泵由密封形式，分为屏蔽泵和轴封泵两种类型，在工业上两者都得到了广泛应用，例如在商用核电站中，从二代到二代加的核电站机组，都是采用带轴封的单级离心主泵。以秦山二期 100D 主泵为例，该主泵从西班牙 ENSA 采购，是一台立式带飞轮的单级离心泵。三代堆如 AP1000 系列采用的是屏蔽泵，日本"陆奥"号核动力商船采用的主冷却泵即为屏蔽泵，美国核潜艇 Nautilus 号用的主泵也为屏蔽泵。

轴封泵（见图 5-2）特点为初始投资低，易制造，效率高，易维修。屏蔽泵（见图 5-3）的主要特点为零泄漏成本高效率低。轴封泵和屏蔽泵的结构形式及主要失效机理不同[2]。

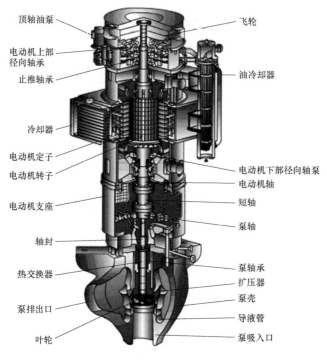

图 5-2　轴封泵结构示意图

轴封泵为例，电动机与泵连接方式有刚性连接和挠性连接两种。世界上核主泵的主要制造商有：美国的 EMD、法国热蒙 AREVA、日本三菱 MHI、德国 KSB、奥地利 AN-DRITZ 和俄罗斯圣彼德堡机器制造中央设计局等。美国的 EMD、法国热蒙 AREVA 和日本三菱 MHI 生产的轴密封主泵机组属于刚性连接。德国 KSB、奥地利 ANDRITZ 和俄罗斯圣彼德堡机器制造中央设计局生产的主泵机组属于挠性连接。

EMD 轴封泵的电动机轴与泵轴用刚性联轴器直联，双向主推力轴承布置在电动机顶部，与电动机两个油润滑导轴承中的上部导轴承组合成一体式结构，在泵部分的第三个导轴承是水润滑轴承。轴密封系统是由 3 级密封组成，第 1 级是流体静压可控泄漏密封，第 2 级是特殊设计的端面机械密封，第 3 级是端面机械密封。田湾核电站一期工程两台机组为俄罗斯 AES-91 型反应堆，采用了圣彼德堡机器制造中央设计局 1391 型反应堆主泵，主泵轴向止推轴承采用水润滑方式，是在世界上大型商用压水堆中首次应用。德国 KSB 核主泵采用四轴承支承的轴系结构，核主泵与电动机采用挠性联轴器联接，高载荷的双向作

114

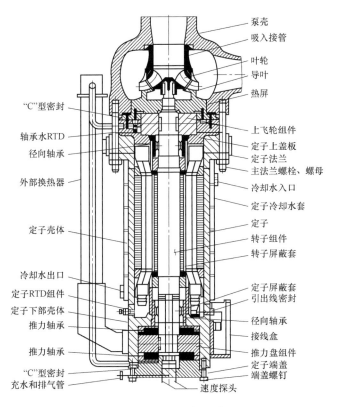

图 5 - 3 屏蔽泵结构示意图

用推力轴承部件布置在泵的上部，核主泵自带推力轴承，泵能与不同支承刚度和不同转子动力学电动机匹配。在泵上增加一道与主推力轴承一体化的油润滑导轴承，加上挠性联轴器，除了使泵和电动机轴的对中便利以外，机组的抗震设计和振动分析较容易分析和处理。轴密封系统由 3 级流体动压可控泄漏机械密封组成，每级密封均可承受系统全压设计，压力分配为 40%、40%、20%，此外泵第 3 级机械密封上部布置有停车密封。我国秦山一期核电站采用了 KSB 四轴承核主泵。德国 KSB 除四轴承支承轴系结构核主泵外，也为世界核电站提供了大量的三轴承支承轴系的挠性联接结构主泵，目前为海南昌江核电站供货的主泵采用了三轴承支承轴系的主泵。

轴封泵从顶部到底部由电动机、密封组件和泵的水力部件组成，串联布置的 3 级轴封控制泵轴的泄漏。由化容控制系统供应的密封水注入到泵轴承和密封件之间，以防止反应堆冷却剂向上流动，同时冷却轴封和泵轴承。电动泵组装有三个径向轴承和一个止推轴承，其中两个径向轴承和一个止推轴承用来支撑电动机转子，另一个径向轴承形成泵轴承，它是水润滑轴承，由斯太立合金堆焊的不锈钢轴颈和石墨环构成的套筒组成。其轴封采用串联的三级密封，第一层密封为可控液膜密封，第二层为压力平衡摩擦端面型密封，第三层为机械摩擦端面双效应型密封。该主泵的主要优点是效率高，但同时，其缺点也是显而易见的。首先，核岛内必须多增两套管路，一套轴封注水冷却水管路和一套轴封泄漏水回收管路，他们的泄漏或失效都会导致核岛内核泄漏。轴封水温度检测、压力检测、液位检测和流量检测系统都是为了轴封专设的监测单元，增加了系统复杂性和操控难度。其次,不论采用多先进的轴封,其固有的特性决定了存在轴封失效的可能,一旦失效,将会对主泵乃至整个核电站造成严重的影响。即使只考虑正常的损耗,在核电站整个寿期内也需要多次更换,不利于核电站的长期稳定运行。而且,由于主泵位于核岛内,处于高辐射区,维修人员每次维修所接受到的放射剂量也是一个不容忽视的问题。

20 世纪 80 年代的苏联切尔诺贝利和美国三里岛核泄漏事故发生后,大众越来越关注核电站防止核泄漏以及电站安全运行的能力。在核电技术沉寂了近 40 年后,美国西屋公司研发出了新一代的核电技术——AP1000 核电技术。AP1000 核电站采用非能动技术,即其安全系统完全不依赖外部能量,能够利用自然界的能量如势能、气体膨胀和密度差引起的对流、冷凝和蒸发来完成。AP1000 主泵与其他堆型核电厂采用的轴封泵有根本的差异,转子拥有如此巨大转动惯量的水润滑无轴封泵在商运反应堆上的应用尚属首次,AP1000 主泵有 2 种形式可供选择,分别是美国 EMD 公司研发的屏蔽式主泵和德国 KSB 公司研发的湿定子泵,且均已有丰富的运行经验,EMD 有 1500 台核电领域生产使用的经验,KSB 有 102 台核电领域制造运行的经验,两者总体结构设计上有明显相似之处,均为立式单级无轴封高惯量离心泵[3-5],但电动机冷却、惰转等结构特点有明显不同。两类泵最大的区别在于定子和转子结构的不同,屏蔽泵分别设置定子屏蔽套和转子屏蔽套,材料为耐腐蚀、抗高温、抗氧化、非磁性金属哈氏合金 C276,屏蔽套的主要作用是防止转子铜条和定子绕组与冷却剂接触发生侵蚀和铜析。湿定子主泵的绕组采用特殊设计气密性多层聚乙烯绝缘的铜导线绕制,聚乙烯层起到电气绝缘作用,外层覆盖聚酰胺提高抗腐蚀能力。

屏蔽式主泵将电动机和转动部件密封在一个由泵壳、定子盖、主法兰、定子外壳、下部法兰和定子端盖组成的屏蔽空间内。屏蔽电动机是一种专门设计的立式、单绕组、四极、三相、鼠笼式电动机,电动机中定子和转子被封在厚度很小的抗腐蚀的屏蔽套中,以防止转子和定子绕组与反应堆冷却剂接触,由于叶轮和转子的轴包括在压力边界中,不需要轴密封来限制冷却剂泄漏。电动机由变频器启动,并在泵连续运行中提供 60Hz 的电源。屏蔽电动机和泵共用一根主轴,带动叶轮旋转以驱动冷却剂循环。冷却剂流经定转子屏蔽套之间的空间和定子壳体外部冷却套中,靠温度梯度为定子绕组降温,易造成绕组中心温度偏高。湿定子主泵的绕组浸没在冷却剂中,直接对绕组导线冷却,冷却性能要好于屏蔽泵,但其绝缘层的可靠性和耐用性,需根据实际运行工况下考虑最大辐照强度和冷却剂性质对绝缘层的腐蚀老化进行评估。

第二节　主泵关键部件失效机理

EPRI 收集到 900MW 机组主泵的部件失效案例及原因,失效经验反馈主要有:

(1) 机械密封失效:机械密封失效导致泵冷却水泄漏。根本原因是 6 个螺栓松动。

(2) 后静压轴承失效:运行几千小时后轴承发生磨损。主要原因是冷却水中存在颗粒积累,产生磨损。

(3) 转子平衡:发生两起平衡问题。

（4）止推轴承：由于明显的振动引起衬垫损坏，增加转子偏移。

（5）叶轮：叶轮叶片出现裂纹，主要原因是敏感部位发生疲劳现象。

（6）穿环锁紧螺栓：一些螺栓出现松动。主要原因为材料不适合，由于制造错误出现断裂，锁紧装置工艺实施不适合造成断裂，转矩太低。

（7）轴：止推盘发生微动磨损。原因与共振有关。

（8）松动部件：由于部件松动造成出口压力和流量下降，最后由于过度振动停机。由于在密封环位置处出现颗粒物使得转子锁闭。

（9）油循环，主要包括油泄漏和油温升高两种情况。例如在法兰连接和螺纹管连接地方出现漏油，主要原因是垫圈不能补偿法兰之间的空隙。油温升高主要是因为原始泵室设计降低了泵冷却能力，导致泵和油温上升。

对 1300MW 机组主泵部件中出现的失效案例和原因收集[8]包括：

（1）机械密封失效：在石墨环上出现裂纹和剥落，石墨环边缘出现明显磨损，填料密封轴套上有烧灼痕迹。主要原因是泵未对准。

（2）轴：推力套筒位置出现摩擦腐蚀。

（3）松动部件：套管轴承表面出现划痕。主要原因是隔膜的两个橡胶管堵塞。

主泵在寿命期内，主要失效部位为轴承、泵轴等。引起主泵失效机理包括机械设计原因[7-8]、材料设计原因[9]、装配、操作原因以及气蚀、环境等。另外在屏蔽式主泵制造和试验中推力瓦、推力盘和转子轴颈出现过度磨损和裂纹。对主泵失效中的典型案例进行分析，冷却剂主泵轴裂纹失效案例较多。

例如，美国西屋公司 93A 压水堆主泵轴开裂起源于与过盈配合连接的，用于固定轴隔热套筒的销孔。原因是被凹槽和塞孔处应力集中放大的径向叶轮推力载荷引起的高周疲劳。一般维修方法是取消上隔热套筒和销孔，增大轴直径和倒角半径以降低应力集中。

普雷里岛核电站 2 号机组在完成相关维修后，在下隔热迷宫密封圈处仍发生相同的失效案例，此处的弯曲应力是由叶轮径向推力载荷引起，此处的塞孔很浅，被迫切除并补焊。二次焊接，短销造成销孔处更大的残余应力。

三里岛核电站 1 号机组的 RCP-1B 主泵，泵轴裂纹发生部位与普雷里岛核电站相似。在 1984 年重启时泵轴发生故障，单冷泵运行时明显提高泵叶轮径向推力载荷，在此状态下长时间运行直接导致轴失效。检查发现在 1979 年 TMI-2 事故时轴上存在 1.4in 深的裂纹，并且在临近销孔处有机械划痕，对裂纹形成有关。

Crystal River 核电站发生多次泵轴开裂停堆事故。裂纹位于隔热层以下，主轴颈轴承附件之上位置。裂纹由于隔热套管下部应力集中形成，并由于叶轮径向推力载荷发展，经研究应力集中是由于不合规格焊接引起。

KSB 泵泵轴开裂在欧洲核电站中发生数起。在 Palo Verde 核电站检查出主泵轴上在用于连接叶轮的键槽附近出现明显不连续的裂纹。轴表面镀有铬镀层以提高叶轮和轴配合区域的耐磨性。KSB 提供的数据表明由于铬镀层使得疲劳强度明显降低，尤其在腐蚀环境和高名义应变速率下。造成失效的加载方式是径向叶轮推力加载，热应力导致键槽附近密封喷射流，并由于铬镀层和轴基体材料热膨胀不同而加剧。

1992 年 5 月 21 日，美国一核电站的主泵吸入压力降低 6.89MPa，经过拆卸检查发现主泵轴断裂。断裂表面是典型的高周地应力疲劳失效，如图 5-4 所示，轴表面局部有过热点，过热点的热影响区成为疲劳裂纹起始点。过热点的微观组织中出现未回火马氏体。热影响区微观组织为正常 410 不锈钢回火马氏体组织。失效的原因是硬脆性的马氏体组织生成，根本原因是原始设备制造商没有控制好矫直过程加热温度。

图 5-4　屏蔽泵泵轴断裂表面

除泵轴作为主要部件已有一些失效案例外，其他部位也有一些失效案例。例如，Commonwealth Edison's LaSalle 电站 1 号机组主泵在运行 20000h 后在叶轮上部区域发现开裂。此区域存在小的周向开槽和在开槽区域有小的轴向裂纹，裂纹形成主要是由于热疲劳，裂纹起源于未镀铬的部位。

Brayton Point Unit3 电站在 95-CHTA-5 第五级叶轮侧板发生破裂失效，如图 5-5 所示，失效原因研究为叶轮材料在热处理过程中硬度由 28HRC 提高到 48HRC。

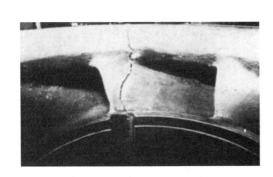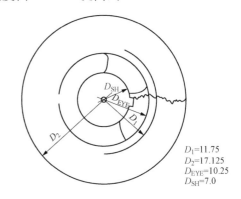

D_1=11.75
D_2=17.125
D_{EYE}=10.25
D_{SH}=7.0

图 5-5　叶轮耐磨环破裂失效

国内某反应堆循环泵热备用状态低速启动失败[10]，现场拆检发现导轴承间隙的设计、制造装配过程的偏差累计以及轴瓦的装配预紧量导致了下导轴承间隙过小从而引起了下导轴承抱死导致电动机启动转矩不能克服所需阻力转矩。主要原因是设计确定的导轴承间隙偏小，累积偏差对导轴承间隙的影响，在热备用状态下，当轴瓦与轴承座之间无装配预紧量时，导轴承内径的热膨胀量过小，导致了轴承间隙减小从而引起轴承抱死。

除核主泵外，对 1997 年 1 月～2009 年 4 月 1 日期间核电厂大型立式泵失效模式的案例分析见表 5-1。

现有核电厂主泵大多采用轴封式离心泵，屏蔽泵目前大多只在小型堆中使用，但在石化行业已经应用较多，相应的一些失效部件值得借鉴。石化行业屏蔽泵多采用化工介质循环，石墨轴承为失效较多的部件，主要原因为磨损或者破裂，磨损的原因大多为设备或者管道的腐蚀产物进入轴承导致摩擦面磨损，得不到冷却润滑的轴承表面温度升高，一旦遇到冷却介质易发生开裂导致径向裂纹。

表 5 - 1　　　　　　　　　　　　**核电厂大型立式泵失效模式的案例分析**

失效部件	常规故障	故障指示	原因描述	作用因素
轴承	抱死	启动时自动停泵	不当安装导致的轴套降级	不当安装
	高频振动	泵振动过高	碎片引起叶轮不平衡	结构设计不当、运行磨损
	高频振动	振动水平高于警戒水平但低于停机限制	装配不当	装配不当
	不按照指定参数运行	出口压力和电动机电流下降	疲劳引起轴承座装配	结构设计不当、振动
	振动过高	振动水平超过限值	日常操作轴承磨损	振动磨损、材料设计不当
	振动过高	振动水平超过限值	正常磨损和不恰当支撑结构。导致泵在共振峰值运行	支撑结构设计运行磨损
	过度磨损/破裂	运行时泄漏	上轴瓦破裂、氢致开裂	环境（过量硫酸）、磨损
	自动停泵	运行时自动停泵	下轴承瓦失去润滑	不恰当润滑
	振动过高	振动水平超过限值	未正确安装上轴承瓦	振动、磨损
	振动过高	振动水平高于警戒水平但低于限值。随后测试表面振动在可接受范围	正常运行磨损	振动、磨损、材料设计不当
泵轴	抱死	启动后自动停泵	不当安装/未对准引起轴抱死	装配不当、叶轮不平衡
	破裂	出口压力下降，运行时杂音	损坏的轴引起	不当维修
	高频振动	泵壳运转，横向移动过度	轴表面裂纹	振动、磨损、材料设计不当
	破裂	泵出口压力和电动机电流下降	不平衡导致的过度振动引起的疲劳失效	结构设计不当、振动、未对准
	自动停泵	自动停泵	结构设计不当或改造引起轴破裂	结构设计不当、振动、不当改造
	破裂	电气故障引起自动停泵	应力腐蚀开裂、制造缺陷引起失效	环境、腐蚀、振动
	自动停泵	自动停泵	结构设计不当和改造引起的轴破裂	结构设计不当、振动、不当改造
	破裂	泵出口压力和流量达到限值	晶间应力腐蚀开裂引起的轴破裂	环境、腐蚀、振动

失效部件	常规故障	故障指示	原因描述	作用因素
吸入口	不按照指定参数运行	泵电动机电流和振动不稳定	结构设计不当	结构设计不当、环境、振动
	不按照指定参数运行	泵出口压力下降	以前修复时零件缺陷引起的点蚀	气蚀、腐蚀、振动
	不按照指定参数运行	振动过高	设计不当	结构设计不当、环境、振动
	不按照指定参数运行	吸入口螺栓松弛	不恰当项目管理	项目管理
叶轮	不按照指定参数运行	在监督测试时出口压力和流量低于可接受的水平	环境（含沙水）引起的叶轮磨损	运行磨损、叶轮起吊调整频繁
	不按照指定参数运行	出口压力过高	由于环境和设计引起叶轮与泵壳接触	不按照设计操作
	不按照指定参数运行	在监督测试时出口压力和流量低于可接受的水平	环境造成叶轮磨损	操作磨损、叶轮起吊调整频繁
	不按照指定参数运行（气障）	泵出口压力和流量低于可接受的水平，并且电动机电流稍高，振动	材料设计更改	吸入口材料
	不按照指定参数运行	电流过高	材料设计不当引起的叶轮腐蚀	材料设计不当、腐蚀
泵壳	自动停泵	启动后自动停泵	壳变形引起连续加载	系统加载
	不按照指定参数运行	出口压力下降，并且有明显噪声	导向叶片高周疲劳	材料设计不当、振动
轴套管	破裂	日常振动数据显示轴潜在破裂	径向轴承轴套管破裂、疲劳失效	操作不当、环境、振动

　　例如，陕西渭河煤化工集团有限责任公司二期屏蔽泵联动试车阶段出现石墨轴承、轴套严重损坏。由于安装阶段，管道焊接焊渣没有清理干净，另外滤网过滤面积过小，造成过滤器被堵使断流干磨，导致轴承损坏。

　　中国石化中原油田分公司天然气处理厂二气厂循环屏蔽泵电动机侧轴承及推力盘磨

损严重，主要原因是泵在启动或运行过程中缺液或发生汽蚀，使得轴承缺润滑液或润滑液量不足，造成电动机侧轴承润滑不良，轴承与轴套、轴承与止推盘干摩擦造成部件磨损。

第三节　主泵关键部件的故障诊断与维修

　　主泵故障诊断在反应堆中有着特别重要的地位，因为主泵突发性故障往往直接影响反应堆的正常运行，影响舰艇的战斗性及机动性。主泵是反应堆中的重要热循环动力部件，主泵运行是否正常涉及整个反应堆的工况。主泵的故障可以分为机械故障、电气故障和功能故障。机械故障主要由电动机频繁启动、周期间歇运行等引起；电气故障主要由电网各种暂态过程影响所致；功能故障则主要是由于电动机运行环境变化而引起，如温度升高、污染影响等都可使电动机丧失某些特定功能。在各种故障类型中，机械故障造成的影响最为严重，且机械故障一般为渐进式的，很难在故障的早期发现，对故障诊断带来了一定的难度，因此本节将泵的机械故障作为主要的研究对象。

　　国内外核电厂主泵的故障有：不对中、不平衡、转子裂纹、转子与定子太近产生动静件摩擦、主轴损坏、主轴密封破裂、汽蚀、涡流、叶轮卡塞等。

　　转子不对中是指相邻两转子的轴心线与轴承中心线的倾斜度或偏移程度。不对中又分为平行不对中、角度不对中和综合不对中，如图5-6所示。

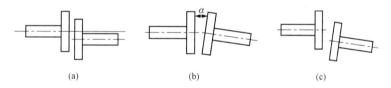

图5-6　转子不对中的示意图
(a) 平行不对中；(b) 角度不对中；(c) 综合不对中

　　系由于转子不对中，而使机器振动加大，还会发生轴承偏磨，而转子受到的力及轴承所受的附加力是转子发生异常振动和轴承早期损坏的重要原因。

　　不对中产生原因有：

　　（1）初始安装误差。

　　（2）负载、自重作用使转子弯曲。

　　（3）支承架不均匀膨胀引起热态工作下转子对中不良。

　　（4）地基不均匀下沉。

　　转轴不对中故障的振动特点有：

　　（1）不对中越严重，二倍频所占的比例就越大，并可能出现高次谐波。

　　（2）转轴不对中典型的轴心轨迹呈香蕉形。

　　（3）振动对负荷变化敏感。

　　转子不平衡是旋转机械最常见的故障。转子轴心周围质量分布不均，质心不在轴线上而产生附加惯性力或力偶的现象称为不平衡。

转子不平衡是由于转子组件的质心与系统几何中心线不重合导致的故障，即质心不在旋转轴上。常见的有静不平衡和动不平静，如图 5-7 所示，其中 m 是转子质量（kg），e 是偏心量（m）。转子不平衡会引起转子挠曲和内应力，使机器振动加剧，加速轴承和轴封的磨损，降低机器的工作效率，严重时会引起各种事故。

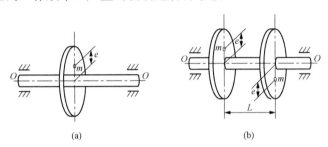

(a)　　　　　　　　　　(b)

图 5-7　不平衡示意图

（a）静不平衡；（b）动不平衡

转子不平衡产生的原因有：

（1）原始不平衡，如制造误差、装配误差、材料不均匀等。

（2）渐发性不平衡，如不均匀结垢、不均匀磨损、不均匀腐蚀等。

（3）突发性不平衡，如转子上零部件脱落、叶轮流道有异物等。

转子不平衡会导致转子在旋转时所产生的离心力作用在转子上，转子每旋转一周离心力的方向就会产生一次振动响应。因此，转子不平衡振动的频率等于转子的转速频率，也称为基频或者工频，工频是不平衡故障的特征频率。

转子不平衡的振动特点有：

（1）机组轴承均发生较大振动，转子通过临界转速时振动幅值增大。

（2）振动频率与转子转速一致，以一倍频为主，其他谐波的振幅较小。

（3）轴心轨迹为椭圆形。

裂纹是指转子由于长时间的工作而使得转子系统轴承上出现横向疲劳裂纹。出现裂纹甚至发生断轴的灾难性事故，已在许多大功率旋转机械中发生。因而，对转子系统横向裂纹的监测和早期诊断，防止异常振动和意外事故的发生日益被关注。对于一体化主泵尤其维修需要排出冷却剂，给维修带来了很大的困难，因此必须对主泵的转子裂纹加以研究。裂纹的出现使转轴在裂纹方向上的刚度下降，如果刚度下降仅在一个方向上发生，则会引起转轴的刚度不对称。首先，两个垂直方向的刚度系数由于在有裂纹影响的断面上几何惯性矩变化将会不等，其次刚性轴线与旋转轴线不再重合，这就会导致一个弹性不平衡的惯性力。当转轴旋转时，弯曲振动会使裂纹周期性地张开或闭合，导致转轴刚度的变化，改变了转轴对不平衡力及重力等激振力的动力响应。

转轴碰摩是指转轴在工作过程中由于密封间隙、轴承间隙较小而发生的动静件的摩擦碰撞。当转子在一阶临界转速以下时，碰摩发生在振动高点处并产生热弯曲，转轴被越磨越弯，转子处于一阶临界转速以上时，不平衡部分由于被磨掉而不再发生摩擦，而当转子远离一阶临界转速而接近二阶临界转速时，摩擦后引起的二阶不平衡量将明显增大，从而引起进一步摩擦，甚至使转轴发生弯曲，这是很危险的，将会导致泵发生严重破坏。当转轴与静止件发生摩擦时，受到其附加作用力，由于作用力是时变非线性的，所产生的非线性振动在频谱图上表现出频谱成分丰富，不仅有工频，还有低次和高次谐波分量，当摩擦加剧时，这些谐波分量的增长很快。

转轴碰摩故障的振动特点为：

（1）转子失稳前频谱丰富，波形畸变，轴心轨迹不规则变化。

（2）失稳后波形严重畸变或削波，轴心轨迹发散。

（3）轻微摩擦时同频幅值波动，轴心轨迹带有小圆环。

（4）碰摩严重时，各频率成分幅值迅速增大。

基座松动故障泛指轴承座松动、支座松动、螺栓松动、叶轮、转子轴和轴承装配过盈不足所引起的故障。松动可以使任何已有的不平衡、不对中所引起的振动问题更加严重。例如，在松动情况下，任何一个很小的不平衡量都会引起很大的振动。

松动故障的振动特点有：

（1）可能引起转子的分数次谐波共振，并存在同频或倍频振动。

（2）当转速变化时，振动会突然增大或减小。

（3）低频带宽，多集中于 1/2 工频前，伴有工频分量和高次谐波。

转速不匹配故障是指一体化反应堆的一回路中的四个主泵的转速不一样时，就会造成间断性的蜂鸣声和振动。虽说这不属于转子系统的故障，但却是生产实践中经常遇到的问题，这个问题不解决就可能掩盖异常声音和异常振动，延误对故障的发现和解决。

主泵故障诊断分为四个步骤：信号检测、特征提取（信号处理）、状态识别和诊断决策。

泵一旦有故障就会产生振动和声响。前者多因轴有弯曲、安装不良、轴承衬瓦磨减等原因使轴心不对中以及挠性联轴器螺栓孔不对正造成；后者是在产生汽蚀、吸入空气以及异物堵塞叶轮时发生。因此，对泵进行诊断，一般诊断技术是利用振动信号。振动参数是诊断转子系统故障的重要信息，振动信息中除振动幅值外，振动频率也是故障诊断的有力依据（因为振动故障与振动频率有着密切的关系）。一体化主泵是高速旋转的，可以看作是一个转子系统，因而泵的故障诊断可以通过拾取振动信号进行分析。

由于振动而引起的设备故障，在各类故障中占 60% 以上。利用振动信号对故障进行诊断，是设备故障诊断方法中最有效、最常见的方法。机械设备和结构系统在运行过程中的振动及其特征信息是反映系统状态及其变化规律的主要信号。通过各种动态测试仪器拾取、记录和分析动态信号，是进行系统状态监测和故障诊断的主要途径。振动检测方法便于自动化、集成化和遥测化，便于在线诊断、工况监测、故障预报和控制，是一种无损检验方法，因而在工程实际中得到广泛的应用。

傅里叶变换和小波分析是故障诊断的重要手段。其中小波是利用观测信号频率结构的变化来进行故障诊断的。用小波分析技术，能够将一体化主泵非平稳时变振动信号分解到不同层次和不同频带上，可有效地提取出反映主泵不同故障（状态）的特征向量，在保持较为突出的故障特征情况下，具有用到的特征向量少、无需对象的数学模型、对于输入信号的要求是计算量不大、可以进行在线实时故障检测、灵敏度高、克服噪声能力强等优点，是一种很有前途的故障诊断方法。采用 dB 系列小波作为二进正交小波的基本小波对其故障信号分解，同时以傅里叶变换作为参考，更加适合进行故障信号分析。

以屏蔽式主泵为例，设计上考虑了主泵可拆卸部件应能从泵壳中拆除以满足维修维护和更换需求；主泵设计制造方提供了主泵可拆卸部件安装到泵壳内过程以及拆除过程导则；核岛厂房设计中预留了主泵维修的空间为屏蔽式主泵的维修提供了技术可行性，从主泵维修活动分析，规划主泵维修活动流程图如图 5‐8 所示。

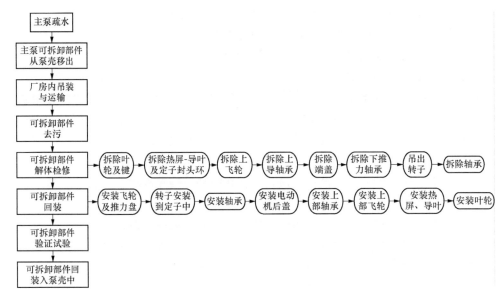

图 5‐8　主泵维修流程图

主泵可拆卸部件现场拆卸过程包括主泵疏水、附属设备移除、外部热交换器移除、可拆卸部件从泵壳移除、水力部件屏蔽、核岛内吊装、厂内翻转与运输。主泵疏水包括外部热交换器一次侧，二次侧疏水，以及转子腔和定子夹套换热器疏水。附属设备包括电动机接线盒的电缆和密封圈，测量仪表连接线，以及定子 RTD、轴承水 RTD 等各种监测装置。外部热交换器需要拆除连接管道和热交换器。从泵壳中拆除可拆卸部件过程包括拆除主螺栓和螺母、Canopy 密封环切割等，拆除后通过安装小车进行吊装运输。

定转子检修时还涉及到定转子屏蔽套的拆卸和更换。主要包括废弃屏蔽套拆除，屏蔽套安装和焊接，屏蔽套试验等；主泵整体装配前需要进行相应的工程试验，试验程序由支持主泵试验的试验回路完成，由水力试验、泄漏试验设施、转子试验设施（高速平衡）等组成[11]。

第四节　主泵关键部件的完整性及寿命评估

屏蔽式主泵的定子屏蔽套和转子屏蔽套都很薄，属于薄壁结构，易失稳，因此属于重点关注对象，定子屏蔽套直径为 559mm、厚度 0.39mm、间隙 4.38mm，转子屏蔽套厚度为 0.712mm、长度约有 3.66m，冷却回路的有效工作使电动机腔室内的冷却剂温度保持在 80℃以下，定子绕组中的最高温度不大于 180℃，以此保证绕组绝缘的性能和寿命。定转子屏蔽套均采用端面密封环焊后进行水压试验，运用水压使屏蔽套发生塑性变形，实现与定转子槽楔的紧密贴合，之后进行高压氦检漏。

定转子屏蔽套只起密封作用，如图 5-9 所示，当转子腔室中的压力高于定子腔室的压力时，作用在屏蔽套上的压力通过定转子本体传递，屏蔽套不承压；根据设计数据当定子腔室压力大于转子腔室 6.7kPa 时，定子屏蔽套将发生鼓泡现象，严重时将导致定子屏蔽套破裂；定子屏蔽套端部的环焊（见图 5-10），不仅涉及焊接超薄材料变形的抑制问题，还需要考虑局部焊接带来的 C-276 合金内部组织变化和残余应力，易于引起应力腐蚀，因此环焊质量极大的影响着屏蔽套的强度和耐腐蚀性能，进而影响主泵电动机的性能和可靠性。屏蔽套的承压变形及破裂计算是结构完整性评估的重要内容，不仅仅在设计阶段需重点关注，在运行阶段也需要根据运行工况进行实时结构完整性评估，因为一旦屏蔽套破损，将会导致定子绕组等部件的进一步损坏，但在运行期间主泵对屏蔽套的完整性监测手段基本没有，只能在屏蔽套损坏后通过定子绕组等其他部件的损坏来间接推断，而此时对主泵损坏的后果已经造成。

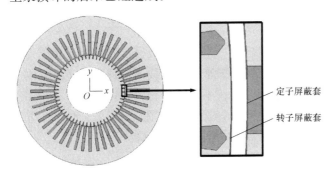

图 5-9　定转子屏蔽套相对位置示意图　　　　图 5-10　定子屏蔽套环焊缝

哈氏 C-276 合金属于镍-钼-铬-铁-钨系镍基合金，是现代金属材料中最耐蚀的一种，主要耐湿氯、各种氧化性氯化物、氯化盐溶液、硫酸与氧化性盐，在低温与中温盐酸中均有很好的耐蚀性能，化学成分见表 5-2。

表 5-2　　　　　　　　　　　　哈氏 C-276 合金化学成分　　　　　　　　　　　　%

元素	C	Cr	Ni	Fe	Mo	W
范围	<0.01	14.5~16.5	余量	4.0~7.0	15.0~17.0	3.0~4.5
元素	S	P	V	Vo	Si	Mn
范围	<0.04	<0.03	<0.35	<2.5	<0.08	<1.0

哈氏 C-276 合金的力学性能非常突出，它具有高强度、高韧性的特点，其不同温度下的拉伸性能见表 5-3，其中弹性模量 $E=205$GPa。

表 5-3　　　　　　　　　　　　哈氏 C-276 合金力学性能

温度（℃）	-196	-101	21	93	204	316	427	538
屈服强度（MPa）	565	480	415	380	345	315	290	270
抗拉强度（MPa）	965	895	790	725	710	675	655	640
延伸率（%）	45	50	50	50	50	55	60	60

屏蔽套有相应的支撑，在定子屏蔽套外侧由定子铁心支撑，转子屏蔽套内侧有转子铁

心支撑。屏蔽套间的压力和屏蔽套间流场造成的压力完全可以由铁心的支撑来承担。

按上述力学性能，转子屏蔽套在运行条件下所能承受的极限压力，根据式（5-1）计算，压力为 $5.25 \times 10^5 \text{MPa}$。

$$p = \frac{\sigma t}{r} \tag{5-1}$$

式中 p——转子屏蔽套在运行条件下所能承受的极限压力，Pa；

σ——材料哈氏合金 C276 的屈服应力，Pa；

t——屏蔽套厚度，m；

r——屏蔽套半径，m。

采用有限元方法，对定子屏蔽套和转子屏蔽套的结构完整性进行评估，研究在不同可能的压力水平下鼓包并产生对磨的可能性。建立几何模型如图 5-11 所示，采用薄壳单元。

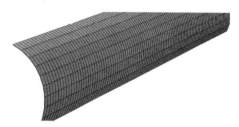

图 5-11 两层屏蔽套几何结构

受内压的转子屏蔽套属于稳定结构薄壳的，变形量较小；当转子屏蔽套受外压时，因转子屏蔽套与转子紧密结合，载荷传递到转子上，转子屏蔽套变形较小。通过有限元计算，转子屏蔽套在承受内压作用下，约在 4.97MPa 时发生塑性失稳破坏，如图 5-12 所示。

定子屏蔽套安装后与定子紧密结合，冷却液对定子屏蔽套产生的压力属于内压作用，在内压作用下大多传递到定子上，不会引起定子屏蔽套的变形和应力集中。但是当发生冷却液泄漏进入定子内部，对于屏蔽套而言属于外压，压力稍大将引起屈曲失稳。根据计算结果，定子屏蔽套失稳变形如图 5-13 所示，当定子腔室压力大于转子腔室 0.677MPa 时定子屏蔽套发生屈曲失稳，不能承载，此时的变形量约为 3mm，将产生摩擦碰撞。

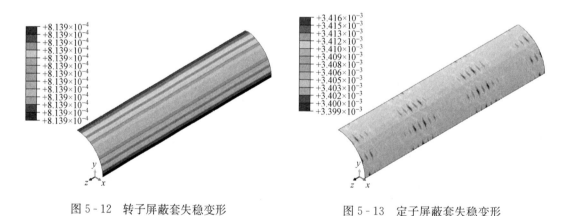

图 5-12 转子屏蔽套失稳变形   图 5-13 定子屏蔽套失稳变形

为保证屏蔽泵传输介质的零泄漏，在上下端部均采用 Canopy 密封环焊接的形式。Canopy 密封环由于本身 C 形结构，在主螺栓的压力下发生弹性变形，通过金属与金属间的接触实现自密封，用 Canopy 密封环两端的角焊缝来实现辅助密封。其中上 Canopy 密封环通过焊接将泵壳法兰面与定子上法兰连成一体，下 Canopy 密封环通过焊接将下法兰与定子下端盖连成一体。上下 Canopy 密封环的结构完全一致但尺寸略有差别，上 Canopy 密封环的结构示意图如图 5 - 14 所示。

Canopy 密封安装在主泵泵壳和主泵上法兰之间，通过主法兰上的主螺栓紧固，紧固后将 Canopy 密封环压紧变形，压紧后 Canopy 密封环的 Mises 应力分布如图 5 - 15 所示，约为 70MPa，位移量 U 如图 5 - 16 所示。

考虑内部引流导致的泄漏，产生内外压差 15MPa，Canopy 密封环的变形及应力分布如图 5 - 17、图 5 - 18 所示。

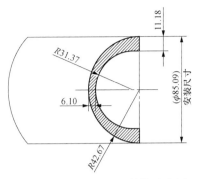

图 5 - 14 Canopy 密封环结构示意图

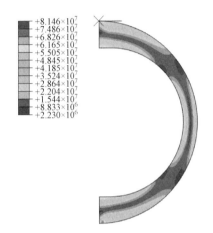

图 5 - 15 Canopy 密封环安装
工况后的 Mises 应力分布

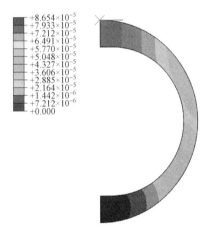

图 5 - 16 Canopy 密封环安装
工况后的位移量 U 分布

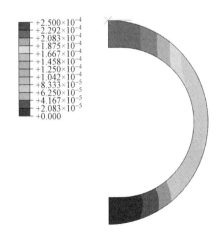

图 5 - 17 Canopy 密封环泄漏
工况后的位移分布

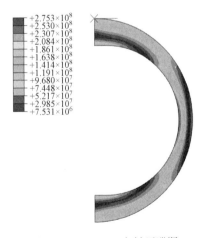

图 5 - 18 Canopy 密封环泄漏
工况后的 Mises 应力分布

主泵上下 Canopy 密封环均采用焊接形式，虽然可辅助防止放射性介质外漏，但同时对维修造成了困难，当不得不对主泵可拆卸组件进行维修时，需首先切割 Canopy 密封环，同时为保证安装的精度，切割后的 Canopy 残环需要打磨干净，特别是主泵泵壳靠近 Canopy 残环部位，需要再次焊接，打磨时需将焊接引起的高应力水平的残余应力区去除，如果多次维修检查切割 Canopy 残环，必将导致主泵泵壳的使用寿命变短。

主泵叶轮采用液压方式安装在泵轴轴头，由叶轮锁紧螺母紧固固定，考虑到一回路水质的清洁度，在叶轮叶片的迎水面发生冲蚀的可能性几乎没有；考虑到主泵运行工况，叶轮叶片背水面发生气蚀的可能性可忽略不计，因此叶轮的失效机理主要为与吸入喇叭口的碰磨、叶轮的刮擦和叶轮叶片的破损。碰磨的情况最大可能为发生轻微碰磨，不影响主泵运行；叶轮刮擦的情况多出现于异物磨损，考虑到主冷却剂的清洁度和叶轮材质，叶轮由于刮擦导致失效的可能性极小；主泵叶轮出现过叶轮叶片破损的经验反馈，破损发生在较高应力区的补焊且补焊质量控制出现问题。综合考虑目前主泵叶轮补焊较多，补焊尺寸较大，分布较广，除需在主泵出厂时严格审查补焊及检查记录外，还需要关注业界相关的经验反馈。

热屏/导叶可能会出现冲蚀、局部破损和剥落，无需考虑预防性维修，但需进行状态监测，综合考虑振动、流量/扬程的波动，定期安排取样，同时参考轴承水温度变化进行综合评判。

机械振动是由于转子部件的偏心率、转速、流量波动等因素引起的。在长期连续高速运行的情况下，由于磨损效应使转动部件和静止部件之间的间隙增大，将使泵的机械振动幅值增大，这种高频、低幅值的高周疲劳，是泵轴的失效的重要因素之一。磨蚀是一种由于微振引起的磨蚀，在主泵运行过程中，由于水力振荡，轴一直有不大的振动，因此在泵轴和轴套、叶轮和泵轴之间或多或少会产生磨蚀。在泵叶轮部位为高温的一回路水中，而在泵飞轮和轴承部位由于有冷却水的冷却，其温度较低，因此在泵轴热屏部位冷热交替会产生热疲劳，冷热交接面容易产生热疲劳和疲劳裂纹，引起轴表面的裂纹，进而造成损坏，对此国外核电厂已有经验反馈。

图 5-19　推力轴承示意图

推力瓦块也为石墨瓦块，推力轴承示意图如图 5-19 所示。无论是水润滑导向轴承还是推力轴承，都是屏蔽式主泵设计上的关键环节，石墨瓦块的配置和推力瓦轴向/径向碳化钨限位销与插槽的设计都对 60 年的设计寿命提出了挑战，可以说屏蔽式主泵的轴承是薄弱环节，从设计要求角度，屏蔽式主泵应确保在需要时泵内部组件从泵壳中拆下并解体，以便对轴承及其他内部部件进行检查。推力轴承作为屏蔽式主泵的易损件，在运行中损伤在所难免，常见的失效形式为划痕、裂痕、溃斑、点坑，严重时可能导致石墨瓦块的严重磨损或碎裂，以及轴承瓦块碳化钨定位销表面裂纹严重时定位销断裂等。如图 5-20 所示的推力轴承裂纹示意图已有失败经验反馈。

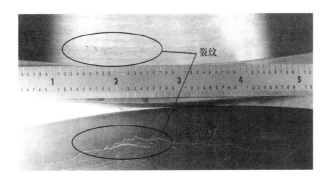

图 5 - 20　推力轴承裂纹示意图

参考文献

［1］ 林诚格.非能动安全先进压水堆核电技术.北京：原子能出版社，2008.

［2］ 蔡龙，张丽平.浅谈压水堆核电站主泵.水泵技术，2007（4）：1 - 5.

［3］ 张明乾.浅谈压水堆核电站 AP1000 屏蔽式电动主泵.水泵技术，2008（4）：1 - 5.

［4］ 庄亚平.AP1000 屏蔽泵的应用分析.电力建设，2010（11）：98 - 101.

［5］ 关锐.AP1000 反应堆主泵屏蔽套制造工艺浅析.中国核电，2008，1（1）：49 - 53.

［6］ 江笑克，吕康，俞剑江.AP1000（第三代核电）屏蔽主泵与湿定子主泵结构特点分析.水泵技术，2014（1）：9 - 13.

［7］ Pearsom Tom，Douglas Peter，Gurley Don. Centrifugal and positive displacement charging pump maintenance guide. Palo Alto，CA，USA：Electtic Power Research Institute，1997.

［8］ Plant Support Engineering：Large Vertical Pump End - of - Expected - Life Report.

［9］ EPRI（1992）Evaluation of main coolant pump shaft cracking.

［10］ 莫政宇，伍超，李海峰，等.屏蔽泵热备用起动卡涩故障原因分析.核动力工程，2009，30（5）：93 - 95.

［11］ 黄成铭.AP1000 反应堆冷却剂.国外核动力，2007（6）：20 - 28.

第六章

螺柱等紧固件断裂失效机理及评估

第一节　紧固件结构材料及失效经验反馈

在各种机械、设备、车辆、船舶、铁路、桥梁、建筑、结构、工具、仪器、仪表和用品等上面，都可以看到各式各样的紧固件。紧固件是将两个或两个以上的零件（或构件）紧固连接成为一见整体时所采用的一类机械零件的总称，紧固件是应用最广泛的机械基础件，应用极为广泛，需求量很大。紧固件的特点：品种规格繁多，性能用途各异，而且标准化、系列化、通用化的程度极高。已有国家（行业）标准的一类紧固件也称为标准紧固件，简称为标准件。

紧固件通常包括以下几类零件：螺栓、螺柱、螺钉、螺母、自攻螺钉、垫圈、挡圈、销、铆钉、焊钉、组合件和连接副等。每个具体紧固件产品的规格、尺寸、公差、质量、性能、表面情况、标记方法，以及验收检查、标志和包装等项目都有其具体要求。紧固件的材料要求有相应的系列国家标准，比如紧固件的材料要求（GB3098.10—1993《紧固件机械性能有色金属制造的螺栓、螺钉、螺柱和螺母》），螺栓、螺钉和螺柱的材料要求（GB/T3098.1—2010《紧固件机械性能　螺栓、螺钉和螺柱》），螺母（粗牙螺纹）的材料要求（GB/T3098.2—2015《紧固件机械性能　螺母》），螺栓、螺钉和螺柱（GB/T3098.3—2016《紧固件机械性能　紧定螺钉》）、螺母（GB/T 3098.15—2014《紧固件机械性能　不锈钢螺母》）、紧定螺钉（GB/T 3098.16—2014《紧固件机械性能　不锈钢紧定螺钉》）等。目前市场上标准件主要有碳钢、不锈钢、铜三种材料。以碳钢料中碳的含量区分低碳钢、中碳钢和高碳钢以及合金钢，不锈钢主要分奥氏体马氏体和铁素体，铜常用的材料为黄铜或者锌铜合金。不锈钢标准件特性为耐腐蚀、美观、卫生，但其强度、硬度正常情况下低于碳钢，故不可撞击敲打，需维护其表面光洁度和精度且不可超载，因不锈钢延展性好，在使用时产生钢屑易黏于螺帽牙级处增加摩擦力，易导致锁死。

紧固件中常见的螺栓、螺柱和螺钉连接方式包括：

（1）螺栓连接。由头部和螺杆（带有外螺纹的圆柱体）两部分组成的一类紧固件，需与螺母配合，用于紧固连接两个带有通孔的零件，这种连接形式称螺栓连接。

（2）螺柱连接（可拆卸连接）。没有头部的，仅有两端均外带螺纹的一类紧固件，连接时，它的一端必须旋入带有内螺纹孔的零件中，另一端穿过带有通孔的零件中，然后旋上螺母，即使这两个零件紧固连接成一整体，这种连接形式称为螺柱连接，也是属于可拆卸连接。主要用于被连接零件之一厚度较大、要求结构紧凑，或因拆卸频繁，不宜采用螺栓连接的场合。

（3）螺钉是由头部和螺杆两部分构成的一类紧固件，按用途可以分为机器螺钉、紧定螺钉和特殊用途螺钉三类。机器螺钉主要用于一个紧定螺纹孔的零件，与一个带有通孔的零件之间的紧固连接，不需要螺母配合；紧定螺钉主要用于固定两个零件之间的相对位置；特殊用途螺钉例如带吊环螺钉等，供吊装零件时连接用。

（4）螺栓、螺柱或机器螺钉，有时需要配合螺母使用，用于紧固或连接两个零件，使之成为一件整体。

紧固件产品的生产流程一般为：原材料改制→冷镦成形→螺纹加工（滚丝或者搓丝）→热处理→表面处理→分选包装，10.9 级以上一般采用热处理后滚丝工艺。热处理是为了提高紧固件的综合力学性能，满足产品规定的抗拉强度值和屈强比。热处理工艺一般为上料→清洗→加热→淬火→清洗→回火→着色→下线。调质热处理工艺对原材料、炉温控制、炉内气氛控制、淬火介质等都有严格的要求，主要控制缺陷有材料的心部碳偏析、材料及退火过程中的表面脱碳、冷镦裂纹、调质中的淬火开裂和变形。商业紧固件大多是由碳钢或者合金钢制成，一些种类的紧固件希望能防止腐蚀，即使使用防腐蚀材料的紧固件，仍然需要表面处理来防止不同材料的腐蚀。表面处理的镀层必须附着牢固，不能在安装和卸下的过程中脱落，对螺纹紧固件，镀层还需足够薄，使得镀后螺纹仍能旋合。选择表面处理时，也应考虑紧固性能的因素，即安装扭矩和预紧力的一致性。

氢脆是紧固件类常见的失效模式。紧固件在加工和处理过程中，尤其在镀前的酸洗和碱洗以及随后的电镀过程中，表面吸收了氢原子，沉积的金属镀层然后俘获氢。当紧固件拧紧时，氢朝着应力最集中的部分转够，引起压力增高到超过基体金属的强度并产生微小的表面破裂。氢特别活动并很快渗入到新形成的裂隙中去。这种压力—破裂—渗入的循环，一直持续到紧固件断裂，通常发生在第一次应力应用后的几个小时之内。

螺栓作为重要的紧固件，其失效故障发生较多，由此造成的危害很大[1]。通过收集国内外电站众多地脚螺栓失效案例，分析发现多数为工程阶段设计选材失误、安装不当或防腐施工不当所致[2-4]，其中应力腐蚀、氢脆、疲劳和机械损伤导致的断裂所占比例较大[5-10]。

第二节　稳压器支撑裙螺柱结构及性能

紧固件种类繁多，失效机理各异，需对具体失效案例进行具体分析。本节以稳压器支撑裙紧固螺柱的失效经验反馈为例进行评估分析。

经验反馈，某在建电站联合巡检时发现稳压器支承裙沿圆周均匀分布 24 根锚固螺柱中一根发生断裂，螺柱材料 36NiCrMo16，规格为 M39×1200mm，两端螺纹规格为 M39×3，两端螺纹长度分别为 150、80mm，安装后的预紧力为 540kN。螺柱生产制造工艺流程主要包括盘元→退火→酸洗→抽线→打头→碾牙→热处理→电镀→包装。螺柱断裂时间为安装后的 15 天,断裂位置为螺柱光杆位置,距离短螺纹端面约 400mm 处,其他螺柱现场目视检查未发现异常。螺柱材料需满足 RCC‐M《压水堆核岛机械设备设计和建造规则》M5150 S1—2007 规范要求,经过调质热处理使螺柱具有良好的综合力学性能,本节对材料进行了成分及性能的检验和分析,分析该螺柱断裂原因,根据螺柱断裂原因对设备材料制造过程中的质量控制提出了建议。

对光杆部位、第 1 螺扣部位的 UT 超声检验检查,除断裂部位外,光杆部位和螺扣部位未发现内部有裂纹等疑似缺陷显示;MT 磁粉检验检查结果也未发现螺柱外部有疑似缺陷显示。

对断裂螺柱断口纵截面(见图 6‐1)、近断口处横截面(见图 6‐2)进行肉眼宏观目视观察,断口附近纵截面外侧的组织与螺柱中心位置组织不同,断口附近横截面也有相同的情况,如图 6‐1 所示划分为 1 号区域、2 号区域和 3 号区域。

图 6‐1　断口纵截面微观组织形貌　　　　图 6‐2　近断口处横截面微观组织形貌

纵截面试样的 1 号区域、2 号区域和 3 号区域光镜下观察,如图 6‐3 和图 6‐4 所示,1 号区域为贝氏体;2 号区域为晶粒较大的马氏体,晶粒度为 4～5 级;3 号区域为保持马氏体针叶分布的回火索氏体(见图 6‐5),晶粒度为 9～10 级。

螺柱远离断口位置的金相组织对比发现 3 区组织为正常,截面组织比较均匀,1 号区域和 2 号区域的组织异常。

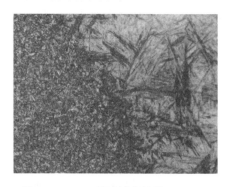
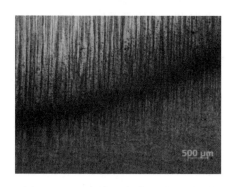

图 6‐3　1～2 号区域交界处(500×)　　　　图 6‐4　2～3 号区域交界处(200×)

随机选取该支撑裙上其他锚固螺柱,进行金相组织检查,未发现上述所示的组织异常现象,如图 6‐6 所示,宏观目视检查组织均匀。

图 6 - 5　3 号区域微观组织形貌（500×）　　　图 6 - 6　其他螺柱的微观组织形貌（目视）

采用光谱法对螺柱进行化学成分检测，结果见表 6 - 1，测点位置的材料成分含量均满足规范 RCC - M《压水堆核岛机械设备设计和建造规则》M5150 要求。对断口附近断面中心位置、1/2 半径位置和螺柱边缘位置的化学成分进行实验表征，结果表明各位置的成分含量并无大的差异，均满足规范 RCC - M《压水堆核岛机械设备设计和建造规则》M5150 S1—2007 要求。

表 6 - 1　　　　　　　　　　　　螺柱的化学成分分析结果　　　　　　　　　　　　　%

元素	C	Si	Mn	P	S	Cr	Mo	Ni	Fe
实测值	0.36	0.19	0.60	0.006	0.006	1.82	0.30	3.74	其余
RCC—M 规范要求值	0.32～0.39	<0.40	0.50～0.80	<0.025	<0.025	1.60～2.00	0.25～0.45	3.60～4.10	其余

在已断裂螺柱离断口 20cm 以外位置制备 ϕ10 比例拉伸试样，试验结果见表 6 - 2，螺柱材料的屈服极限、延伸率、截面收缩率和冲击功均满足标准要求，强度极限略高于规范要求 1300MPa。

表 6 - 2　　　　　　　　　　　断裂螺柱材料力学特性测量结果

力学特性	抗拉强度 R_m（MPa）	屈服强度 $R_{p0.2}$（MPa）	截面收缩率 A（%）	延伸率 Z（%）	冲击功 KV2（J）
实测值	1374	1234	15.0	51	29.0
NF EN10083 - 1 规范要求值	1100－1300	≥900	≥10	≥45	28.0

为分析断裂根本原因，分析螺柱材料断口附近局部的微观力学性能，除了在已断裂螺柱离断口 20cm 以外位置取拉伸试样进行性能表征外，还在已断裂螺柱断口处制备试样进行显微硬度表征。

取断裂螺柱组织正常的横截面试样和断口处组织异常的横截面试样分别进行显微维氏硬度试验，离断口 20mm 处组织正常试样的横截面上不同位置处的硬度值在 391～421Hv 之间；而断口处组织异常处截面的硬度值，外层 1 号区域硬度为 310Hv，1/2 半径位置 2 号区域的硬度较高，为 590Hv，3 号区域圆心位置的硬度为 360Hv，处于二者之间。与组织正常位置截面的结果相比，组织异常附近横截面外层和圆心均低于正常组织的硬度，并且各区域硬度区别较大，与图6-1和图6-2中各个区域的金相组织差异相吻合。

考虑到氢脆是紧固件类常见的失效模式，分析螺柱材料的吸氢及氢脆性能，以便分析评估该断裂是否为氢脆断裂，进行螺柱断口处位置氢含量的测量，在断裂螺柱表层和中心部位分别取样，使用热脱附谱（thermal desorption spectrometry，TDS）方法测量材料中的氢含量和氢逸出速率。氢含量测量结果为：螺柱试样表层材料的氢含量升温溢出量如图6-7所示，最终为 2.5486×10^{-6} （g/g），中心部位材料的氢含量升温溢出量如图6-8所示，最终为 0.0175×10^{-6} （g/g），表明螺柱表面氢含量比中心部位氢含量略高，但尚未大量富集，表层材料氢逸出速率曲线如图6-9所示，在80、350、430℃有3个氢的逸出峰，而中心部位材料氢逸出速率曲线如图6-10所示，只有在420℃附近存在一个氢逸出峰。

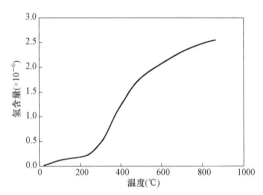

图6-7　螺柱试样表层材料的氢含量

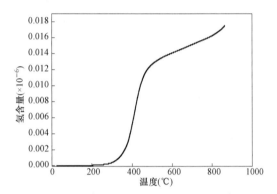

图6-8　螺柱试样中心部位材料的氢含量

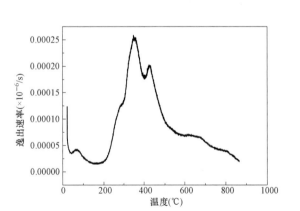

图6-9　螺柱试样表层材料的氢逸出速率曲线

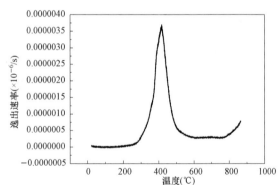

图6-10　螺柱试样中心部位材料的氢逸出速率曲线

根据测量的螺柱氢含量，分析螺柱的吸氢性能和抗氢脆性能，根据文献[11-12]，合金钢中氢含量在 $5 \sim 10 \times 10^{-6}$ （g/g）以上时才有可能发生氢脆，美国军用标准和国际标准也规定了钛合金（Ti6Al4V）材料螺柱的氢含量不超过 125×10^{-6}，测试得到的螺柱材料的含氢量远远低于引起氢脆的氢含量。

第三节　稳压器围裙螺柱断裂机理评估

对已断裂的螺柱进行超声和磁粉无损检测，已断裂螺柱的两段在内部和外部除断口外未发现有 1mm 级别的疑似裂纹或缺陷显示。为了解螺柱断裂机制，对已断裂螺柱断口附近进行微观表征，断裂螺柱断口宏观形貌如图 6-11 所示，裂纹扩展趋势形貌特征比较明显，从边缘起裂，沿着河流状花样扩展，最终中心部位因为紧缩塑性失稳拉断。在 SEM 下观察，发现整个断口上沿螺柱外表面明显有宽 1～3mm 的区域，该区域的宏观和微观特征与其他区域明显不同，如图 6-12 所示。

图 6-11　断裂螺柱断口形貌

图 6-12　外缘环状区域粗大晶粒（200×）

沿裂纹扩展方向发现裂纹起裂点位置，如图 6-13 所示，断裂表面的外周有较大柱状颗粒，大小达 1～3mm，未发现明显的夹杂或者空洞等疑似缺陷；起裂区内侧为典型的沿晶断裂特征，如图 6-14 所示；扩展区为典型的韧窝型韧性断裂，韧窝均匀平整，如图 6-15 所示；在试样中心的瞬断区为较大并且不平整的韧窝，如图 6-16 所示，表明瞬断时能量快速释放，螺柱局部位置有较大的变形量。

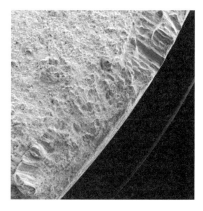

图 6-13　裂纹起裂点形貌（50×）

图 6-14　起裂区域沿晶断裂（1000×）

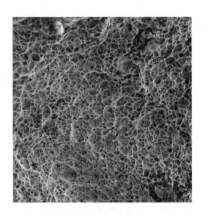

图 6-15　扩展区域韧性断裂（2000×）

图 6-16　瞬断区域韧性断裂（1000×）

螺柱断裂时的预紧力为 540kN，截面应力水平为 113MPa，远远低于材料本身强度极限的下限 1100MPa；从断口附近组织异常位置的化学成分与离断口较远正常组织附近的化学成分无明显不同，各位置的成分含量并无大的差异，从材料本身的化学成分看，满足规范要求，无材质应用错误；远离断口的材料力学性能分析可看出正常材料的力学性能也满足规范要求；根据本章第二节断裂部位材料的氢含量远低于引起氢脆的含量，并且断裂表面未发现典型氢脆断裂特征导致螺柱失效的特征。

发生断裂的主要原因有：

（1）局部材料问题。材料的局部组织不均匀导致的性能远低于要求，因而引起起裂断裂。

（2）断口金相组织。从断口金相组织观察来看，断口附近局部微观组织异常，晶粒分布不均匀，环状区域晶粒粗大，起裂区域晶粒粗大。

（3）断口附近截面的维氏硬度值。外层硬度较低，1/2 半径位置的硬度较高，圆心硬度处于二者之间，外层硬度约为 1/2 半径位置硬度的一半；粗大晶粒区域的维氏硬度约为正常组织区硬度的 3/4，强度也将远低于正常组织区域强度；硬度测量结果的差异与金相组织的差异类似，不同区域具有不同的金相组织和不同的硬度值。

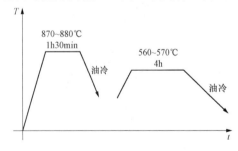

图 6-17　热处理工艺曲线

从螺柱断裂机理上来看，断裂的原因为螺柱的局部材料缺陷。从组织异常角度分析为局部过热，螺柱制造加工过程中，热处理环节涉及到高温环境，其中热处理工艺曲线如图 6-17 所示。正常热处理过程不会出现该局部组织异常现象，经调研讨论判断为热处理过程中，可能由于炉内温度不均造成局部温度过高，导致少量螺柱的局部位置发生过热。在工作载荷下，由于组织不均匀和可能的局部缺陷，会导致局部较高的应力集中，如集中应力水平远远超出该局部位置的强度，将会产生启裂点，在工作载荷作用之下，裂纹尖端应力水平较高将引起裂纹的扩展。局部启裂后，因为可能的裂尖钝化导致裂纹停止扩展或扩展较慢，而钝化的裂尖又可能逐渐萌生尖锐裂纹，引起裂纹快速扩展而失稳断裂。

在热处理过程中，应该正确执行工艺规范，特别是严格控制加热温度和保温时间；保证风扇运转正常，确保炉温均匀；对热处理炉内组织异常控温区域进行校核，对控温精度进行标定，避免局部过热现象发生。

第四节　通用紧固件的损伤机理

在紧固件的加工制造生产过程中形成损伤形式较多，常见的缺陷有螺纹折叠（一般螺纹）、芯部裂纹、牙山起皮、牙底起皮、牙底凹坑、断尖、直线度不良（自攻钉）等。对于以上加工制造不良情况均可通过相应的工艺调整，来解决制造缺陷问题。

对紧固件的尺寸性能验收主要参考国标 GB/T 3098.1—2010、GB/T 224—2008《钢的脱碳层深度测定法》、GB/T 5779.1—2000《紧固件表面缺陷 螺栓、螺钉和螺柱 一般要求》、GB/T 5779.3—2000《紧固件表面缺陷 螺栓、螺钉和螺柱 特殊要求》。

在对某电站的各批次紧固件进行抽检，发现了一些典型的缺陷，典型的螺纹牙口底部超标裂纹如图 6-18 所示，螺纹脱碳层厚度超标如图 6-19 所示，螺纹滚丝过程中形成的折叠如图 6-20 所示。

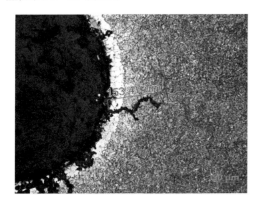

图 6-18　螺纹牙口底部超标裂纹

图 6-19　螺纹脱碳层厚度超标

紧固件的使用范围广，用量大，使用环境各异。紧固件在加工制造生产过程中形成损伤外，运行使用过程中也会形成损伤，常见的损伤包括腐蚀、疲劳和氢脆等。

以紧固螺栓的疲劳断裂为例，图 6-21 所示为用于紧固风机叶片的螺栓，在风场使用一年后发生断裂，其中螺栓规格为 M24×180-10.9，材质为 35B2。

紧固件常见的断裂分为两类，一类断口纹路呈现海滩状，属于疲劳断裂，图 6-21 为典型的疲劳断裂，风机转动运行过程中，每转动一周即为一个应力循环，疲劳裂纹向前扩展一个长度，螺栓海滩状疲劳纹面积大，断口平齐，海滩状疲劳纹面积越大，疲劳时间越长，越早发生断裂。另一类为断口发生颈缩形变的塑性断裂，一般为过载引起的断裂，第三类螺栓既存在疲劳断裂，又存在过载断裂，二者耦合的断裂。发生颈缩形变的螺栓因为第一类螺栓疲劳断裂后，造成整体负荷增大，超出承受能力，后行断裂。

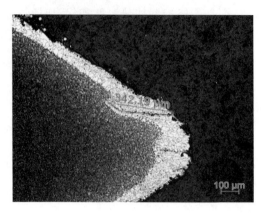

图 6-20　螺纹上的折叠

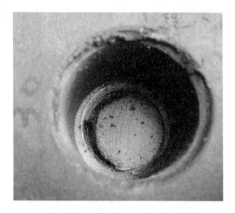

图 6-21　风机紧固螺栓疲劳断裂模式

氢脆损伤是紧固件材料损伤另一重要机理，合金材料的氢脆问题在包括核电站在内的很多工业中因为导致构件的失效已经得到了较多关注。氢脆失效是材料环境失效的一种，对氢脆敏感的元素（Fe、Ni、Al、Ti、Zr、Ta、Hf、Nb、V、W、Mo 和 U 等）组成的合金构件在氢环境下，尤其是耦合应力或者残余应力条件下会有较大幅度的韧性降低、强度降低和承载能力降低。核电站部件服役期间，工作环境介质中的氢会渗入到低碳钢和高碳钢材料中，例如水介质、阴极保护和潮湿条件下的焊接等。已经有一些失效案例[13]表明，氢脆会导致核电站燃料包壳、蒸汽管道、发电机转子扣环近水侧组件和一些弹簧[14]等的损伤失效，宏观破坏一般表现为鼓泡、起裂、剥落、鱼眼和较多孔隙等形式。

第五节　紧固件材料的氢脆损伤机理

研究氢脆损伤的机理已近两个世纪，氢致裂纹（hydrogen induced cracking，HIC）是最常见的破坏损伤模式，吸收扩散进入到金属的氢原子与金属的相互作用，被捕获的氢原子导致较高的局部应力集中，产生微裂纹和宏观裂纹的起裂[15]；不同微观组织和成分的材料，在不同的温度和应变率条件下，其环境氢脆损伤机理不同，氢的吸收、扩散、聚集和开裂的几个阶段的表现形式也不同[16]。已有较多的理论模型[17]，如氢内压理论、表面能理论和氢致局部塑性变形理论等解释晶界、位错、夹杂和空洞等微观缺陷与氢原子的相互作用，从微观断裂力学的角度分析氢致裂纹起裂。表征材料氢脆性能的试验参数[18]主要有屈服极限、断裂韧性、延伸率、硬度、疲劳裂纹扩展速率、氢致应力腐蚀裂纹（HISCC）速率[19]，以及通过微观断裂表面分析氢脆的特征等；氢脆主要表现为拉伸延展性降低，抗拉强度降低和断裂韧性下降。小压杆实验方法是比较成熟的一种常规力学性能测试方法，在屈服极限、韧脆转变温度、断裂特性测定上有较多的研究[20-21]，可以使用较小的试样研究材料的氢脆性能[22]。

采用核电站中弹簧用材料 65Mn 进行阴极电解充氢的氢脆实验，采用小压杆实验方法研究其在不同充电电流下试样的氢脆程度，对压杆实验后的断裂表面进行宏观和微观分析，并通过理论分析定性解释不同电流密度下的氢脆实验结果。65Mn 高强度材料主要用在弹簧及弹簧垫圈，弹性连接片和弹性紧固件等部件上，在核电站和其他工业中都得到了广泛的应用，65Mn 材料因为氢脆环境尤其是有预应力条件下的氢脆会导致韧性降低，容易引起构件的失效，其氢脆性能已经引起广泛关注[23-25]。其主要化学成分含量为 Mn 1.1353%，Si 0.3110%，Cr 0.0780%，Al 0.0550%，C 0.6800%，其余为 Fe。

采用直径为 10mm、厚度为 0.42mm 的小薄圆片试样进行常温电解充氢研究不同充氢电流强度条件下的材料韧性性能变化趋势，电解液采用 NaOH 溶液，As_2O_3 作为毒化剂，Pt 作为阳极，试样作为阴极，通电电流分别为 1、4、10、20mA，电解充氢时间为 60min。氢在金属材料中的渗透过程包括物理和化学吸附、分解及在金属中的扩散；在本实验条件下氢的渗透速度取决于其在金属中的扩散速度和在金属表面的吸附及分解速度。

电解充氢是最常用而又最简单的充氢方法，氢气和具有洁净表面的金属相接触时，在金属上析出的原子氢进入金属，步骤为：

（1）分子 H_2 碰撞将被吸附到金属 M 表面（物理吸附）：

$$H_2 + M \Longleftrightarrow H_2 \cdot M$$

（2）在表面进一步分解成共价型原子氢 H（化学吸附）：

$$H_2 \cdot M + M \longrightarrow 2H_{共} \cdot M$$

（3）吸附的共价型原子氢通过溶解，变成溶解型吸附原子：

$$H_{共} \cdot M \longrightarrow M \cdot H_{溶}$$

（4）溶解型原子氢通过去吸附，变成溶解在金属中的原子氢：

$$M \cdot H_{溶} \longrightarrow M + H$$

（5）处在表面附近的原子氢通过扩散，进入试样内部：

$$H_{表} \xrightarrow{扩散} H_{内}$$

（6）吸附的原子氢复合成分子氢，吸附在表面：

$$H \cdot M + H \cdot M \longrightarrow M + H_2 \cdot M$$

或者

$$H \cdot M + H \longrightarrow H_2 \cdot M$$

（7）分子氢去吸附以氢气泡形式逸出：

$$H_2 \cdot M \longrightarrow M + H_2 \uparrow$$

电解充氢时，绝大部分吸附的原子氢将通过（6）和（7）复合成分子氢而逸出表面，阴极产生的原子氢进入金属后扩散到阳极表面所形成的电流，只有充氢时所加电流的 1/100～1/1000，即充氢时只有 1/100～1/1000 的原子氢进入金属，而其余则复合成分子氢而逸出。

采用甘油置换法[26]测得金属中的扩散氢含量分别为 0.0223、0.0695、0.1545、0.1819ml/g。对阴极电解充氢后的试样进行小压杆实验，该试验方法可以采用较小的试样，试验示意图如图 6-22 所示，小薄圆片试样放置在上模与下模之间，记录压杆压入过程中的载荷-位移数据。

压杆压入过程中，试样会产生宏观裂纹至断裂破坏，试样的断裂应力及断裂应变可以根据断裂时

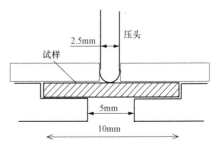

图 6-22　小压杆试验示意图

试样的载荷和位移进行计算[26-27]，如式（6-1）和式（6-2）所示：

$$\sigma_f = \frac{3}{2}(1+\nu)b^2\frac{P}{t^2}\left(\log_e\frac{a}{b}+\frac{b^2}{4a^2}\right) \tag{6-1}$$

$$\varepsilon_f = \beta(\delta/t_0)^{3/2} \tag{6-2}$$

式中 σ_f——断裂应力，Pa；

          ε_f——断裂应变；

          ν——泊松比；

a、b、t——上模孔径、下模孔径和试样厚度，m；

          t_0——试样初始厚度，m；

          P——断裂时临界载荷，N；

          δ——断裂时位移，m；

          β——无量纲参数。

通过试样的临界断裂应力和临界断裂应变分析氢脆效应对材料韧性的影响，小压杆实验后的试样表面进行微观断面分析，研究不同充电电流强度对断裂特征的影响。

阴极电解充氢实验后，对于未充氢、充氢电流分别为 1、4、10、20mA 的试样进行小压杆实验，实验得到的典型载荷位移曲线如图 6-23 所示。随着电解充氢电流强度的升高，小压杆实验的最大载荷降低，表明强度降低。载荷-位移曲线下面包围的面积作为压杆压入的能量，作为表征材料韧性的参数，随着电解电流强度的升高，压杆压入能量明显降低，如图 6-24 所示，表明韧性降低。

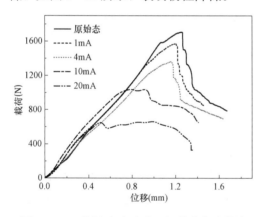
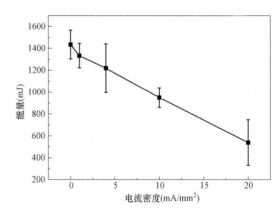

图 6-23 不同电解电流的压杆载荷位移曲线   图 6-24 不同电解电流的压入能量变化趋势

根据式（6-1）和式（6-2）分别计算小压杆试样的临界断裂应力和断裂应变，不同电解电流强度下的临界断裂应力和临界断裂应变的变化趋势分别如图 6-25 和图 6-26 所示，都有明显的降低趋势，表明随着电解电流强度的升高，材料的强度降低，韧性也降低。

小压杆实验断裂失效后的试样，进行断面的宏观和微观 SEM 观察分析，宏观断裂表面如图 6-27 所示。电解电流强度为 1mA 和 4mA 的宏观断裂表面基本呈现韧性断裂的特征，变形较大，裂纹扩展路径不规则，或呈现 Z 字形；电解电流强度为 10mA 和 20mA 的宏观断裂表面，呈现比较明显的脆性断裂特征，20mA 电流强度充氢的试样有典型的脆性断裂特征，裂纹失稳扩展速度较快，裂纹扩展路径平直。对未电解充氢的试样和 20mA 电解电流强度充氢的试样断裂表面进行微观分析，如图 6-28 所示，未电解充氢试样微观断裂表面有较多的韧窝，韧性断裂特征明显；20mA 电解电流强度充氢的试样微观断裂表面，如图 6-29 所示有明显的解理状沿晶断裂，与文献的微观实验结果[19]类似。充氢过程中，晶界较易吸收扩散进入金属内部的氢，形成 H 原子气团或者金属氢化物，导致内压和内部缺陷的增大扩展，形成微观裂纹的起裂点，同时降低材料的韧性。氢环境导致脆断的微观机制，一方面是氢促进位错的发射和运动使得更低的外应力下就能促进位错达到临界状态，断裂应力或者断裂韧性降低；另一方面氢环境能阻碍已形成的纳米微裂纹钝化成孔洞。

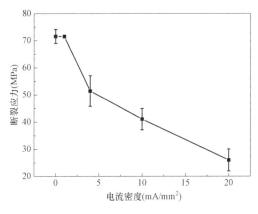

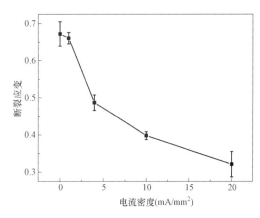

图 6-25　不同电解电流的临界断裂应力变化趋势　　图 6-26　不同电解电流的临界断裂应变变化趋势

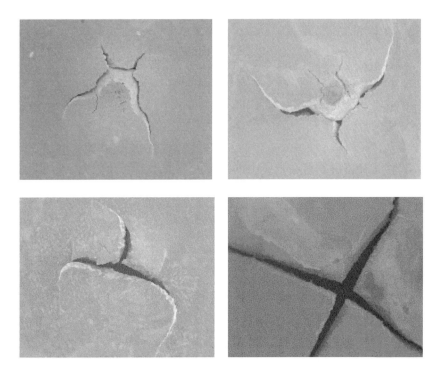

图 6-27　不同电解电流的宏观断裂表面

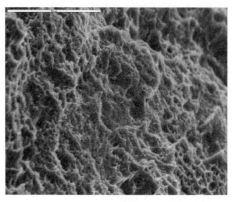

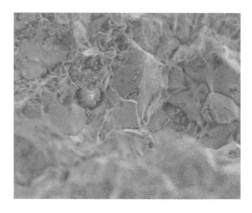

图 6-28 未电解充氢试样的微观断裂表面 图 6-29 电解电流 20mA 的微观断裂表面

为对不同电解充氢电流强度下试样的韧性下降进行定性分析，根据 Fick 第一定律和 Fick 第二定律如式（6-3）和式（6-4）[28]：

$$J = -D \frac{\partial c}{\partial x} \tag{6-3}$$

$$\frac{\partial c}{\partial t} = \frac{\partial}{\partial x} \left(D \frac{\partial c}{\partial x} \right) \tag{6-4}$$

式中 J——扩散通量；

x——位移，m；

t——时间，s；

c——扩散在金属中的氢的浓度；

D——扩散系数。

Oriani[29] 得到扩散系数的表达式为

$$D = 0.8 \times 10^{-3} e^{-1900/RT} \tag{6-5}$$

式中 D——扩散系数，m^2/s；

R——气体常数；

T——温度，K。

根据 Sieverts 定律溶解，氢在金属中的溶解度取决于温度和压力，与平衡氢压的平方根成正比，见式（6-6）。

$$c_H = e^{-\Delta Z/RT} \sqrt{p_{H_2}} \tag{6-6}$$

式中 c_H——扩散在金属中的氢的浓度，g/g；

ΔZ——压力，Pa；

p_{H_2}——平衡氢压，Pa。

Oriani[30] 比较各种实验数据，得到氢在铁中的溶解度方程，即

$$c_H = 3.7 e^{-6500/RT} \sqrt{p_{H_2}} \tag{6-7}$$

室温时氢在 Fe 中的溶解度较低，而且氢很容易被吸引到各种缺陷处，一般聚集在金属内部的缺陷（如孔洞、气孔小裂纹以及晶界处等），当氢处在各种缺陷处或形成氢化物时将使系统能量下降，形成盘状的氢原子气团能降低点阵应变；聚集在内部缺陷处的氢还将产生内压力，降低材料的韧性。试样中的氢浓度随充氢电流密度的升高而升高，试样中

氢含量的增多导致试样的氢脆实验结果明显，因而韧性随着充氢电流密度的升高而下降。

本节主要研究了核电站用高强度弹簧钢 65Mn 材料的氢脆性能。采用阴极电解充氢法对试样进行氢渗入，充电电流分别为 1、4、10、20mA；电解充氢后的试样进行小压杆实验，实验采集压入过程中的载荷位移曲线，并据此对其断裂特性的氢脆性能进行分析。研究发现随着充氢电流的升高，压杆压入的最大载荷降低，强度降低，而压入变形能、临界断裂应变和临界断裂应力都降低，表明韧性降低。压杆实验后试样断面分析发现，随着充氢电流密度的升高，宏观断面从韧性断裂转变到典型的脆性断裂；微观断面从典型的韧窝转变到典型的沿晶脆性断裂，渗入到金属中的氢主要被晶界所捕获，导致晶界的韧性降低，形成裂纹的起裂点。工业中为解决和预防 65Mn 构件的氢渗入和氢脆问题，目前较多采用先进的表面处理工艺，减少镀锌镀铬等过程中的氢引入或者替换为氢脆不敏感材料。

参考文献

[1] 万明攀，马瑞 . GH4169 螺栓断裂失效分析及工艺改进 . 材料热处理技术，2012：41 (6)，195 - 196.

[2] 刘昌奎，臧金鑫，张兵 . 30CrMnSiA 螺栓断裂原因分析 . 失效分析与预防，2008：3 (2)，42 - 47.

[3] 谭国良，杨浩义，杨冬梅 . 轮胎螺栓断裂失效分析 . 理化检验（物理分册），2006，42 (1)：577 - 579.

[4] 陈春辉，左修民 . 大亚湾核电站核岛容器地脚螺栓被腐蚀现象分析，电力通用机械，2009 (9)，71 - 73.

[5] 严春莲，温娟等 . 吐丝机螺栓断裂的失效分析 . 理化检验（物理分册），2008，44 (6)：316 - 319.

[6] 庞院，张小荣，陈培磊 . 制动器固定螺栓断裂分析，理化检验（物理分册），2014，50 (3)：227 - 228.

[7] 谷志刚，郝德中 . 储气塔阀门紧固螺栓的断裂分析，理化检验（物理分册），2007，43 (3)：147 - 162.

[8] 朱建军 . 钻井泵主轴承螺栓断裂分析，理化检验（物理分册），2003，39 (3)：157 - 159.

[9] 由向群，杜洪建，谷志刚 . 换热器紧固螺栓的应力腐蚀断裂分析 . 理化检验（物理分册），2007：43 (10)：40 - 42.

[10] 王晓尚，杨军 . 螺栓断裂失效分析 . 理化检验（物理分册），2007，43 (4)：206 - 216.

[11] 孙小炎 . 螺栓氢脆问题研究，航天标准化，2007 (2)，1 - 9.

[12] 褚武扬，乔利杰，陈奇志，等 . 断裂与环境断裂 . 北京：科学技术出版社，2000.

[13] Dayal R K，PARVATHAVARTHINI N. Hydrogen embrittlement in power plant steels. Sadhana，2003，28 (3)：431 - 451.

[14] RICHARD D SISSON，Jr. Hydrogen embrittlement of spring steel. Wire Forming Technology international/Fall，2007：20 - 22.

[15] 褚武扬，高克玮 . 环境断裂微观机理研究 . 科学通报，1997 (23)：2483 - 2486.

[16] SYMONS M. A comparison of internal hydrogen embrittlement and hydrogen environment embrittlement of X - 750. Engineering Fracture Mechanics，2001 (68)：751 - 771.

[17] LIU H W. A unified model of environment - assisted cracking. Acta Materialia，2008 (56)：4339 - 4348.

[18] SIDDIQUI R A，ABDULLAH A H，Hydrogen embrittlement in 0. 31% carbon steel used for petrochemical applications. Journal of Materials Processing Technology，2005 (170)：430 - 435.

[19] SPLICHAL K，J BURDA J，ZMITKO M，Fracture toughness of the hydrogen charged EUROFER97 RAFM steel at room temperature and 120℃. Journal of Nuclear Materials 2009，392 (1)：125 - 132.

[20] NAMBU T，SHIMIZU K，et al. Enhanced hydrogen embrittlement of Pd - coated niobium metal membrane detected by in situ small punch test under hydrogen permeation. Journal of alloys and compounds，2007：588 - 592.

[21] WANG Z X，SHI H J，Small punch testing for assessing the fracture properties of the reactor vessel steel with different thickness. Nuclear engineering and design Vol，2008 (238)：3186 - 3193.

[22] JARMILA W，ROLF K. Damage due to hydrogen embrittlement and stress corrosion cracking. Engineering Failure Analysis，2000（7）：427 - 450.

[23] 周继峰等，卡口电连接器 65Mn 薄壁波纹簧低氢脆工艺研究. 机电元件，2004（24）：26 - 30.

[24] 祖小涛，刘民治. 显微组织对 65Mn 钢中氢扩散的影响. 成都科技大学学报，1995，57 - 61.

[25] 刘复荣，等. 65Mn 弹性连接片断裂分析，柴油机设计与制造，2007（15）：44 - 46.

[26] HYO - SUN Y，EVI - YUN N，Assessment of stress corrosion cracking susceptibility by a small punch test. Fatigue and fracture of engineering material structures，1999（22）：889 - 896.

[27] HA J S，FLEURY E. Small punch tests to estimate the mechanical properties of steels for steam power plant：II. Fracture toughness. International journal of pressure vessels and piping. 1998（75）：707 - 713.

[28] 褚武扬. 氢损伤和滞后断裂. 冶金工业出版社，1988.

[29] ORIANI R A. Fundamental aspects of stress corrosion cracking. Houston：NACE，TX，1969.

[30] ORIANI R A. Hydrogen embrittlement of steels，Annual Review of Materials Science，1978（8）：327 - 357.

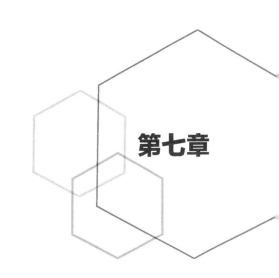

第七章

汽轮机叶片疲劳断裂失效机理

汽轮机是核电站中将蒸汽的能量转换成为机械功的重要旋转式动力机械。汽轮机正常服役运行期间，承受湿蒸汽、离心力、背压力和振动等复杂条件，偶尔发生的汽轮机事故往往导致人员伤亡和经济损失，常见的汽轮机失效机理包括瞬态引起的低周疲劳、振动引起的高周疲劳和高温湿蒸汽下的腐蚀等[1-3]。

汽轮机本体主要由转动部分和静止部分组成。转子包括主轴、叶轮、动叶片和联轴器等。静子包括进汽部分、汽缸、隔板和静叶栅、汽封及轴承等。因此，汽轮机的制造工艺主要为上述部件的制造工艺。汽轮机制造工艺的特点为：属单件生产，生产期长，材料品种多，材料性能要求高，零件种类多，加工精度高，设备要求高，操作技能要求高，机械加工工种齐全，设计冷热工艺且面广，检测手段齐备要求高，计量设备、测量工具齐全而且要求高采用专门工装多。

汽轮机叶片运行中受高温高压蒸汽的作用，工作中承受着较大的弯矩，高速运转的动叶片还要承受很高的离心力；处于湿蒸汽区的叶片，特别是末级叶片，要经受电化学腐蚀及水滴冲蚀，动叶片还要承受很复杂的激振力。叶片用钢的使用提出至少应满足下列相关要求：

(1) 有足够的室温、高温力学性能和抗蠕变性能。

(2) 有高的抗振动衰减能力。

(3) 高的组织稳定性。

(4) 良好的耐腐蚀和抗冲蚀能力。

(5) 良好的工艺性能。

目前经验反馈，汽轮机叶片的损坏形式主要是疲劳断裂。由于叶片工作环境恶劣，受力情况复杂主要包括离心力和蒸汽背压力，断裂事故经常发生并且后果很严重，因此对叶片断裂事故的分析研究一直受到特别重视。按照叶片断裂的性质，主要可以分为低周疲劳损伤、高周疲劳损伤、蠕变疲劳损伤、应力腐蚀损伤、腐蚀疲劳损伤、接触疲劳损伤等六种。

(1) 低周疲劳损伤。叶片受到外加较大应力或受到较大激振力，而振动次数低于或者远低于 10^7 次就发生断裂的机械疲劳损伤。如叶片受到水击而承受较大的应力，或因转子不平衡引起振动及安装不良存在循环载荷等较大的低频激振力，当这些激振力引起叶片共振时，叶片会很快断裂。叶片短期超载疲劳损坏的宏观特征为：断面粗糙，疲劳前沿线不明显，断面上疲劳区面积小于最终失稳撕断区面积；经受水击而损坏的叶片的断面呈"人"字形纹络特征。防止短期超载疲劳损伤的主要方法是：防止水击，作好消除低频共振的调频及在正常周波下运行。

（2）高周疲劳损伤。叶片运行中承受低于疲劳强度极限而应力循环次数又远高于 10^7 次发生的一种机械疲劳损伤。造成长期疲劳损坏的原因有：叶片或叶片组在高频激振力作用下引起的共振损坏；叶片表面缺陷处出现局部应力集中而发生的疲劳损坏；低频率运行、超负荷运行使某些级的叶片应力升高导致提早损坏等。高周疲劳损坏在电厂叶片断裂事故中最为常见，防止长期疲劳损坏的办法是按规定避开高频激振力共振范围，提高叶片加工质量和改善运行条件，如防止低周波、超负荷运行，防止腐蚀和水击等。

（3）蠕变疲劳损伤。由蠕变和疲劳共同作用所形成的介于静应力产生的蠕变和动应力产生的疲劳之间的一种耦合损伤形式。裂纹起源部位呈蠕变现象，断裂性质为持久断裂和疲劳断裂的耦合，而且往往伴随着材料组织的变化。蠕变疲劳损伤裂纹基本上是穿晶断裂，断口宏观形貌有贝壳花纹，断口微观貌有较厚的氧化皮。蠕变疲劳损伤容易发生在高压缸前几级叶片、中间再热式汽轮机中压缸前几级叶片以及中压汽轮机的调速级叶片。防止蠕变疲劳损坏伤的主要措施是选用高温性能好的金属来制造处于高温下工作的叶片，防止叶片共振，防止叶片径向和轴向相摩擦等。

（4）应力腐蚀损伤。产生应力腐蚀的主要原因是金属晶界偏析、析出碳化物、出现贫铬区、使晶界腐蚀、应力作用和高浓度盐的腐蚀。应力腐蚀主要发生在 2Cr13 钢制造的末级叶片上。其断口形貌呈颗粒状，微观形态是沿晶界裂纹，断面上有滑移台阶，并有细小腐蚀坑。防止叶片应力腐蚀损伤的主要措施是改善汽水品质、提高叶片材质、降低叶片动应力等。

（5）腐蚀疲劳损伤。腐蚀疲劳损伤是叶片在腐蚀介质中受交变应力作用而引起的疲劳损伤。如损坏是以机械疲劳为主，则裂纹发展迅速，裂纹为穿晶型；如损坏是以应力腐蚀为主，则裂纹发展较慢，裂纹主要是沿晶型。防止腐蚀疲劳损伤的主要措施是：提高叶片材质耐腐蚀性，降低交变应力水平，改善汽水品质。

（6）接触疲劳损伤。接触疲劳损伤是由于叶片根部松动，叶根参加振动，使叶根之间或叶片与叶轮机接触面产生往复微量相对摩擦运动而造成的一种机械损伤。摩擦表面材料晶体滑移和硬化，使硬化区内产生许多平行的显微裂纹，并不断扩展，从而引起疲劳断裂。摩擦裂纹和摩擦硬化现象同时并存是接触疲劳损坏的主要基本特征。摩擦硬化和摩擦裂纹仅存于接触部位表面。防止接触疲劳的主要措施是改善叶片接触面的紧贴程度，增加接触面积以防止接触点接触的应力集中，消除或减弱调频叶片的振动力。

20 世纪初，工业界注意到微动磨损和微动疲劳造成的损伤相当普遍并可能引发灾难性的后果，开始将微动接触疲劳作为一个专题进行研究[4]。研究发现，在疲劳或振动等循环工况下，各种相互接触的机械构件接触表面间将出现往复相对滑动位移，发生接触疲劳损伤，影响构件的正常工作和安全寿命，接触作用会加速零部件的疲劳裂纹萌生与扩展，使材料的疲劳寿命降低 20%～50%，甚至更多[5-6]。微动磨损疲劳导致的失效已经很普遍，微动磨损意味着接触表面磨损或者材料的损失[7-8]，作为微动疲劳的促进因素引起疲劳裂纹的萌生和疲劳寿命的降低，工业界已有较多因为装配不良导致局部应力过大产生微动磨损引起叶片疲劳断裂的案例[9-12]，与普通疲劳相比，构件的磨损疲劳寿命明显降低，不同工况下寿命降低的比例大不相同，寿命的降低与局部接触疲劳的强烈程度有重要的联系[13]。

汽机叶片断裂导致停堆的事件见表 7-1。

表 7-1　　　　　　　　　　　　汽机叶片断裂导致停堆的事件

事件编号	事件名称	发生时间	涉及电厂
CN09-03-08	低压缸末级叶片拉筋断裂导致凝汽器钛管泄漏，2 号机组停堆检修	2003 年 8 月 1 日	秦山三厂 2 号机组
EARATL 05-001	由汽轮机叶片故障导致非计划停堆	2004 年 10 月 18 日	Cooper 1
EAR ATL 06-009	由于低压缸叶片损坏导致主汽轮机故障	2006 年 5 月 30 日	Watts Bar 1
EAR MOW 10-001	汽轮机第 5 段转子叶片损坏引起汽轮机 6～9 号轴承振动高和 3 号低压缸额外噪声，导致机组停堆	2010 年 2 月 14 日	Rovno 3
EAR TYO 05-017	汽轮机低压缸检修	2005 年 6 月 21 日	Ulchin 2
EAR TYO 06-032	低压缸叶片损坏	2006 年 7 月 18 日	Shika 1
MER ATL 04-030	低压缸叶片断裂导致机组因汽轮机振动高而停堆	2003 年 5 月 23 日	Cooper 1
MER MOW 06-017	汽轮机叶片断裂导致凝汽器损坏，循环水泄漏进入主冷凝水	2005 年 8 月 28 日	Dukovany 4

第一节　汽轮机叶片材料及组织评估

在湿蒸汽区工作的叶片需用抗腐蚀性高的不锈钢，并随着使用温度的提高及叶片尺寸的加大要使用有更高高温强度或强度的叶片用钢材料，1Cr13、2Cr13 等可用于工作温度 450℃叶片材料。温度超过 500℃，需在 1Cr13 型的基础上，加入合金元素钼（Mo）、钨（W）、钒（Nb）、硼（B）、镍（Ni）等强化的钢。

汽轮机叶片常用材料有：

（1）铬不锈钢。1Cr13 和 2Cr13 属于马氏体耐热钢，它们除了在室温和工作温度下具有足够的强度外，还具有高的耐蚀性和减振性，是世界上使用最广泛的汽轮机材料。

（2）强化型铬不锈钢。弥补了 1Cr13 型铬不锈钢热强性较低的缺点，在其中加入 Mo、W、钒（V）、铌（Nb）、硼（B）等。

（3）低合金珠光体耐热钢。用于制造工作温度在 450℃以下中压汽轮机各级动叶片和静叶片。

（4）铝合金和钛合金。其密度小、耐蚀性高，用于制造大功率汽轮机末级长动叶片。

叶片常用的毛坯形式有：

（1）方钢毛坯。方钢毛坯包括静叶片方钢毛坯和动叶片方钢毛坯。

（2）铸造毛坯。铸造毛坯铸造静叶片在强度等级上要求相对较低，允许使用铸造毛坯。

（3）锻造毛坯。锻造毛坯包括动叶片的模锻毛坯、静叶片的模锻毛坯、高速锻毛坯和精锻毛坯。

（4）轧制毛坯。

（5）爆炸成形毛坯。

叶片加工质量的高低直接影响着汽轮机的工作性能，叶片型面的加工量约占叶片加工量的 1/2。五联动加工中心是目前最为先进的叶片汽道加工专用设备，由于全部采用硬质合金刀具，高速切削（7000～10000r/min），而且该机床设计性能允许大余量切削，因此工效可成倍提高。五联动可使刀具始终处于最佳切削状态，且切削力最小，由于刀尖切削，又由于工件进给方向保证主切削力始终沿型面方向，即叶片刚性较好方向，因此工件弹性变形小。叶根是叶片的主要装配部位，它的加工精度决定着装配质量，并直接影响着汽轮机的安全运行和效率。常用的叶根有 T 形、菌形、叉形、枞树形等。

图 7-1　叶片材料金相组织（200×）

本章研究的中核电站汽轮机叶片材料牌号为 0Cr17Ni4CuNb，对有裂纹的叶片叶根进行表面渗透检测检查，对叶根的第一齿根据检测到的裂纹位置进行切割取样，并在液氮中脆断，取样后进行化学成分分析和金相分析。第一齿的基体金相组织（见图 7-1）为回火马氏体组织，有约 3.7％的带状位向排列的 δ 铁素体，夹杂物含量较低，主要为球状夹杂物，其夹杂物评级为 D1 类。

化学成分质量百分含量为 C 23.42％、Cr 12.76％、Ni 2.73％、Cu 2.19％、Si 0.68％、Mn 1.49％、Fe 56.73％，满足设计规范要求[14]。

第二节　汽轮机叶片断裂表面分析

利用 VHX-1000 体式显微镜进行叶片断口宏观表面特征进行检测，采用 Axiover-200MAT 光学显微镜（optical microscope，OM）对裂纹扩展区纵截面进行金相组织观察分析；对断裂启裂区和扩展区采用 TESCAN VE-GA TS5136XM 扫描电子显微镜（scanning electron microscope，SEM）观察并进行能谱分析，裂纹断口疲劳源区局部进行能谱分析研究底部颗粒的成分。

叶根表面渗透检测检查如图 7-2 所示，在第一齿齿根处进汽侧发现裂纹，呈横向扩展形态，内弧侧裂纹长度约 26mm，外弧侧裂纹长度约 8mm。裂纹断口宏观形貌如图 7-3 所示，断口呈灰色，可见明显的放射棱线和疲劳弧线，具有典型的疲劳断裂特征，疲劳源区和裂纹扩展区明显，扩展区面积占比例较大，由疲劳弧线和放射棱线可确定断裂起始

图 7-2　叶根表面渗透检测检查

于内弧侧距进气侧端面约 4mm 处；断口无明显的腐蚀特征。疲劳断口观察可见裂纹呈现分层现象，说明主裂纹有两条。裂纹扩展区纵截面疲劳裂纹形貌如图 7-4 所示，金相组织

正常，从裂纹的扩展途径来看，裂纹在基体中的扩展为穿晶扩展，而且裂纹扩展穿过带状δ铁素体相。

图 7-3　裂纹断口宏观形貌

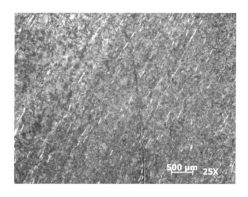

图 7-4　疲劳裂纹形貌（25×）

疲劳断口启裂区形貌如图 7-5 所示，有明显的疲劳弧线形貌，启裂区附近有少量的红棕色锈迹掺杂，能谱分析启裂区未发现硫化物和氯化物等腐蚀产物，判断为不是应力腐蚀引起的裂纹；断口启裂区疲劳辉纹形貌如图 7-6 所示，可见明显疲劳辉纹，且扩展方向不一致，说明启裂附近区域应力情况较复杂，辉纹间距通过测量得到均值为 $0.6 \sim 0.8 \mu m$。断口扩展区疲劳辉纹形貌如图 7-7 所示，裂纹沿近似垂直于循环应力的方向扩展，呈现一定的解理断裂特征。扩展区纵切面制样 SEM 下观察结果（见图 7-8）发现，在断面主裂纹下次表面有明显的小裂纹，疲劳应力作用下二次裂纹较多，所受振动应力复杂，导致裂纹扩展路径复杂。

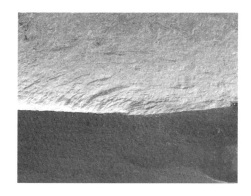

图 7-5　断口启裂区形貌（30×）

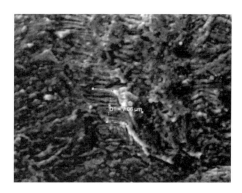

图 7-6　断口启裂区疲劳辉纹形貌（5000×）

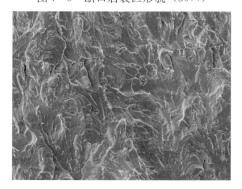

图 7-7　断口扩展区疲劳辉纹形貌（1000×）

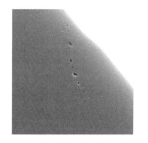

图 7-8　断口扩展区裂纹形貌（3000×）

第三节　汽轮机叶片结构应力与振动特性评估

叶片在工作状态下的受力为低频离心力叠加与其方向垂直的高频振动应力，离心力带来的叶片内部拉应力对疲劳开裂是有促进作用的。另外，计算叶片静强度也为叶片疲劳、微动疲劳试验提供平均应力的输入值。

计算模型采用三维模型，载荷边界条件受离心力和蒸汽背压力作用，选用 Solid45 体单元构造叶片实体模型，采用自由网格划分模型，共划分 22296 个单元，由于该叶片为松装叶片，在工作状态下叶片因离心力作用，其叶根每个齿的上齿面与叶轮紧密贴合，下齿面则与叶轮存在一定间隙，因此模型中在叶根齿的上表面施加固定约束。采用 ANSYS 对模型做静应力分析，计算结果如图 7 - 9 所示，叶片最大应力在叶根出汽侧内弧第一齿上表面凹槽位置处，最大应力值为 598.86MPa。失效叶片对应裂纹源所在位置（距进汽端23mm 附近）的应力为 329.93MPa，如图 7 - 10 所示。

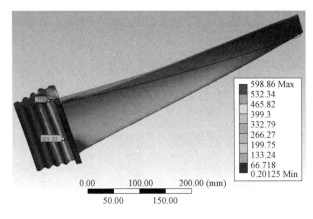

图 7 - 9　叶片静应力分布云图

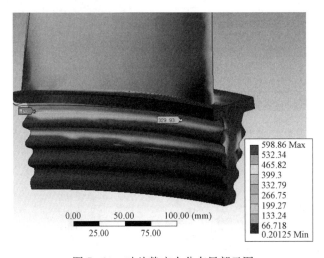

图 7 - 10　叶片静应力分布局部云图

通过有限元计算发现，主裂纹源不是服役工况下的最大应力处，进一步验证了接触磨损对疲劳裂纹的萌生起一定的促进作用，但是主裂纹的扩展方向与一阶振动拉扭应力相符合。

设计微动磨损实验和磨损后疲劳实验，研究微动磨损对疲劳寿命的影响，在 MTS 试验机上采用三点弯加载方式，试验频率为 20Hz，摩擦副采用 25Cr2NiMoV 转子材料，正交方式线线接触。摩擦与摩擦副之间压 - 压接触载荷控制在 0.4~4kN，磨损周次为 10^6 次。微动磨损后试样进行疲劳实验，对疲劳试样断裂特征进行扫描电镜分析。

汽轮机动叶片在服役工况下，除承受着转子转动产生的离心载荷之外，由于蒸汽的压力作用还承受弯曲载荷和扭转载荷；叶片受蒸汽流动激振后会产生受迫振动，振动试验表明叶片在高负荷下沿环向会出现振动应力不规则放大甚至引发共振，导致振幅增大，交变应力上升，最终可能导致疲劳失效[14]。微动磨损模拟实验如图 7 - 11 所示，将磨损后的试样进行疲劳实验，疲劳应力水平为（560±350）MPa，疲劳寿命为 166724 周次，与未进行微动磨损的试样的疲劳寿命 192681 周次相比，约降低了 16%。微动磨损后的疲劳试样断裂特征分析表明，磨损与接触压力和接触面积有关，接触压力影响接触区应力集中情况，接触区面积增大，裂纹萌生概率增加，如图 7 - 12 所示，微动磨损导致了表面的磨损缺失，形成了裂纹的启裂点，摩擦力引起的切向应力是微动疲劳裂纹萌生和扩展的主要原因，降低了疲劳寿命。

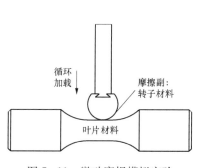

图 7 - 11　微动磨损模拟实验

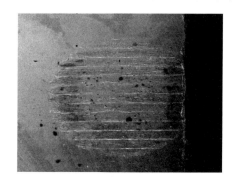

图 7 - 12　磨损点形貌（100×）

叶片一阶振型如图 7 - 13 示，二阶振型如图 7 - 14 所示。

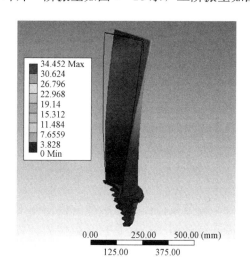

图 7 - 13　叶片一阶振型（切向弯曲振动）

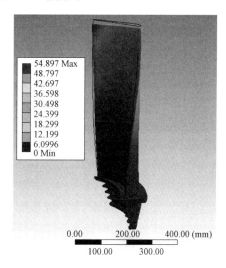

图 7 - 14　叶片二阶振型（轴向弯曲振动）

对叶片也进行了动频的测试。为了模拟叶片运行时所受到的离心力作用，在叶根夹块上施以压块，通过紧固螺栓将叶根夹块下压，如图 7-15 所示，同时叶根底部两侧凹槽处垫以金属垫块，垫块对叶根起到向上顶的作用，用以模拟离心力状态，动频测量结果（见图 7-16）为一阶动频为 189Hz，二阶动频为 418~447Hz，与出厂测量数据基本相同。

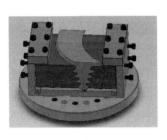

图 7-15 动频测量安装图

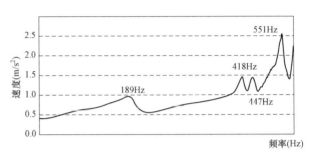

图 7-16 动频测量结果

第四节 汽轮机叶片断裂机理分析

疲劳裂纹起裂点扫描电镜观察发现，起裂点位置呈现一定的分层、挤压和剥落形貌，可见明显的塑性变形带，未见明显的冶金缺陷。裂纹断口疲劳源区局部可清楚看到接触区表面颗粒层的结构，磨损点底部有微裂纹，断口启裂点磨损形貌如图 7-17 所示，磨损点底部颗粒能谱分析，氧化物颗粒结果如图 7-18 所示，除含有叶片基体 Fe、Cr、Ni、Zn 等元素外，还有一定量的 O 元素，说明磨损点底部颗粒为 Fe 的氧化物颗粒，这为典型的磨损导致的氧化[15-17]，叶片与转子接触部位的疲劳损伤机制以氧化磨损和接触疲劳为主。

图 7-17 断口启裂点磨损形貌（2000×）

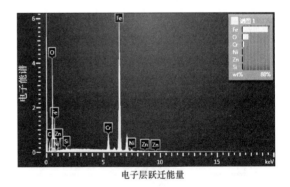

图 7-18 氧化物颗粒结果图

磨损将导致疲劳裂纹的萌生，降低疲劳寿命，疲劳载荷历史与磨损的叠加作用会加快材料疲劳失效，接触磨损疲劳过程中，接触磨损和疲劳两个过程是相互影响的。裂纹的早期发展阶段，起裂点位置附近的磨损破坏了材料表面的完整性，造成的应力集中对疲劳起裂起促进作用，裂纹扩展主要受到接触表面接触交变应力引起的局部疲劳控制；当裂纹扩展超过一定深度以后，局部接触应力及局部接触磨损的影响将逐渐减弱，整体疲劳应力对疲劳裂纹的扩展起主要作用。

微动疲劳是指接触体由于承受外界交变疲劳应力产生的不同变形引起接触界面发生相对运动，促使疲劳裂纹早期萌生和加速扩展，从而导致构件过早失效破坏的现象，是一种伴随微动磨损的疲劳强度和疲劳寿命问题。与常规疲劳相比，微动疲劳特征明显：接触区局部应力高度集中，疲劳裂纹首先在接触区近表面产生，局部表面接触损伤对裂纹萌生和扩展起推动作用。本研究发现叶片的疲劳失效有典型的接触微动疲劳特征：

（1）微动带来的磨损、接触疲劳、塑性变形等损伤因素破坏了材料表面的完整性，导致了疲劳裂纹的萌生。

（2）能谱分析结果表明，磨屑中的氧元素含量很高，说明磨屑发生了严重的磨损氧化。

（3）通过设计模拟实验发现接触区域的微动大大降低了材料的疲劳寿命。

叶片产生损伤的原因较多，基本可以归结到两个方面，叶片本身结构材料的原因和叶片运行工况的原因。

（1）叶片本身结构材料的原因包括材质不良或错用材料，材料机械性能差，金属组织有缺陷或有夹渣、裂纹等，叶片经过长期运行后材料疲劳性能及衰减性能变差，或因腐蚀冲刷机械性能降低。

（2）叶片运行工况原因包括电网频率变动超出允许范围，过高、过低都可能使叶片振动频率进入共振区，产生共振而叶片断裂。机组过负荷运行，使叶片的工作应力增大，尤其是最后几级叶片，蒸汽流量增大，各级焓降也增加，使其工作应力增加很大，从而严重超负荷。主蒸汽参数不符合要求，频繁而较大幅度地波动，主蒸汽压力过高，主蒸汽温度偏低或水击，以及真空过高，都会加剧叶片的超负荷或水蚀而损坏叶片。蒸汽品质不良使叶片结垢、腐蚀，叶片结构后将使轴向推力增大，引起某些级过负荷。腐蚀则容易引起叶片应力集中或材质的机械强度降低，都能导致叶片损坏。停机后由于主蒸汽或抽汽系统不严密，使汽水漏入汽缸，时间长，使通流部分锈蚀而损坏。

微动磨损和微动疲劳是叶片失效的一个原因，其导致的损伤机制为表面磨损和表面裂纹的萌生和扩展，基于接触疲劳磨损的机理理解，为减少磨损疲劳发生的概率，工业界目前正在研究相应的缓解磨损疲劳措施[18-19]包括应用表面工程技术，选用合理的匹配的材料，优化改良结构的设计，使用润滑介质等。末级叶片和次末级叶片已经较多的使用表面工程技术进行强化保护，尤其在叶片上部进汽侧背弧处有严重的水冲蚀损坏问题，解决的方法是进行表面强化保护处理，如银焊司太立合金片、表面淬硬、电火花强化、镀铬、等离子喷镀、渗氮等。

参考文献

[1] HYOJIN K，YONGHO K. Crack evaluation and subsequent solution of the last stage blade in a low - pressure steam turbine. Engineering Failure Analysis，2010，17：1397 - 1403.

[2] HYOJIN K. Crack evaluation of the fourth stage blade in a low - pressure steam turbine. Engineering Failure Analysis，2011，18：907 - 913.

[3] 濮春欢，徐滨士，等. 干摩擦条件下3Cr13涂层的磨损寿命研究. 材料研究学报，2009，23（4）：357 - 362.

[4] WATERHOUSE R B. 微动磨损与微动疲劳. 周仲荣译. 成都：西南交通大学出版社，1999.

[5] 刘道新，何家文. 微动疲劳影响因素及钛合金微动疲劳行为. 航空学报，2001，22（5）：454 - 457.

［6］ 卫中山，王珉，等 . TC4 钛合金的微动疲劳行为研究 . 稀有金属材料与工程，2006，35（7）：1050 - 1052.

［7］ 王振生，郭建亭，等 . 三种 NiAL 材料的室温摩擦磨损性能 . 材料研究学报，2009，23（3）：225 - 230.

［8］ 王吉会，姜晓霞，等 . 腐蚀磨损过程中材料的环境脆性 . 材料研究学报，2003，17（5）：449 - 458.

［9］ 胡燕慧，田永江，等 . 烟气轮机叶片断裂原因分析 . 金属热处理，2007，32：184 - 186.

［10］ 高志坤，韩振宇，等 . 空心风扇叶片榫头裂纹原因分析 . 失效分析与预防，2012，7（2）：114 - 117.

［11］ 吕凤军，傅国如 . 某型飞机对接螺栓微动疲劳裂纹分析 . 装备环境工程，2011，8（5）：74 - 76.

［12］ HELMI A M. Fretting fatigue and wear damage of structural components in nuclear power stations - Fitness for service and life management perspective. Tribology International，2006，39（10）：1294 - 1304.

［13］ 周仲荣 . 关于微动磨损与微动疲劳的研究 . 中国机械工程，2000，11（10）：1146 - 1150.

［14］ 徐友良，崔海涛，等 . 基于临界面法的燕尾榫连接结构微动疲劳寿命预测 . 航空动力学，2013，28（3）：489 - 493.

［15］ 蔡振兵，朱旻昊，等 . 钢 - 钢接触的扭动微动磨损氧化行为研究 . 西安交通大学学报，2009，43（9）：86 - 90.

［16］ MO J L，ZHU M H. Tribological oxidation behavior of PVD hard coatings. Tribology international，2009，42：1758 - 1764.

［17］ 沈明学，彭金方，等 . 微动疲劳研究进展 . 材料工程，2010（12）：86 - 91.

［18］ FU Y，Wei J，BATCHELOR A W. Some considerations on the mitigation of fretting damage by the application of surface - modification technologies. Journal of Materials Processing Technology，2000. 99（1 - 3）：231 - 245.

［19］ 沈燕，张德坤，等 . 接触载荷对钢丝微动磨损行为影响的研究 . 摩擦学学报，2010，30（4）：404 - 408.

第八章

汽轮机转子主轴材料疲劳与接触疲劳特性评估

汽轮机是将蒸汽的能量转换成为机械功的旋转式动力机械，又称蒸汽透平。主要用作发电用的原动机，也可直接驱动各种泵、风机、压缩机和船舶螺旋桨等，还可以利用汽轮机的排汽或中间抽汽满足生产和生活上的供热需要。汽轮机的转动部分总称转子，包括动叶栅、叶轮（或转鼓）、主轴和联轴器及紧固件等旋转部件，按主轴与其他部件间的组合方式，转子可分为套装式转子、整锻式转子、焊接式转子和组合式转子四大类。套装式转子的叶轮是通过热套套在大轴上的，制造成本低，但在高温下容易松动，通常只用于中小型机组中；整锻式转子的叶轮和整个大轴都是由钢水一体铸造而成的，热稳定性最好，但制造困难麻烦而且出了问题修复困难；焊接式转子是一段一段焊接起来的，热稳定性也好，但对焊接技术要求很高。

汽轮机转子通常在 3000～3600r/min 的高转速下运行，汽轮机的高、中压转子同时要承受 400～600℃ 的高温；汽轮机转子还要承受因温度梯度所引起的热应力。对汽轮机高、中压转子所用材料要求有高的室温和高温强度、良好的塑性和韧性、高蠕变强度以及较低的脆性转变温度。高温转子选材的重要依据是材料的高温持久强度。

第一节　汽轮机转子及主轴

大型汽轮机运行中影响寿命的主要因素是机组启停和变负荷时在转子中引起的交变热应力和离心力导致的应力，往往产生较大的塑性应变，从而导致转子的低周疲劳损伤，因而转子是汽轮机中最关键也是最脆弱的部件[1]。转子表面温度主要与周围的蒸汽温度和转子表面的传热系数有关，因而启停过程中，影响热应力的根本因素是启停机过程中的蒸汽的温度和压力变化情况。另外，机组在稳态运行工况下的离心力会使转子在高温下遭受蠕变损伤[2]，在疲劳 - 蠕变长期交互作用下，夹杂物缺陷处容易产生裂纹起裂，在疲劳载荷作用下持续扩展至断裂，研究发现单独使用疲劳损伤模型或者蠕变损伤模型分析，累积损伤因子都较小，而使用疲劳 - 蠕变耦合损伤模型进行分析得到损伤累积与断裂过程相符合。

目前国际已有较多的汽轮机转子断裂事故发生，比较典型的汽轮机转子断裂事故见表 8 - 1[3]，其中的事故原因分析为根据分析报告推断。

表 8 - 1 　　　　　　　　　　　国际典型汽轮机转子断裂事故

电站名称	机组功率	事故时间	断裂源	损坏情况	事故原因
Tanner Creek	125	1953 年 1 月	低压转子叶轮轮缘	低压转子轮盘断裂	运行时局部应力过大
Ridge - Iand	156	1954 年 12 月	低压转子	断裂成 4 块	裂纹、白点
Uskmouth5	60	1956 年 1 月	高压转子、低压转子	低压大轴碎裂，高压转子断裂	
德国某电站	45	1960 年	大轴纵向裂纹	转子 6 处断裂	材料不合格
Hinkey point	87	1969 年	低压转子断裂	高压转子 1 处，低压转子各 2 处	应力腐蚀裂纹
三菱重工	330	1970 年	超速试验转子爆裂		材料偏析，回火脆性
海南电站 3 号	600	1972 年	转子平衡超速试验爆裂	轴系 17 处断裂	剧烈振动使大轴弯曲断裂

　　对于核电站汽轮发电机组来说，转子是汽轮机中在高温、高压高速运转的关键部件，受力情况最复杂、最危险。机组在启停过程中，转子除了受到蒸汽压力、扭矩、自重和离心力等外，还受到热载荷的作用，这些载荷共同作用与轴系上[4-5]，在结构突变部位容易引起应力集中，特殊工况下会超过材料的屈服极限。根据 Lermaitre 非线性低周疲劳连续损伤累计模型，塑性应变累积导致疲劳损伤产生疲劳裂纹[6-8]，一旦出现裂纹，不易修复，而且还会引起转子转动不平衡和机组振动，缩短机组的使用寿命，因而转子寿命是整个机组寿命的重要部分。

　　由于启停机过程中转子表面经历大幅度的温度变化，并且稳定运行时转子不同位置温差也较大[9]，造成转子体内较大温度梯度和热应力，热应力是在机组启停过程中影响其安全运行的最主要因素，严重影响汽轮机的设计寿命，启停过程中的热应力相对其他应力来说要大得多，轴系的热应力水平和疲劳寿命损耗是其安全、经济运行的最重要的因素[10]。核电站汽轮机叶片断裂导致停堆的事件，见表 8 - 2。

表 8 - 2 　　　　　　　　　　　核电站汽轮机叶片断裂导致停堆的事件

事件编号	事件名称	发生时间	涉及电厂
CN09 - 03 - 08	低压缸末级叶片拉筋断裂导致凝汽器钛管泄漏，2 号机组停堆检修	2003 年 8 月 1 日	秦山三厂 2 号机组
EARATL 05 - 001	由汽轮机叶片故障导致非计划停堆	2004 年 10 月 18 日	Cooper 1
EAR ATL 06 - 009	由于低压缸叶片损坏导致主汽轮机故障	2006 年 5 月 30 日	Watts Bar 1
EAR MOW 10 - 001	汽轮机第 5 段转子叶片损坏引起汽轮机 6～9 号轴承振动高和 3 号低压缸额外噪声，导致机组停堆	2010 年 2 月 14 日	Rovno 3
EAR TYO 05 - 017	汽轮机低压缸检修	2005 年 6 月 21 日	Ulchin 2
EAR TYO 06 - 032	低压缸叶片损坏	2006 年 7 月 18 日	Shika 1
MER ATL 04 - 030	低压缸叶片断裂导致机组因汽轮机振动高而停堆	2003 年 5 月 23 日	Cooper 1
MER MOW 06 - 017	汽轮机叶片断裂导致凝汽器损坏，循环水泄漏进入主冷凝水	2005 年 8 月 28 日	Dukovany 4

自 20 世纪 70 年代，磨损疲劳就引起了核能利用大国研究机构的关注，如美国电力研究院（EPRI）、加拿大原子能公司（AECL）、法国电力公司（EDF）、韩国电力研究院（KEPRI）等已经对此开展了一系列的研究工作。研究表明叶片与转子间安装时产生的装配应力，叠加在静载应力水平之上，研究表明在装配应力较高位置一定条件下易引起接触磨损疲劳，导致设备故障。

美国核管会发布的 NUREG - 1801《通用老化经验报告（generic aging lessons learned，GALL）》中将微动和磨损分别定义如下：微动（fretting）：接触面间界面处引起腐蚀的一种加速老化效应，以及接触面间微小振动引起的老化效应；磨损（wear）：两个表面间存在相对运动所造成的表层材料损失或在硬的磨粒作用下的材料损失。磨损通常发生在承受周期性相对运动的部件间、经受频繁操作的部件间或由于紧固力损失而发生相对运动的紧固件间。根据磨损形式（或过程）不同，可分为磨粒磨损、机械磨损或微动磨损。材料对间可发生以下一种或多种交互作用：①软表面粗糙峰承受严重的局部屈服并最终被去除（微观）；②表面氧化物剪切；③由于摩擦而引起的局部冷焊，随后焊接区域分离；④机械性能相同或相似两材料间的局部加工硬化。

微动磨损是接触表面发生极小幅度的往复运动，接触面上的材料在摩擦作用下受到的机械损伤现象。磨损疲劳构件在承受交变疲劳载荷的同时还承受微动磨损，微动磨损作用可能使构件的疲劳强度和寿命大大减少；工程上可能会由磨损疲劳引发多种意外失效事故，及时发现并去除或减缓微动磨损疲劳的影响非常重要。

早在 20 世纪 70 年代，Wharton 等提出了微动疲劳极限的概念，认为在普通疲劳基础上加微动作用导致试样疲劳裂纹提前萌生并失效的最少微动次数即为磨损疲劳极限。

影响材料磨损速率和机制的因素包括：材料性质和性能（组织、硬度、强度、疲劳、氧化和腐蚀、裂纹扩展、韧性、黏着性等）、接触条件（载荷、振幅、频率、时间、几何形状）和环境条件（温度、湿度、化学势、润滑），由这些因素共同构成摩擦学系统。压力的增大使接触表面的弹性变形增加、微动相对滑移量减小。对于在交变应力下的构件，产生微动疲劳裂纹的倾向增大，或是在较低的交变应力下就产生裂纹。

SUH N P 则认为，微动磨损、黏着磨损及疲劳磨损都是由同一机理产生，都可用他提出的剥层理论来描述。剥层理论认为，在切向力作用下，位错塞积的结果形成空穴和萌生裂纹，由于应力场作用于亚表面裂纹平行于表面扩展，从而引发疲劳裂纹，降低材料的疲劳寿命。

20 世纪 80 年代后，磨损疲劳的研究方法得到了系统的发展，取得了一些研究成果。1987 年，Vingsbo 和 Söderberg 提出微动图理论，他们认为根据摩擦对间相对运动幅值从小到大，依次可划分为三个磨损区，即：黏着区（stick）、黏着 - 滑动混合区（mixed stick and slip）和滑移区（gross slip）。当微动运行于上述三个区域内，F_t - D 曲线呈现出不同的形状特征，分别为直线形、椭圆形和平行四边形型曲线。在黏着区，摩擦对间相对位移幅值仅为几微米，界面微凸体的接触处于黏着状态，在接触边缘观测不到微滑，运动主要依靠弹性变形调节，在该区域，磨损引起的损伤很小，且无疲劳裂纹产生。在黏着 - 滑动混合区（相对位移幅值为 5～10μm）发生微动疲劳，在这一区域，磨损和腐蚀的作用都很小，但是由于裂纹生长速率很大使得材料的疲劳寿命减小，并发生大量的塑性变形。在滑移区（相对位移幅值为 20～300μm）发生微动磨损，腐蚀协助下的微动磨损会引起严重的损伤，但是由于磨损速率很快，裂纹生长速率有限。

为避免或减少这种疲劳及磨损疲劳损伤的发生，就必须研究机组启动时转子的瞬态温度变化规律，计算转子的热应力分布与变化，本章建立二维轴对称热力耦合模型，考虑材料物理性能随温度变化和蒸汽参数随时间变化，对转子温度场和热应力进行瞬态数值计算，为汽轮机转子的安全运行提供技术支持。

第二节　汽轮机转子主轴热力学性能计算

以国内某核电站 1 号机为例，转子和叶片材料的基本拉伸力学性能，如图 8-1 和图 8-2 所示。

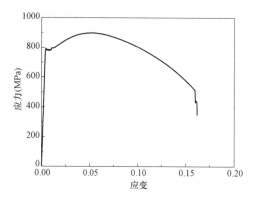

图 8-1　转子材料拉伸曲线

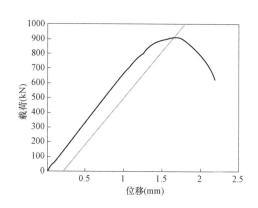

图 8-2　叶片材料拉伸曲线

评估其典型工况下，包括冷启动、热启动、稳态运行、紧急停机、正常停机和变负荷等，将低压缸蒸汽压力和温度列表 8-3～表 8-8 中。

表 8-3　　　　　　　　　　　　　　冷启动低压缸参数

转速（r/min）	功率（MW）	低压缸进汽压力（MPa）	低压缸进汽温度（℃）	相对时间（s）
3000.625244	72	0.000825	172.9580078	0
3001.875244	93.37500763	0.018800001	166.6870117	1140
3002.500244	99.00000763	0.024900001	201.28567	2280
3003.125244	100.5000076	0.025875001	191.00501	2580
3002.500244	208.5000153	0.108475003	258.0153402	18660
3001.250244	216.5625153	0.112562504	259.0906779	135720
3001.35437	262.3125	0.14607501	270.1558431	148680
3005.41687	300.9375	0.174625009	277.2653402	154980
3002.187744	337.3125305	0.200862512	277.7758382	160140
3006.458618	484.5000305	0.300075018	275.1870117	270360
3009.16687	624.75	0.400500011	272.8903402	294300
3005.625244	699.000061	0.450325024	272.1246745	437580

续表

转速（r/min）	功率（MW）	低压缸进汽压力（MPa）	低压缸进汽温度（℃）	相对时间（s）
3008.750244	769.500061	0.500200033	272.4890137	448680
3004.375244	913.875061	0.600300026	271.1766764	470520
3006.250244	928.500061	0.610025036	271.1036784	476640
3002.500244	944.250061	0.620700026	270.9576823	478380
3006.458618	956.625061	0.630575025	270.9943441	528000
3006.562744	972.000061	0.640500033	271.0308431	531300

表8-4　　热启动低压缸参数

转速（r/min）	功率（MW）	低压缸进汽压力（MPa）	低压缸进汽温度（℃）	相对时间（s）
2996.35437	112.5	0.032225002	239.3850149	
2997.083618	114.375	0.034650002	239.7863464	3540
2876.04187	56.4375	0.012737501	239.622172	60
2996.250244	75	0.001525	191.8070119	34860
3003.750244	322.125	0.169050008	187.9786784	2700
3005.000244	394.5	0.226125008	280.546346	5040
3001.250244	412.125	0.240550011	281.1296794	960
3003.750244	418.125	0.245100009	280.1820068	11820
3003.750244	420	0.247200012	279.8170166	1980
3001.250244	424.125	0.249575013	279.0516764	11040

表8-5　　稳态运行低压缸参数

转速（r/min）	功率（MW）	低压缸进汽压力（MPa）	低压缸进汽温度（℃）	相对时间（s）
3012.5	957	0.62950002	270.8486735	0
3004.06	977.438	0.64406253	270.8668416	43200

表8-6　　紧急停机低压缸参数

转速（r/min）	功率（MV）	低压缸进汽压力（MPa）	低压缸进汽温度（℃）	相对时间（s）
2997.71	996	0.655387533	271.4681803	0
2995.31	824.063	0.627950048	271.0308431	3240
2993.02	98.4375	0.066512503	272.9265137	3300
2996.56	112.125	0.031650002	231.7835083	3900
2996.25	113.625	0.027050002	240.8796794	4680
2876.04	56.4375	0.012737501	239.622172	10800

表 8 - 7　　　　　　　　　　　　正常停机低压缸参数

转速（r/min）	功率（MW）	低压缸进汽压力（MPa）	低压缸进汽温度（℃）	相对时间（s）
3008.334	945	0.634875035	267.3850098	0
3012.292	933.75	0.628750038	267.7860107	3780
3007.917	607.5	0.400175017	271.5046794	7020
3003.959	470.25	0.300775015	274.2030029	9360
3007.084	331.13	0.208900017	276.0986735	14640
3010.625	278.25	0.175250009	276.8276774	15180
3010	59.625	0.008975001	210.3643392	17640

表 8 - 8　　　　　　　　　　　　变负荷低压缸参数

转速（r/min）	功率（MW）	低压缸进汽压力（MPa）	低压缸进汽温度（℃）	相对时间（s）
2995.94	982.88	0.64915003	271.5228475	0
2995	833.44	0.55995003	273.2548421	6780
2993.54	501	0.31213751	279.0335083	7440
2993.33	502.13	0.30756251	276.700175	7740
2992.08	652.31	0.40061252	273.5100098	8340
2993.75	923.25	0.60311254	271.6506755	9000
2994.69	970.13	0.64078753	271.7420044	10740

　　各种典型工况下，转子的各级位置的温度和压力可根据进汽温度和压力（表 8 - 3～表 8 - 8）来计算，不同温度下转子材料的基本力学性能不同，各级位置处的换热系数也不同。

　　以汽轮机热启动过程为例，启动过程中各级叶片位置的蒸汽温度时间历程如图 8 - 3 所示，随着启机时间，蒸汽温度逐渐升高至一个稳定值；各级叶片位置的蒸汽压力如图 8 - 4 所示。

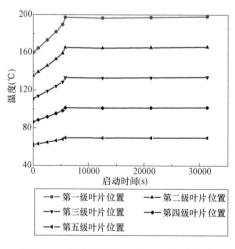

图 8 - 3　蒸汽温度随启机时间变化趋势

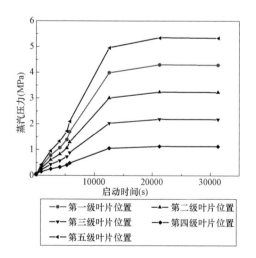

图 8 - 4　蒸汽压力随启机时间变化趋势

汽缸内蒸汽的物性参数，其计算方式[11]如下：

对于不很高的过热蒸汽，蒸汽比热容可表示为

$$c = 0.004702 \frac{T}{p} - \frac{1.45}{(T/100)^{31}} - 5800 \frac{p^2}{(T/100)^{135}} \tag{8-1}$$

式中 T——蒸汽温度，K；

p——蒸汽压力，$\times 10^5$ Pa；

c——蒸汽比热容，m^3/kg。

比定压热容的表达式为

$$c_p = 1.84 + 0.00054T + T\Big[0.007711 \frac{p - 0.00623}{(T/100)^{51}} +$$
$$158.343 \frac{p^3 - 0.00623^3}{(T/100)^{15.5}}\Big] \times 10^{-4} \tag{8-2}$$

式中 T——蒸汽温度，K；

p——蒸汽压力，$\times 10^5$ Pa；

C_p——蒸汽比定压热容，$kJ/(kg \cdot ℃)$。

导热系数的表达式

$$\lambda = \frac{K_1 + \Big[\frac{(103.51 + 0.4198t - 2771 \times 10^{-5}t^2)}{c_p \times 10^3} + \frac{2.1482 \times 10^{-5}}{(c_p \times 10^3)^2 t^{42}}\Big] \times 10^{-3}}{1000} \tag{8-3}$$

$$K_1 = [17.6 + 0.0587t + 1.04 \times 10^{-4}t^2 - 4.51 \times 10^{-8}t^3] \times 10^{-3} \tag{8-4}$$

式中 t——蒸汽温度，℃；

c_p——蒸汽比定压热容，m^3/kg；

λ——蒸汽导热系数，$kJ/(m \cdot s \cdot ℃)$。

动力黏度的表达式：

$$\mu = \mu_1 + \Big(\frac{111.35647}{X} + \frac{67.3208}{X^2} + \frac{3.20515}{X^3}\Big) \times 10^{-7} \tag{8-5}$$

$$\mu_1 = \Big[263.4511 \times \Big(\frac{T}{634} - 0.4219836\Big) + 80.4\Big] \times 10^{-7} \tag{8-6}$$

式中 X——无量纲对比态比容，$X = c/0.00317$；

T——蒸汽温度，K；

μ——蒸汽动力黏度，$kg/(m \cdot s)$。

雷诺数 Re 的表达式

$$Re = \frac{\pi n r_0^2}{c\mu} \tag{8-7}$$

式中 n——转速，r/min；

r_0——叶轮顶部半径，m；

c——蒸汽比热容，m^3/kg；

μ——蒸汽动力黏度，$kg/(m \cdot s)$。

在汽轮机转子的温度场计算当中，转子外表面与蒸汽的换热系数是一个重要的参数，用以确定转子表面传热边界条件，其准确程度直接影响到温度场与热应力的计算精度，基于分段压力和温度的基础数据进行计算的结果，比较符合工程实际。

在汽轮机的启动和停机过程中，转子外表面上蒸汽温度、压力、流量均随不同的轴向位置和启动时间变化，因而转子外表面的换热系数是时间和空间的函数。

叶片间轴位置的换热系数[12]为

$$\alpha_a = \frac{N_u \lambda_c}{R_a} = \frac{0.1 \left(\frac{\mu R_a}{\nu}\right)^{0.68} \lambda_c}{R_a} = \frac{\lambda_c}{10 R_a^{0.32}} \cdot \left(\frac{\mu}{\nu}\right)^{0.68} \tag{8-8}$$

叶片位置的换热系数[13]为

$$\alpha_b = \frac{N_u \lambda_c}{R_c} = \begin{cases} \dfrac{0.675 Re^{0.5} \lambda_c}{R_b} = \dfrac{0.675 \left(\frac{\mu R_b}{\nu}\right)^{0.5} \lambda_c}{R_b}, Re = \dfrac{\mu R_b}{\nu} \leqslant 2.4 \times 10^5 \\[4mm] \dfrac{0.0217 Re^{0.8} \lambda_c}{R_b} = \dfrac{0.0217 \left(\frac{\mu R_b}{\nu}\right)^{0.8} \lambda_c}{R_b}, Re = \dfrac{\mu R_b}{\nu} > 2.4 \times 10^5 \end{cases} \tag{8-9}$$

气封轴位置的换热系数[14]为

$$\alpha_c = \frac{N_u \lambda_c}{2\delta} = \frac{0.043 \left(\frac{\delta}{H}\right)^{0.3} \left(\frac{\delta}{S}\right)^{0.2} Re^{0.8} \lambda_c}{2\delta} = \frac{0.043 \left(\frac{\delta}{H}\right)^{0.3} \left(\frac{\delta}{S}\right)^{0.2} \left(\frac{2 W_z \delta}{\nu}\right)^{0.8} \lambda_c}{2\delta}$$

$$= \frac{0.037 W_z^{0.8} \lambda_c}{S^{0.2} \delta^{0.7} H^{0.3} \nu^{0.8}} = 52.55 \lambda_c \left(\frac{W_z}{\nu}\right)^{0.8} \tag{8-10}$$

式中　α_a、α_b、α_c——轴位置、叶片位置、气封轴位置的换热系数，$W/(m^2 \cdot ℃)$；

$\qquad \lambda_c$——导热系数，$W/(m \cdot K)$；

$\qquad N_u$——中间参量；

$\qquad \nu$——蒸汽的运动黏度系数，m^2/s；

$\qquad \mu$——圆周速度，m/s；

$\qquad R_a$——光轴表面外径，m；

$\qquad R_b$——叶轮外圆半径，m；

$\qquad Re$——雷诺数；

$\quad \delta$、H、S——气封轴位置的间隙、高度、长度等几何参数，m；

$\qquad W_z$——速度，m/s。

国内某核电站汽轮机材料为 3.25NiCrMoV，其力学参数和热学常数随着温度的变化而变化；而在机组的启停过程中，转子表面及内部的温度都处于一个瞬态变化过程中，采用任意时刻材料的物理性质变化更好的表征变物性对整个计算过程的影响。

转子材料物理性能参数随温度的变化显著[15-16]，并且是热应力计算中的重要参数，将材料物理性能参数做常数处理使计算结果偏离实际。对热应力影响最大的为导热系数和线膨胀系数，导热系数越小，线膨胀系数越大，热应力越大；实验表明随着温度升高，导热系数降低而线膨胀系数升高，如图 8-5 所示，导热

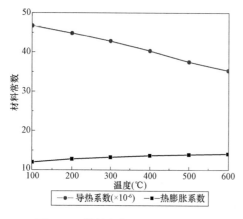

图 8-5　材料常数随温度变化趋势

系数随着温度的升高线性降低，而热膨胀系数随着温度的升高而升高。实验表明，温度升高，弹性模量降低而比热容升高。

　　根据式（8-8）～式（8-10）计算方法，以冷启机过程为例，转子表面各位置的对流换热系数随启动时间变化趋势如图8-6所示；紧急停机时转子表面各位置的对流换热系数随启机时间变化趋势如图8-7所示。各种不同工况下转子表面的对流换热系数与转速、气体压力和气体温度有关，并且不同位置不同时刻的对流换热系数不同。

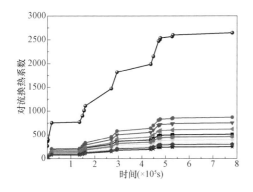

图8-6　冷启动时蒸汽对流换热系数随启机
时间变化趋势

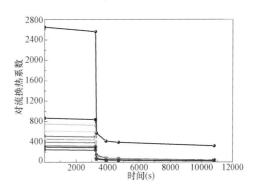

图8-7　紧急停机时蒸汽对流换热系数随启机
时间变化趋势

　　根据式（8-4）和式（8-6）以及各级叶片温度和压力的计算，得到各级叶片和轮轴位置的换热系数如图8-8和图8-9所示。

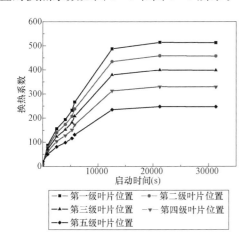

图8-8　叶片位置换热系数随启机时间变化趋势

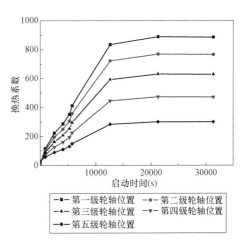

图8-9　轮轴位置换热系数随启机时间变化趋势

第三节　汽轮机转子静态热应力评估

　　计算时采用的数学模型为瞬态计算模型，转子几何模型为轴对称几何模型，物理模型为同性无内热源的热传导模型。转子温度t沿周向相同，仅为径向r，轴向z和时间τ的函数，热力学控制方程[16]为各向同性无内热源的二维瞬态轴对称导热。

$$\frac{\partial t}{\partial \tau} = \frac{\lambda}{c_p \rho} \left(\frac{\partial^2 t}{\partial z^2} + \frac{\partial^2 t}{\partial r^2} + \frac{1}{r} \frac{\partial t}{\partial r} \right) \tag{8-11}$$

式中　t——温度，℃；

　　　τ——时间，s；

　　　c_p——蒸汽比定压热容，kJ/(kg·℃)。

　　　λ——蒸汽导热系数，kJ/(m·s·℃)。

　　　ρ——密度，kg/m³；

　　　r——径向位移变量，m；

　　　z——轴向位移变量，m。

求解上述常微分方程的初始条件为

$$t(\tau = 0) = t_0(r, z)$$

第一、第二、第三类边界条件分别为

$$\Gamma_1 : t = t(r, z, \tau)$$
$$\Gamma_2 : -\lambda \frac{\partial t}{\partial n}\bigg|_{r=0} = g(r, z, \tau) \tag{8-12}$$
$$\Gamma_3 : -\lambda \frac{\partial t}{\partial n}\bigg|_{r} = \alpha(t - t_f)$$

式中　λ——材料导热系数，kJ/(m·s·℃)；

　　　ρ——材料密度，kg/m³；

　　　g——热流密度函数；

　　　α——对流换热系数；

　　　t_f——转子表面接触的气温，℃。

初始条件为第一类边界条件，中心孔为绝热第二类边界条件，转子外缘表面为已知蒸汽温度和对流换热系数的第三类边界条件，其中换热系数为蒸汽温度、压力和流速的函数；转子外表面上蒸汽温度、压力和流速随轴向位置和启停机时间的变化而变化，因而蒸汽温度和转子外表面换热系数也是时间和空间的函数。

根据热弹性理论，热应变张量和热应力张量通用计算方法[18]为

$$\widetilde{\varepsilon}_{th} = \gamma \cdot dt \tag{8-13}$$
$$\widetilde{\sigma}_{th} = \frac{E\gamma}{1-\nu} dt \tag{8-14}$$

式中　E——弹性模量，Pa；

　　　γ——线膨胀系数，1/℃；

　　　ν——泊松比；

　　　dt——温度梯度。

施加几何边界条件和热力学边界条件，对方程（8-11）进行瞬态动力学求解。初始载荷步采用施加初始温度场的稳态计算，得到稳定的初始温度场，再在此稳态温度场分布的基础上进行瞬态动力学计算，得到各级叶片根槽部位热应力水平变化历程，如图8-10所示，随着启机时间，各级轮轴位置的应力水平先升高，后随着温度场均匀分布达到一个稳定的应力水平，其中第一级叶片根槽位置因为温度梯度较高，应力水平明显高于其他位置。

汽轮机转子结构比较复杂，为准确对转子进行温度场和热应力计算，几何模型采用了

一定程度的简化，转子整段包括轴封在内作为研究对象。几何模型与有限元单元如图8-11所示，整段转子中间截面结构对称，采用二维轴对称平面模型；有限元计算时采用热力耦合4节点四边形轴对称单元。

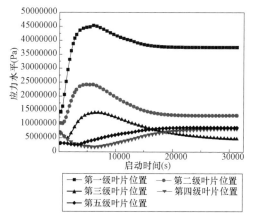

图8-10 各级根槽部位热应力水平变化历程

图8-11 几何模型与有限元单元

转子左端面为轴向零位移约束，右端面为对称边界。转子表面不同位置蒸汽温度和蒸汽压力在冷启动时，从气封轴位置依次到5级叶片、转子中心共7个位置，随启机过程变化趋势如图8-12和图8-13所示；在紧急停机时转子表面不同位置蒸汽温度和蒸汽压力起机过程变化趋势如图8-14和图8-15所示。

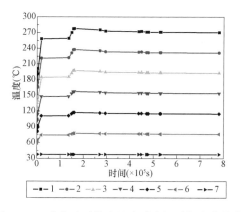

图8-12 冷启动时蒸汽温度随启机时间变化趋势　　图8-13 冷启动时蒸汽压力随启机时间变化趋势

各种不同工况下，如冷启动、热启动和正常停机、紧急停机等，转子不同级叶片位置的温度和压力边界条件不同，计算时采用的初始条件也不同。通常采用初始零时刻的蒸汽温度和压力作为初始边界条件对转子进行稳态温度场计算，得到的转子初始温度场分布作为其后瞬态温度场计算的初始边界条件。汽轮机的启动、停机等均是典型的复杂工况，对于冷启动，根据有限元计算待到瞬态温度场和热应力场[19]-[20]在9000s时应力达到最大值，如图8-16所示。

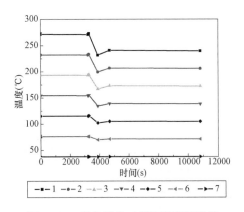

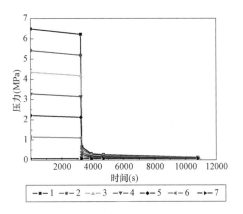

图 8-14　紧急停机时蒸汽温度随启机　　　图 8-15　紧急停机时蒸汽压力随启机
时间变化趋势　　　　　　　　　　　　　时间变化趋势

图 8-16　冷启动时转子热应力分布（$t=9000\text{s}$）

热应力最大水平约为 245MPa，位于进气口第一级叶片根槽，此时的温度场分布如图 8-17
所示，温度从第一级叶片到末级叶片温度逐渐降低，温度梯度也降低。

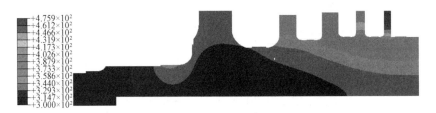

图 8-17　冷启动时转子温度场分布（$t=9000\text{s}$）

冷启动启机后热应力水平逐渐降低，温度场和热应力场稳定以后热应力分布如图 8-18
所示，此时的温度场分布如图 8-19 所示，已经接近稳态温度场分布。

图 8-18　冷启动稳定后转子热应力场分布

图 8 - 19　冷启动稳定后转子温度场分布

冷启动启机过程中转子相应位置温度历程与图 8 - 10 一致；而第一级叶片叶根根部位置的热应力历程如图 8 - 20 所示，汽轮机温度梯度较大，热应力水平提高，而后逐渐达到稳态温度分布，热应力降低到一个稳定的值。

紧急停机时，只考虑热应力的情况下，对转子温度场和热应力场进行瞬态分析，达到最高热应力时温度场和应力场分布分别如图 8 - 21 和图 8 - 22 所示。

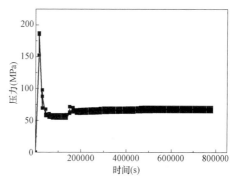

图 8 - 20　冷启动启机过程中转子第一级叶片叶根根部位置的热应力历程

图 8 - 21　紧急停机时转子温度场分布

图 8 - 22　紧急停机时转子热应力场分布

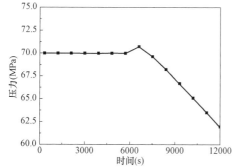

图 8 - 23　紧急停机过程中转子第一级叶片叶根根部应力历程

紧急停机过程中第一级叶片根部应力历程如图 8 - 23 所示，随着停机过程应力水平逐渐降低。

对转子在其他典型工况（热启动、稳态运行、正常停机和变负荷）下的温度场和静应力场进行计算，得到最高应力值时的温度场和热应力场分布结果，如图 8 - 24～8 - 27 所示。

167

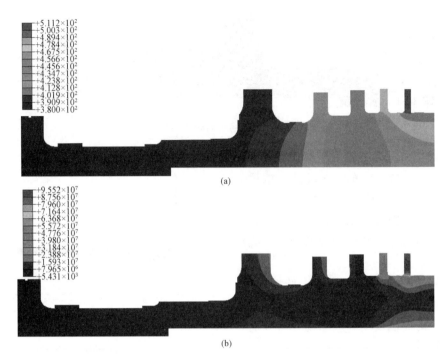

图 8-24 转子热启动过程中的温度场和热应力场分布

(a) 温度场；(b) 热应力场

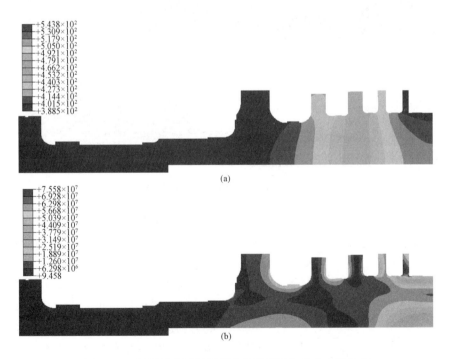

图 8-25 转子稳态运行过程中的温度场和热应力场分布

(a) 温度场；(b) 热应力场

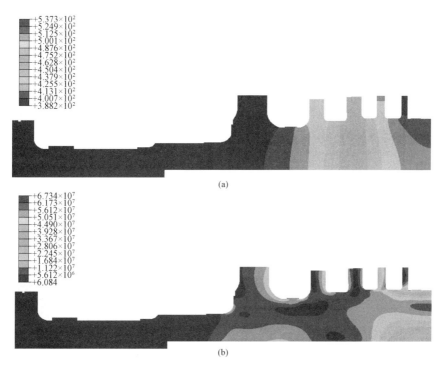

图 8 - 26　转子正常运行过程中的温度场和热应力场分布

（a）温度场；（b）热应力场

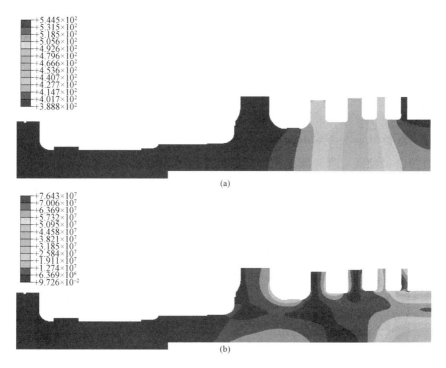

图 8 - 27　转子变负荷过程中的温度场和热应力场分布

（a）温度场；（b）热应力场

转子启动后在转子及叶片离心力的作用下，轮轴往往有较高的应力水平；每次启停机导致应力水平的波动，成为转子疲劳寿命的主要考虑因素。而因为末级叶片尺寸最大，质量最大，所产生的离心力也最大，在该载荷作用之下，叶片与根槽的接触往往会导致根槽产生较大的应力水平，每次启停机引起的疲劳损耗也较强，容易萌生疲劳裂纹[21-22]。

为计算考虑叶片及转子离心作用下的转子整体应力水平，将叶片简化为规则几何形状，质量及质心保持不变，叶片及转子之间简化为一个整体，不考虑接触面的作用，计算得到的整体应力场分布如图 8-28 所示，末级叶片根槽处的应力水平较高。

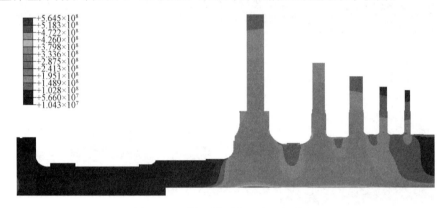

图 8-28 低压转子离心应力场分布

不考虑叶片与转子之间的装配公差，仅考虑叶片、转子及销钉之间的接触，计算其在离心力作用下的接触应力，仅取末级叶片做简化处理，其几何模型及有限元网格如图 8-29 所示。

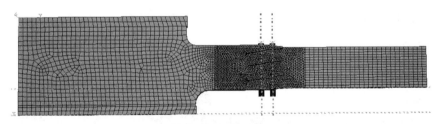

图 8-29 末级叶片的几何模型及有限元网格

启机后全转速离心力作用下的接触应力场分布如图 8-30 所示，在转子的根槽部位有较高的应力分布，局部位置甚至超过材料的屈服应力，可能成为疲劳裂纹起裂源。

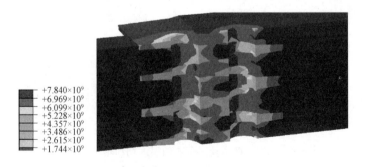

图 8-30 启机后全转速离心力作用下的接触应力场分布

总之，叶片简化模型的计算结果可以看出，因为末级叶片有较大的质量和质心离旋转轴较远，所以产生的离心力较大，因此导致末级叶片根部的应力水平较高。为实际计算叶片与转子根槽之间接触产生的应力水平，建立三维接触模型，计算结果表明接触部位局部有较高的应力水平，甚至超过屈服极限，可能产生疲劳裂纹的起裂源。

第四节　汽轮机转子材料疲劳与接触疲劳评估

在现有的疲劳试验机基础上，设计可执行磨损疲劳的夹持设备，设计基本要求满足：采用圆棒接触圆棒的点接触模式；法向接触载荷可以调整；法向接触载荷在拉伸载荷变化的条件下可保持恒定。

基于以上的设计要求，形成设计模型，加工调试安装，如图 8-31 和图 8-32 所示。

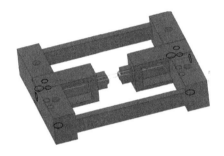

图 8-31　接触磨损疲劳实验夹持设备　　　图 8-32　接触磨损疲劳实验夹持设备安装图

只考虑圆棒试样和接触磨损夹头的点接触条件，计算接触应力，压入过程中圆棒试样的应力分布如图 8-33 所示。随着接触后法向压入深度的增加，法向接触载荷增加，如图 8-34 所示，圆棒试样塑形屈服范围逐渐变大，为使圆棒只在小范围区域内屈服，如图 8-35 所示，也即只考虑较小法向载荷条件，并且该法向载荷与圆棒试样的拉伸载荷相比，要小得多，在此加载条件下开展接触磨损疲劳实验。

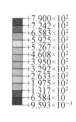
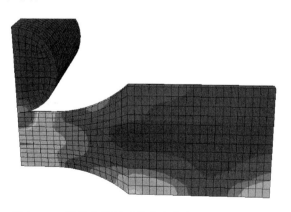

$+7.900 \times 10^2$
$+7.242 \times 10^2$
$+6.583 \times 10^2$
$+5.925 \times 10^2$
$+5.267 \times 10^2$
$+4.608 \times 10^2$
$+3.950 \times 10^2$
$+3.292 \times 10^2$
$+2.633 \times 10^2$
$+1.975 \times 10^2$
$+1.317 \times 10^2$
$+6.584 \times 10$
$+9.593 \times 10^{-3}$

图 8-33　圆棒点接触时的应力分布

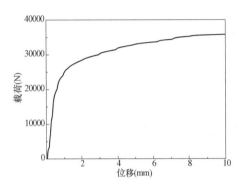

图 8-34 圆棒点接触时的压入深度和
接触载荷关系曲线

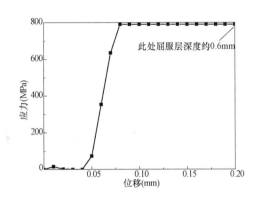

图 8-35 圆棒点接触时的压入深度与
表面接触应力关系曲线

在保证法向接触载荷不变的条件下，开展拉伸疲劳实验。采用数值模拟的方法，先计算拉伸条件下的圆棒试样工作区的应力分布，如图 8-36 所示，工作段的应力分布比较均匀。

在保证拉伸应力不变的条件下，逐渐增加法向接触载荷，圆棒性试样接触点较小区域内有较高的应力，如图 8-37 和图 8-38 所示。

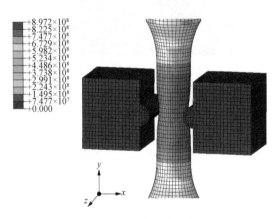

图 8-36 单轴拉伸应力分布

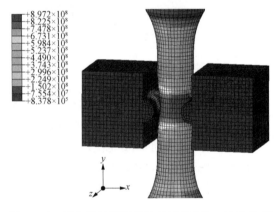

图 8-37 耦合接触磨损的拉伸试样 Mises 应力分布

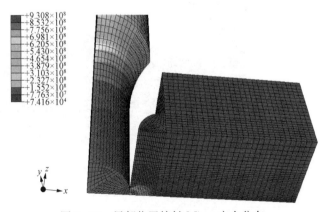

图 8-38 局部位置接触 Mises 应力分布

试样接触点沿深度的接触应力分布曲线如图 8 - 39 所示，中心接触点应力水平较高，随着距离接触点越远，应力水平降低，而接触应力峰值在距离接触点位置下约 $10\mu m$ 处。

圆棒试样的压入深度和接触载荷曲线如图 8 - 40 所示，压头压入深度和接触载荷关系曲线如图 8 - 41 所示，根据计算结果，初步设定法向载荷在 40N 和 60N，此时点接触条件下，接触面积较小，塑形变形区较小，只在表面约 $20\mu m$ 以内。在保证法向接触载荷保持不变的条件下，进行拉拉疲劳实验。

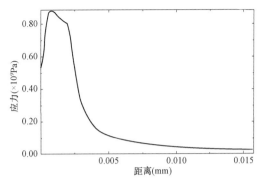

图 8 - 39　试样接触点沿深度的接触应力分布曲线

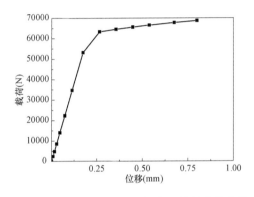

图 8 - 40　圆棒试样的压入深度和接触载荷曲线

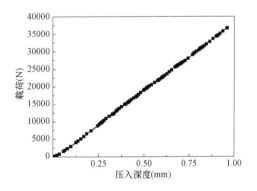

图 8 - 41　压头压入深度和接触载荷关系曲线

对转子材料进行疲劳实验，并在不同的恒定法向载荷条件下进行磨损疲劳实验，疲劳寿命与磨损疲劳寿命实验结果对比如图 8 - 42 所示，磨损疲劳寿命低于无法向接触磨损的疲劳寿命，法向接触载荷越大，磨损疲劳寿命降低的越多。

对磨损疲劳实验断裂的试样进行断口分析，整体断口形貌如图 8 - 43 所示。

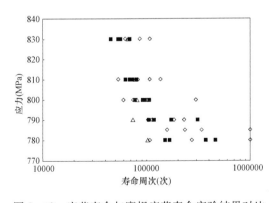

图 8 - 42　疲劳寿命与磨损疲劳寿命实验结果对比

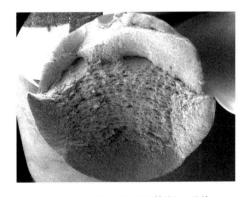

图 8 - 43　磨损断裂整体断口形貌

断口有比较明显的起裂区、扩展区和瞬断区。断口为单一起裂源（起裂区形貌如图 8 - 44 所示），从试样表面起裂，试样起裂源位置有明显表面磨损痕迹，磨损痕迹宽度约 $80\mu m$，裂纹垂直于磨损痕迹起裂，如图 8-45 所示。

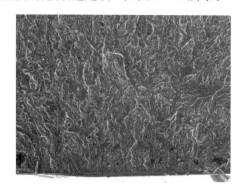

图 8-44　起裂区形貌

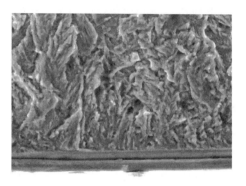

图 8-45　起裂区磨损形貌

扩展区有比较明显的疲劳辉纹，如图 8-46 所示。经测量疲劳辉纹间距约 $1\mu m$，裂纹扩展缓慢；瞬断区为比较典型的韧窝型断裂，如图 8-47 所示。

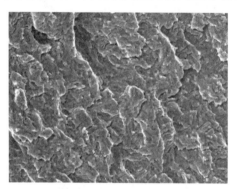

图 8-46　扩展区疲劳辉纹形貌

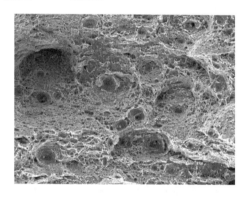

图 8-47　瞬断区韧窝型断裂形貌

磨损疲劳寿命的降低，主要是因为表面磨损层形成应力集中，相对于表面光滑试样，更易引起疲劳裂纹起裂源。法向接触应力的提高，接触表面塑形变形深度加大，引起表面磨损的深度变大，易于引起疲劳起裂源的可能性增多，最终导致磨损疲劳寿命的降低。

收集机组典型工况下的汽缸温度和压力信息，根据理论模型计算了缸内不同级位置的蒸汽压力和温度，以及转子与蒸汽界面不同位置的换热系数。收集转子和叶片材料的基本力学和热力学性能参数，对典型工况的温度场和热应力场的分布进行计算，并对离心力导致的应力场进行计算。离心力水平较大，导致转子和叶片接触连接位置的接触应力水平较高。基于疲劳实验设备，设计了可稳定施加法向载荷的接触磨损疲劳夹具，对其进行加工调试后安装，并进行后续磨损疲劳实验。采用数值方法计算了点接触条件下的法向接触位移和接触载荷曲线，设定法向接触载荷后，计算考虑法向接触后耦合的拉伸实验的应力分布，得到沿深度方向的应力峰值和可能影响的磨损深度。对转子材料进行疲劳实验和不同的恒定法向载荷的磨损疲劳实验，磨损疲劳寿命低于无法向接触磨损的疲劳寿命，法向接触载荷越大，磨损疲劳寿命降低的越多。磨损疲劳从试样表面起裂，试样起裂源位置有明显表面磨损痕迹，裂纹垂直于磨损痕迹起裂。法向接触应力的提高，接触表面塑形变形深度加大，引起表面磨损的深度变大，易于引起疲劳起裂源的可能性增多，最终导致磨损疲劳寿命的降低。

参考文献

［1］张建奎．汽轮机转子失效原因分析及改进措施．齐鲁石油化工．2000，28（3）：219-220.

［2］胥建群，周克毅，陈锦涛．基于材料老化和蠕变疲劳交互作用汽轮机转子寿命预测．汽轮机技术，2003，45（6）：405-407.

［3］李益民，杨白勋，史志刚，等．汽轮机转子事故案例及原因分析．汽轮机技术，2007，49（1）：66-69.

［4］COLOMBO F，MAZZA E，HOLDSWORTH S R，et al，Thermo-mechanical fatigue tests on uniaxial and component-like 1CrMoV rotor steel specimens. International Journal of Fatigue，2008，30（2）：241-248.

［5］NAEEM M，SINGH R，PROBERT D. Implications of engine's deterioration upon an aero-engine HP turbine blade's thermal fatigue life. International Journal of Fatigue，2000，22（2）：147-160.

［6］毛雪平，刘宗德，杨昆，等．转子钢应变控制下的蠕变疲劳交互作用研究．机械工程学报，2005，41（1）：216-220.

［7］CHRISTOPH W. KENSCHE，Fatigue of composites for wind turbines. International Journal of Fatigue，2006，28（10）：1363-1374.

［8］夏云春，吴静．国产600MW汽轮发电机组启停性能的研究．汽轮机技术，2008，50（1）：55-61.

［9］郝向中，梁立德，彭震中．捷制200 MW机组高压转子热应力场计算．华北电力大学学报，2000，（1）：37-41.

［10］J. H. BULLOCH，Near threshold fatigue crack propagation behaviour of CrMoV turbine steel. Theoretical and Applied Fracture Mechanics，1996，23：89-101.

［11］刘彦丰，郝润田，高建强．两种常用换热系数计算公式的比较和应用．汽轮机技术，2007，49（2）：97-97.

［12］黄保海，李维特．汽轮机转子放热系数的计算分析．电站系统工程，1999，15（4）：35-37.

［13］史进渊，邓志成，杨宇，等．大功率汽轮机叶轮轮缘传热系数的研究．动力工程，2007，27（2）：153-156.

［14］江宁，曹祖庆．考虑到材料温度特性的汽机转子疲劳寿命计算．东南大学学报，1999，29（4）：154-158.

［15］郝润田，牟效民，王海泉．考虑变物性的超临界汽机转子热应力计算与分析．电力科学与工程，2008，24（3）：35-37.

［16］周宇阳，陈汉平，忻建华，等．汽轮机强制冷却过程参数控制及优化．中国电机工程学报，2000，20（11）：72-76.

［17］张恒良，谢诞梅，熊扬恒，等．600MW汽轮机转子高精度热应力在线监测模型研制．中国电机工程学报，2006，26（1）：21-25.

［18］王世锋，韦元．汽轮机转子温度场和热应力的动态分析．能源工程，2006（4）：22-25.

［19］武新华，荆建平，夏松波，等．600MW汽轮机转子疲劳寿命计算．汽轮机技术，1999，41（3）：1-8.

［20］杨文松．某核电站1号机组汽轮机转子轴的寿命评估及螺位错与塑性变形区之间的相互作用．上海交通大学，2007.

［21］VASUDEVAN A K，ADANANDA K S，HOLTZ R L. Analysis of vacuum fatigue crack growth results and its implications. International Journal of Fatigue，2005，27：1519-1529.

第九章

主蒸汽管道蠕变－疲劳交互作用损伤机理与寿命预测

第一节 主蒸汽管道材料 P91 钢

P91 钢属于新型马氏体耐热钢，拥有良好的高温持久强度、热稳定性和高温抗蠕变能力等综合性能，在国内核电领域，为满足高温下所需要的综合性能，高温气冷堆的主蒸汽管道采用 P91 钢材料，主蒸汽系统设计压力为 15.7MPa，设计温度为 576℃。

P91 钢材料还广泛应用于火电机组主蒸汽管道，随着超（超）临界火电机组的迅猛发展，机组的蒸汽参数逐渐提高，随之而来的是具有更高的高温强度、更高的抗氧化性耐热钢的发展和采用，为了适应火电机组的飞速发展，研制出了适用于超临界、超超临界四大管道的新型合金钢种 P91 钢，截至目前在我国已有十多年的运行历史。P91 钢材料可作为亚临界、超临界锅炉壁温不高于 625℃的高温过热器、再热器用钢管，以及壁温不高于 600℃的高温集箱和蒸汽管道，也可作为核电热交换器以及石油裂化装置炉管。

P91 钢相当于 10Cr9Mo1VNbN，其化学成分为 C 0.08%，Mn 0.30%，P_{max} 0.02%，S_{max} 0.01%，Si 0.20%，Cr 8.00%，Mo 0.85%，V 0.18%，Nb 0.06%，N 0.03%，Al 0.04%，Ni 0.40%，其余为 Fe；P91 钢较其他材料碳含量更低，有利于其加工性能和焊接性能；P91 钢对 P、S 等杂质元素控制得更严，改善了其机械性能；其他微量合金元素更多，从而提高了该材料的高温性能；加入的 Al 既提高了抗氧化性能，又改善了焊接性能。P91 钢不仅具有高的抗氧化性能和抗高温蒸汽腐蚀性能，而且还具有良好的冲击韧性和高而稳定的持久塑性及热强性能。在使用温度低于 620℃时，其许用应力高于奥氏体不锈钢。在 550℃以上，推荐的设计许用应力约为 T9 和 2.25Cr－1Mo 钢的两倍。P91 钢在不预热条件下焊接裂纹达 100%，在预热 150℃以上焊接，才可以避免裂纹的产生，工艺的复杂性对 P91 在核电的广泛应用需要一定时间。在相同压力参数下，P91 相比 P11 可以减小主给水管的厚度，进而减小管系支吊架的质量，有利于管道的膨胀和收缩，利于释放附加应力。

P91 钢长期在高温高压条件下服役，材料的微观组织结构会随运行时间的延长而老化，高温蠕变和低周疲劳是高温受压部件两大主要损伤机理。国外虽对 P91 钢的蠕变和疲劳性能进行了大量的研究，但目前对其蠕变疲劳的损伤机制与寿命预测的研究仍较欠缺。

第二节　P91 钢材料蠕变 - 疲劳交互作用损伤理论模型

高温构件在服役过程中发生失效，其原因就是材料在应力或其他载荷的作用下使材料发生劣化，以致造成材料在高温下的力学性能下降，这种现象就是材料在高温下的损伤。损伤是受载材料由于微缺陷（微裂纹和微孔洞）的产生和发展而引起的逐步劣化。为了能够更合理地描述高温下材料的损伤过程，损伤力学的发展为这一现象定量化研究提供了坚实的理论基础。

材料处于高温环境下，会产生明显的黏性流动现象，不断的流动会引起材料内部的微观孔洞和微裂纹，即发生了材料损伤，这种损伤称为黏性流动损伤或者蠕变损伤。

在材料各向同性假设的基础上，基于 Norton[1] 蠕变本构方程，蠕变损伤表达式可写为

$$\dot{D} = \left[\frac{\sigma}{A(1-D)}\right]^r \tag{9-1}$$

$$r = 2q + n \tag{9-2}$$

$$A = (2EQ)^{q/r} N^{n/r} \tag{9-3}$$

式中　D——无量纲蠕变损伤因子；

$\dot{D}$——蠕变损伤率；

σ——蠕变保持过程的应力；

A、r——与温度相关的材料常数；

q——蠕变损伤系数；

n——蠕变损伤指数。

由于实际的蠕变损伤是非线性累积的，并且损伤的累积不仅与温度相关，也与加载水平相关，引入非线性效应[2]，将式（9-1）改写为

$$\dot{D} = \left[\frac{\sigma}{A(1-D)}\right]^r (1-D)^{r-k(\sigma,T)} \tag{9-4}$$

对式（9-4）进行积分，边界条件为，当 $t=0$，$D=D_o$，$t=t_c$，$D=D_c$时，可得

$$D = 1 - (1-D_o)(1-t/t_c)^{1/k(\sigma,T)+1} \tag{9-5}$$

式中　D_o——初始损伤量；

D_c——t_c时刻所对应的损伤量；

T——温度，℃；

t——时间，s。

由于蠕变损伤的累积受温度和加载水平的影响，加载水平的影响包括平均应力和应力幅度，将式（9-5）可记为如下形式：

$$D = 1 - (1-D_o)(1-t/t_c)^{\partial(\sigma_m,\sigma_a,T)} \tag{9-6}$$

式中　$\partial(\sigma_m, \sigma_a, T)$——蠕变损伤的累积程度；

σ_m——平均应力，Pa；

σ_a——应力幅值，Pa；

T——温度，℃。

式（9-6）为蠕变损伤的演化方程。

疲劳过程中材料的损伤与温度、加载过程、加载水平、加载频率、材料内部晶体结构等因素有关。在同一批试验中，试样的材料和加工都可以被认为是相同的，而且试验中加载水平和温度不是相互独立的，即不同的温度下相同的加载水平对材料的损伤影响是不相同的。因此，在考虑温度和加载水平的影响时，二者可以相互联系起来。

疲劳损伤主要来自于累积塑性应变。根据连续损伤力学理论，低周疲劳的损伤演化过程可以由一个合适的耗散势函数来表述，由构造出的耗散势[3]推导材料损伤演变过程，通过积分得到损伤模型，再由试验来确定方程中所需的常数。这种方法是建立在不可逆热力学理论框架基础上的，推导过程十分严密。

损伤材料的弹性本构方程由耦合损伤的弹性势函数得到，即

$$\psi = \psi_e(\varepsilon_{ij}^e, T, D, \pi) \tag{9-7}$$

式中 ε_{ij}^e——弹性应变张量；

T——温度，℃；

D——无量纲蠕变损伤因子；

π——微小累积塑性应变。

对于线弹性和各向同性材料，损伤方程可写为

$$\sigma_{ij} = \rho \frac{\partial \psi}{\partial \varepsilon_{ij}^e} \tag{9-8}$$

$$\varepsilon_{ij}^e = \frac{1+\mu}{E(1-D)} \sigma_{ij} - \frac{\mu}{E(1-D)} \sigma_{kk} \delta_{ij} \tag{9-9}$$

式中 ρ——密度，kg/m³；

σ_{ij}——应力张量，Pa；

ε_{ij}^e——弹性应变张量；

δ_{ij}——Kronecker 符号，$i=j$ 时为 1，否则为 0；

E——弹性模量，Pa；

μ——泊松比。

伴随损伤变量 D 的损伤应变能释放率 Y 可定义为

$$Y = -\rho \frac{\partial \psi}{\partial D} = -\frac{\sigma_{eq}^2 R_v}{2E(1-D)^2} \tag{9-10}$$

式中 R_v——无量纲三轴应力函数；

σ_{eq}——von Mises 等效应力，Pa；

E——弹性模量，Pa。

$$R_v = \frac{2}{3}(1+\mu) + 3(1-2\mu)\left(\frac{\sigma_H}{\sigma_{eq}}\right)^2 \tag{9-11}$$

式中 σ_H——静水压力，Pa；

σ_{eq}——von Mises 等效应力，Pa；

μ——泊松比。

$$\sigma_H = \frac{1}{3}\sigma_{kk} \tag{9-12}$$

$$\sigma_{eq} = \left(\frac{3}{2} S_{ij} S_{ij}\right)^{1/2} \tag{9-13}$$

式中 S_{ij}——应力偏张量，Pa。

可定义如下：

$$S_{ij} = \sigma_{ij} - \sigma_H \delta_{ij} \tag{9-14}$$

假设塑性变形和微小塑性变形导致材料损伤和内部能量耗散，则耗散势 ϕ 可表示为

$$\phi = \phi_p(\sigma, R; D) + \phi_D(Y, \dot{p}, \pi; T, \varepsilon_e, D) + \phi_\pi \tag{9-15}$$

式中　ϕ_π——微小塑性应变引起的耗散势，这里不予考虑；

　　　Y——屈服面方程；

　　　ϕ_D——损伤耗散势；

　　　$\dot{p}$——累积塑性应变率；

　　　π——微小累积塑性应变；

　　　T——温度，℃；

　　　ε_e——弹性应变；

　　　R——与累积塑性应变率 $\dot{p}$ 相关的各向同性硬化参数；

　　　ϕ_p——塑性耗散势，是与损伤耦合的 von Mises 塑性屈服函数。

ϕ_p 可表示为

$$\phi_p = \frac{\sigma_{eq} - R}{1 - D} - \sigma_Y \tag{9-16}$$

式中　σ_Y——材料的初始屈服应力，Pa；

　　　σ_{eq}——von Mises 等效应力，Pa。

耦合损伤本构方程和动态损伤演化方程可由塑性耗散势 ϕ_p 和损伤耗散势 ϕ_D 来推导得出，塑性应变率和累积塑性应变率可表示为

$$\varepsilon_{ij} = \varepsilon_{ij}^e + \varepsilon_{ij}^p \tag{9-17}$$

$$\dot{\varepsilon}_{ij}^p = \dot{\lambda} \frac{\partial \phi_p}{\partial \sigma_{ij}} = \frac{3}{2} \frac{\dot{\lambda}}{(1-D)} \frac{S_{ij}}{\sigma_{eq}} \tag{9-18}$$

$$\dot{p} = -\dot{\lambda} \frac{\partial \phi_p}{\partial R} = \frac{\dot{\lambda}}{(1-D)} \left[\frac{2}{3} \dot{\varepsilon}_{ij}^p \dot{\varepsilon}_{ij}^p \right]^{1/2} \tag{9-19}$$

式中　ε_{ij}——应变张量；

　　　ε_{ij}^e——弹性应变张量；

　　　ε_{ij}^p——塑性应变张量；

　　　$\dot{\lambda}$——非负比例因子；

　　　ϕ_p——塑性耗散势；

　　　S_{ij}——应力偏张量，Pa；

　　　R——各向同性硬化参数。

损伤动力学定律可表示为

$$\dot{D} = -\dot{\lambda} \frac{\partial \phi_p}{\partial Y} = -\frac{\partial \phi}{\partial Y} \tag{9-20}$$

式中　$\dot{\lambda}$——非负比例因子，可以在当 $\phi_p = 0$ 时获得；

　　　Y——屈服面方程；

　　　ϕ_p——塑性耗散势；

　　　ϕ——耗散势。

疲劳损伤主要来源于塑性应变的累积，根据 CDM 理论，低周疲劳损伤演化方程可由一个合适的耗散势来描述。关于耗散势研究，到目前为止，许多文献中均有过研究。Yang[4] 在损伤耗散势基础上，提出能满足各向同性材料损伤模型，用来表征材料累积损伤程度。低周疲劳连续损伤耗散势演化方程可表示为

$$\phi = \frac{Y^2}{2S_o} \frac{\dot{p}}{(1-D)^{a_o}} \tag{9-21}$$

式中　ϕ——耗散势；

　　　$\dot{p}$——累积塑性应变率；

　　　S_o——与温度相关的常数；

　　　a_o——累积损伤指数。

根据上述分析，疲劳过程中损伤变量 D 可用 N/N_f 来反映累积塑性应变的影响，根据本文试验，累积损伤程度与加载应力水平（应力幅与平均应力）和温度相关，函数 $1-\alpha$ (σ_m, σ_a, T) 代替 a_o，累积塑性应变率可用每一循环的塑性应变累积 $\Delta\dot{p}$ 代替[5]，于是低周疲劳损伤耗散势表示为

$$\phi = \frac{Y^2}{2S_o} \frac{\Delta\dot{p}}{(1-N/N_f)^{1-\alpha(\sigma_m,\sigma_a,T)}} \tag{9-22}$$

式中　Y——屈服面方程；

　　　N——循环周次；

　　　N_f——疲劳寿命循环周次；

　　　S_o——与温度相关的常数；

　　　$\Delta\dot{p}$——每一循环的塑性应变累积；

　　　σ_m——平均应力，Pa；

　　　σ_a——应力幅值，Pa。

将式（9-10）代入式（9-22），然后再代入式（9-20）可得

$$\dot{D} = -\frac{\Delta\sigma_{eq}^2 R_v}{2ES_o(1-D)^2} \frac{\Delta\dot{p}}{(1-N/N_f)^{1-\alpha(\sigma_m,\sigma_a,T)}} \tag{9-23}$$

式中　R_v——无量纲三轴应力函数；

　　　$\Delta\dot{p}$——每一循环的塑性应变累积；

　　　N——循环周次；

　　　N_f——疲劳寿命循环周次；

　　　T——温度，℃。

根据 Lemaitre[5] 的应变等效性假设，耦合损伤的循环应力应变可表示为

$$\frac{\Delta\sigma_{eq}}{1-D} = K(\Delta p)^M \tag{9-24}$$

式中　$\Delta\sigma_{eq}$——von Mises 等效应力增量，Pa；

　　　K、M——材料常数。

综合式（9-23）和式（9-24）可得应力控制下低周疲劳损伤的本构方程，即

$$\dot{D} = \frac{K^2 R_v}{2ES_o} \frac{\Delta p^{2M}}{(1-N/N_f)^{1-\alpha(\sigma_m,\sigma_a,T)}} \Delta\dot{p} \tag{9-25}$$

式中　K——材料常数；

R_v——无量纲三轴应力函数；

M——材料常数；

$\Delta\dot{p}$——每一循环的塑性应变累积；

N——循环周次；

N_f——疲劳寿命循环周次；

T——温度，℃；

σ_m——平均应力，Pa；

σ_a——应力幅值，Pa。

假设每个应力循环保证按比例加载，那么 R_v 在每个时间段内就可以视为常数。因此，通过对式（9-25）的 $\Delta\dot{p}$ 积分，可以获得一个加载循环内的疲劳损伤方程，即

$$\frac{\delta D}{\delta N} = \frac{K^2 R_v}{2ES_o} \frac{\Delta p^{(2M+1)}}{(2M+1)(1-N/N_f)^{1-a(\sigma_m,\sigma_a,T)}} \qquad (9-26)$$

式中　N——循环周次。

然后，再对式（9-26）积分，考虑到初始条件 $D|_{N=N_o}=D_o$，$D|_{N=N_f}=1$，其中 D_o 为初始循环损伤量，那么可得

$$1-D_o = \frac{K^2 R_v}{2ES_o} \frac{\Delta p^{(2M+1)}}{(2M+1)} \frac{1}{\alpha(\sigma_m,\sigma_m,T)} \qquad (9-27)$$

$$D-D_o = \frac{K^2 R_v}{2ES_o} \frac{\Delta p^{(2M+1)}}{(2M+1)} \frac{1}{\alpha(\sigma_m,\sigma_m,T)}\left[1-(1-N/N_f)^{\alpha(\sigma_m,\sigma_a,T)}\right] \qquad (9-28)$$

将式（9-27）与式（9-28）相比，可得低周疲劳损伤累积方程，此方程是基于连续损伤力学理论，假设塑性变形引起的损伤和内部能量耗散所推导获得的。

$$D = 1-(1-D_o)(1-N/N_f)^{\alpha(\sigma_m,\sigma_a,T)} \qquad (9-29)$$

要精确的模拟蠕变和疲劳各自造成的损伤已十分困难，要预测两者的协同效应更加具有挑战性。从 20 世纪 40 年代起，已先后提出近百个蠕变-疲劳寿命预测模型。但由于高温下材料的疲劳损伤机制除了与时间无关的塑性变形外，还有与时间相关的蠕变和环境作用，这些损伤机制的同时存在及其交互作用使得寿命预测模型非常复杂，有的还只能在实验室里使用。

从材料的损伤学理论可知：材料的损伤是由内部的微裂纹和微空隙导致的有效承载面积减小，材料的承载能力降低，从而使材料的力学性能劣化。因此，蠕变损伤演化方程基于经典的 Norton 蠕变本构方程，疲劳损伤根据 Krajcinovic 与 Lemaitre 提出的损伤力学中的损伤耗散势理论，用来表征材料的损伤程度。

令 D_c 表示蠕变损伤，D_f 表示疲劳损伤，则两种损伤的增量可记为

$$dD_c = f_c(\sigma_{eq}, D_c, D_f)dt \qquad (9-30)$$

$$dD_f = f_f(\Delta\varepsilon_P, D_f, D_c)dN \qquad (9-31)$$

式中　σ_{eq}——von Mises 应力，Pa；

$\Delta\varepsilon_P$——累积塑性应变。

材料中不同的缺陷不能直接相加，但根据损伤力学中有效应力的定义，由蠕变和疲劳所造成的材料结构承载面积的减少量可以相互叠加，因此有

$$D = D_c + D_f \tag{9-32}$$

式中 D——损伤因子；

D_c——蠕变损伤因子；

D_f——疲劳损伤因子。

将式（9-32）代入式（9-30）和式（9-31）得

$$dD_c = f_c(\sigma_{eq}, D_c, D_f)dt = f_c(\sigma_{eq}, D)dt \tag{9-33}$$

$$dD_f = f_f(\Delta\varepsilon_P, D_f, D_c)dN = f_f(\Delta\varepsilon_P, D)dN \tag{9-34}$$

因此式（9-32）可写为

$$dD = dD_c + dD_f = f_c(\sigma_{eq}, D)dt + f_f(\Delta\varepsilon_P, D)dN \tag{9-35}$$

式中 f_c——蠕变损伤的非线性函数；

f_f——疲劳损伤的非线性函数；

σ_{eq}——von Mises 应力，Pa；

$\Delta\varepsilon_P$——累积塑性应变；

t——时间，s；

N——循环周次。

而且由于两个函数中都含有损伤变量 D，因而表明蠕变-疲劳交互作用的损伤也为非线性函数，因此式（9-35）反映了蠕变-疲劳交互作用的非线性本质，从该式中分别获得 dD_c 和 dD_f 表达式即可获得蠕变-疲劳交互作用的演化方程。其中，一系列材料常数，分别从纯蠕变和纯疲劳的试验中确定，并将它们用于描述蠕变-疲劳交互作用的损伤表达式中。

由式（9-6）和式（9-29）可知 D_c 和 D_f 的表达式，在蠕变-疲劳交互作用下，可相应的改写为

$$D_c = D_{cc} - (D_{cc} - D_{co})(1 - t/t_c)^{\partial(\sigma_m, \sigma_a, T)} \tag{9-36}$$

$$D_f = D_{ff} - (D_{ff} - D_{fo})(1 - N/N_f)^{\alpha(\sigma_m, \sigma_a, T)} \tag{9-37}$$

式中 D_{co}、D_{fo}——蠕变和疲劳条件下的初始损伤；

D_{cc}、D_{ff}——蠕变和疲劳条件下的失效损伤。

根据本文的试验条件，每个循环周次内均为带有峰值应力保载的蠕变-疲劳交互作用，因此在循环周次 N 内，蠕变时间 t 可表示为

$$t = NT_{c-f} \tag{9-38}$$

式中 t——蠕变时间，s；

T_{c-f}——一个循环周次内的保载时间，s；

N——循环周次。

那么，将式（9-38）代入式（9-36）可得

$$D_c = D_{cc} - (D_{cc} - D_{co})(1 - N/N_c)^{\partial(\sigma_m, \sigma_a, T)} \tag{9-39}$$

蠕变-疲劳交互试验过程中，蠕变寿命与疲劳寿命是一致的，即 $N_c = N_f$，记为 N_D。

因此，将式（9-37）和式（9-39）代入式（9-32）中，同时考虑到在蠕变-疲劳交互过程中，当试样完全失效时，$D_{cc} + D_{ff} = 1$，可得[6]

$$D = 1 - (D_{cc} - D_{co})(1 - N/N_D)^{\partial(\sigma_m, \sigma_a, T)} - (D_{ff} - D_{fo})(1 - N/N_D)^{\alpha(\sigma_m, \sigma_a, T)}$$

$$\tag{9-40}$$

在蠕变-疲劳交互试验过程中，或者是在含有蠕变-疲劳的实际工况下，蠕变损伤和疲劳损伤作用是同时存在的，互相都有促进作用，不容易区别蠕变损伤和疲劳损伤。另外由式（9-40）不难发现，无论是蠕变损伤还是疲劳损伤，其损伤指数均是（$1-N/N_D$）的幂函数形式，因为此在蠕变-疲劳交互作用下，其损伤模型也可视为具有相同模式的损伤演化指数，以此来反映蠕变-疲劳交互作用下的损伤累积过程。综上所述，可将蠕变和疲劳损伤指数记为 $q(\sigma_m, \sigma_a, T)$ 形式，并考虑到在初始损伤时，$D_{co}+D_{fo}=D_o$，此时式（9-40）可改写为

$$D = 1 - (1 - D_o)(1 - N/N_D)^{q(\sigma_m, \sigma_a, T)} \tag{9-41}$$

式中　D_o——蠕变-疲劳交互作用初始损伤量；

　　　N——蠕变-疲劳交互作用的循环周次；

　　　N_D——蠕变-疲劳交互左右下材料失效的循环周次。

式（9-41）即为蠕变-疲劳交互作用下的损伤演化方程。

对于应力控制下的蠕变-疲劳交互作用试验是以应力为加载方式，峰值带有保载的试验。平均应变的变化具有典型的损伤变量变化特征，其随着循环周次的增加而增加，并且在循环后期，平均应变增加速率明显提高。与蠕变损伤和疲劳损伤曲线极其相似，说明随着循环的进行，损伤逐渐累积，导致材料变形的产生，在变形达到一定程度后迅速加快最终导致断裂，如图9-1所示。因此，用平均应变的变化作为损伤变量来描述损伤行为是可行的[7]。

平均应变是通过引伸计测量其轴向变形获得的，考虑到工程实际，轴向变形量也是最容易测量获得，而且可以反映出工程构件的变形状况，因此选取平均应变作为损伤参量，也具有一定的工程实际意义。那么，根据平均应变的变化范围，损伤参量公式定义为

$$D = \varepsilon_n/\varepsilon_f \tag{9-42}$$

式中　ε_n——循环过程中的平均应变；

　　　ε_f——材料断裂时的平均应变。

基于应力控制下的蠕变-疲劳交互作用连续损伤力学模型，以平均应变为损伤参量，拟合失效循环次数与损伤变量方程，能够合理地描述损伤演化进程。

由式（9-41）损伤演化方程中可以看出，损伤参量 q 是应力幅，平均应力和温度的函数。根据蠕变-疲劳交互作用的试验条件，试验温度恒定，因此参数 q 即为应力幅 σ_a 和平均应力 σ_m 的函数。由于平均应力和应力的关系是一一对应的，为简化表达形式，可将损伤参数 q 看作是应力幅 σ_a 的函数，如图9-2所示。

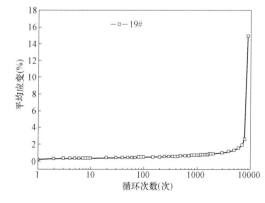

图9-1　应力控制下蠕变-疲劳交互作用试验的平均应变

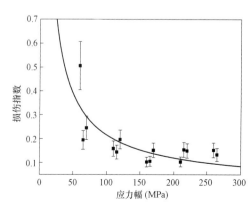

图9-2　损伤参数随应力幅的变化趋势

基于上述分析，根据图 9-2 获得损伤参数 q 与 σ_a 的函数，代入式（9-41）即可获得应力控制下蠕变-疲劳交互作用的损伤方程。

第三节　P91 钢蠕变-疲劳交互作用微观组织性能

本书以 P91 钢为例，进行蠕变-疲劳交互作用试验，将试验断口进行微观组织分析。

P91 钢在应力控制下的蠕变-疲劳交互作用的断裂属于材料延性不断损耗[7]，最终导致断裂。断口具有韧窝型断裂特征，分布着大量的韧窝和孔洞。当应力幅较大，平均应力较小时，如 -100～320MPa，其断口形貌如图 9-3（a）所示。此时断口粗糙，分布着大量大而深的蠕变孔洞。导致这种现象的主要原因是由于应力幅最大，致使材料在加卸载阶段都会发生较大的塑性变形，且加载的塑性变形大于卸载的反向塑性变形，使平均应变朝着最大延性的方向发展，即发生了强烈的循环蠕变现象（即棘轮效应）。循环蠕变会使多个分布在晶界上的微小韧窝或蠕变孔洞发生强烈聚集，并快速长大，当蠕变孔洞长大到一定程度后，出现几个相连形成的微裂纹现象，进而使试样断裂。因此，此时的断口在蠕变孔洞壁上分布着较为粗大的条纹，这是由于循环载荷造成的，其断裂特征为疲劳控制为主的断裂。

当应力幅减小到和平均应力相等的情况时，如 0～320MPa，如图 9-3（b）所示，随着应力幅减小，平均应力的增大，循环蠕变速率减小，蠕变孔洞长大的速度也变慢，此时断口的蠕变孔洞较图 9-3（a）略浅，断口也较图 9-3（a）光滑，断口处虽仍有蠕变孔洞合并而成二次裂纹的迹象，但已经明显没有应力幅最大的时候强烈。由于疲劳载荷的作用，同心条纹出现在蠕变孔洞壁上，这是在加载过程中，加载速度时而变化、时而停顿的微观反映。说明此时的断裂特征由蠕变和疲劳共同作用控制。

当应力幅继续减小并低于平均应力时，如 100～320MPa，如图 9-3（c）所示，蠕变孔洞壁上的条纹变得更加细密，而且韧窝也变得浅。由于应力幅进一步减小，平均应力达到了最大，平均应力引起的蠕变损伤增强，疲劳损伤进一步下降，在韧窝和蠕变孔洞周围晶界上的夹杂逐渐的形核长大。平均应力在晶间引起了复杂的剪应力，由于载荷的反复"搓动"，导致晶间少量的"颗粒"与基体脱粒，残留在韧窝中。断口没有蠕变孔洞相连而形成的裂纹迹象，此时的断裂特征为蠕变控制为主的断裂。说明此时与平均应力有关的静蠕变损伤开始占主导地位，而与应力幅有关的疲劳损伤所占比重很小。

沿平行于试样断口方向取样，制成 TEM 试样，旨在研究试样在蠕变-疲劳交互作用下，材料在纳观尺度上的损伤机制。图 9-4 为断口附件取样的 TEM 照片，由该图可以看出，由于蠕变-疲劳交互作用下，P91 钢产生大量的位错，钢基体中有第二相或夹杂存在。图 9-5（a）为 P91 钢基体中的碳化物，发现碳化物在晶内和晶界处大量的聚集。图 9-5（a）为 P91 钢基体中夹杂，通过对比看出，单个夹杂形状明显大于碳化物。由于蠕变-疲劳交互试验导致试样断裂的时间较短，一般在几十到 100h，在短时高温环境下，碳化物来不及发生聚集，第二相不易形成，因此钢基体中的碳化物和夹杂属于新材料冶炼过程中形成的。

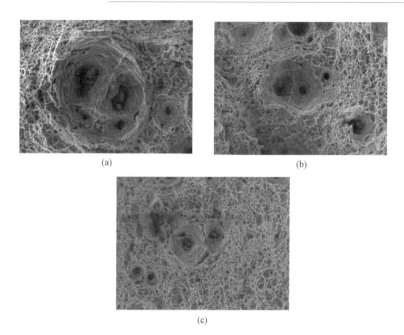

图 9-3　不同应力幅下的断口形貌

（a）疲劳断裂为主；（b）蠕变-疲劳交互断裂；（c）蠕变断裂为主

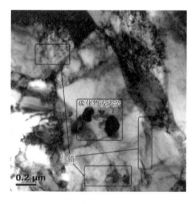

图 9-4　断口附件取样的 TEM 照片

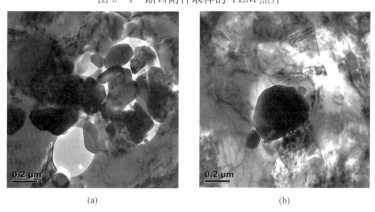

图 9-5　碳化物及夹杂 TEM 照片

（a）碳化物；（b）夹杂

图9-6（a）为P91钢晶内位错TEM照片，由该图不难发现，由于蠕变-疲劳交互作用，材料晶内发生了大量的位错。而在板条马氏体上，也发生大量位错，如图9-6（b）所示。由于这些位错攀移，以及晶内碳化物和晶间夹杂的存在，在蠕变-疲劳交互作用载荷下，造成了材料强度逐渐下降，并在夹杂处发生微裂纹，最终导致试样断裂。

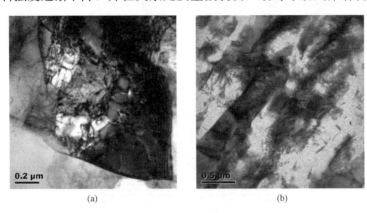

(a)　　　　　　　　　　　　　　　　(b)

图9-6　位错TEM照片

（a）晶内位错TEM照片；（b）板条位错

通过对宏观力学性能的研究，可以得到蠕变及蠕变-疲劳交互作用的应力应变特征，断口组织特征，应力寿命之间的关系，而为了获得蠕变-疲劳交互作用下P91钢的微观组织演变以及断裂损伤机理，进行了SEM原位观测蠕变-疲劳交互作用试验。

微小试样蠕变-疲劳交互作用试样仍采用单轴拉伸试样。试验过程采用应力加载控制，最大应力为420MPa，最小应力为50MPa，加卸载速率为75MPa/sec，上下保载时间均为5s，试验温度为546℃。在蠕变-疲劳交互作用下，裂纹扩展结果如图9-7所示。

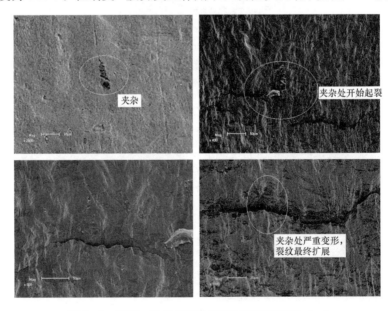

图9-7　蠕变-疲劳交互作用下裂纹扩展过程（一）

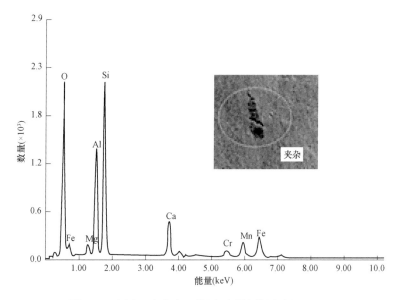

图9-7　蠕变-疲劳交互作用下裂纹扩展过程（二）

如图9-7所示，在蠕变-疲劳交互作用下裂纹的起裂源为试样的夹杂处（能谱分析如图9-7所示），在加载的表面形成了微裂纹。随着蠕变-疲劳载荷的加载，微裂纹逐渐扩展到夹杂之外，穿过原奥氏体晶界，并发展到板条马氏体。此时，试样的明显产生了塑性变形，发生了颈缩现象。由于裂尖处应力较高，裂纹继续穿过晶界扩展到相邻处的板条马氏体。最后，在附近夹杂处起裂的裂纹也发生明显的扩展，最终多条横向裂纹相连，产生宏观裂纹，发生断裂。

通过SEM原位测试可以发现，蠕变-疲劳交互作用下的起裂源为试样的夹杂。起裂后，单轴拉伸裂纹由沿晶扩展逐渐发展成穿晶并穿过了板条马氏体区。而蠕变-疲劳交互作用下，直接发展成穿晶裂纹，最后越过板条马氏体区，与多条微裂纹相连，发展成宏观裂纹，直至断裂。

第四节　P91钢蠕变-疲劳交互作用寿命预测模型

在微观研究方面，疲劳裂纹是典型穿晶的，其损伤限于滑移面和裂纹尖端，而蠕变损伤则是沿晶和弥散的，因此快循环产生疲劳型损伤而慢循环产生蠕变损伤，大多情况介于两者之间。

有限的工况下对于某种特定合金，微观模型有一定的预测能力，如Manjumdar和Maiya的模型，但是预测失效机理的共性基础知识尚未形成。对于任意工况，如果不做材料试验，目前还难说其干涉效果有多大，是致损的还是有利的。因此，精确地预测寿命仍需依赖直接的试验方法。蠕变-疲劳交互作用的寿命预测对高温环境下设备的选材、设计及安全评估具有十分重大的意义，一直以来都是工程界和学术界比较关注的问题。

应力控制下的蠕变疲劳交互作用试验实际上是一种兼有循环蠕变与静蠕变的失效形式，其迟滞回线随着循环应力的加载，不断地向右移动，材料被逐渐地缓慢拉长，延性不断地耗竭，最后发生断裂。因此，延性耗竭理论对于该模式下的寿命预测非常适用，如图 9-8 所示。

延性耗竭理论认为，高温蠕变与疲劳交互作用是以黏性流动的方式造成材料损伤，疲劳引起的塑性应变使晶内延性耗竭，蠕变引起的塑性应变使晶界延性耗竭，二者相互累积叠加，一旦达到临界值，材料即宣告失效[9]。失效的判定条件为

$$DV = MT \tag{9-43}$$

式中　DV——拉伸应力与循环时间的乘积，即动力黏度（dynamic viscosity）；

　　　MT——延性与循环强度的乘积，即材料韧性（material toughness）。

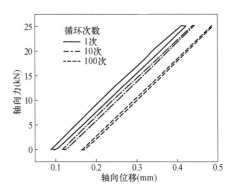

图 9-8　0～320MPa 下的迟滞回线

延性耗竭模型的建立，是假设拉伸应力和压缩应力引起的塑性变形或蠕变变形构成延性耗竭，而与时间无关的弹性变形不构成延性耗竭，现以应力控制梯形波加载所产生的迟滞回线予以说明，如图 9-9 所示。从该图不难看出，在初始加载阶段 a→f，发生了弹性变形，由于弹性变形不引起材料延性耗竭，因此无损伤累积。在 f→b 加载阶段，产生了塑性应变 $\Delta\varepsilon_{ft}$。在保载阶段 b→c，产生了蠕变应变 $\Delta\varepsilon_{ct}$。根据假设条件，在这两个阶段对材料均产生延性耗竭作用。在卸载阶段 c→g，弹性变形发生恢复，无累积损伤发生。在反向加载阶段 g→d 和 d→e，分别产生了塑性应变和蠕变应变 $\Delta\varepsilon_{fc}$ 和 $\Delta\varepsilon_{cc}$，根据假设条件，同样会发生延性耗竭损伤作用。由塑性力学理论可知，循环加载时应力应变不是一一对应的而是由加载路径决定的，应力比不同，产生塑性变形时所需的应力值也不同。由文献可知，假设当应力达到 $\sigma_{max}-(\sigma_{max}\cdot\sigma_a)^{1/2}$ 时，材料开始发生塑性变形，如图 9-9 所示，其中 σ_{max} 为循环最大应力，$(\sigma_{min}+\sigma_{max})/2$ 为平均应力。

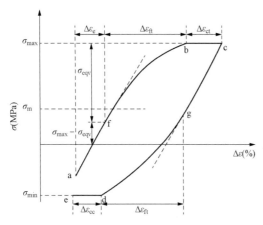

图 9-9　应力控制下蠕变-疲劳交互作用滞徊线

综上，对于不同应力比下的梯形波加载，材料在每一循环内发生的黏性流动 DV 都可以表示成式（9-44）的形式。

$$DV = \Delta\sigma_{eqv} \cdot (\Delta\sigma_{eqv}/\dot{\sigma} + t_h) \tag{9-44}$$

式中　$\dot{\sigma}$——加载速率；

　　　t_h——上保载时间；

　　　$\Delta\sigma_{eqv}$——等效应力幅。

$$\Delta\sigma_{eqv} = (\sigma_{max}\sigma_a)^{1/2} = \Delta\sigma [1/2(1-R)]^{1/2} \tag{9-45}$$

式中　R——应力比；

　　　$\Delta\sigma$——循环应力范围。

应力控制过程中 $\Delta\sigma_{eqv}$ 保持不变，假设循环时间 $\Delta\sigma_{eqv}/\dot{\sigma} + t_h$ 与循环寿命 N_f 具有幂函数

的关系，将式（9-44）积分后得

$$\sum DV = \Delta\sigma_{eqv} \cdot [A(\Delta\sigma_{eqv}/\dot\sigma + t_h)^m + C] \qquad (9-46)$$

式中　A、m、C——与环境因素有关的材料常数，另外这三个常数也用来平衡式（9-43）中的量纲。

对于循环强度，有的学者以 $\Delta\sigma_b$（抗拉强度）近似表示循环强度，有的以半寿命处饱和拉伸应力 σ_t 表示（应变控制时）。这里仍以当量应力幅 $\Delta\sigma_{eqv}$ 代替，该当量应力幅对任意应力比都适用。

对于材料延性，不同理论有不同的表示方法，基于延性耗竭理论，Edmund[10] 提出疲劳载荷条件下，材料延性表达式，即

$$D_p = \Delta\varepsilon_p N_f \qquad (9-47)$$

式中　D_p——疲劳载荷作用下的材料延展度；

　　　$\Delta\varepsilon_p$——每个循环的塑性应变范围；

　　　N_f——断裂寿命。

材料在应力控制下，除了在上、下保载阶段会发生静蠕变之外，在加卸载阶段还会因为拉伸平均应力的存在而产生循环蠕变，循环蠕变引起的塑性流动将与静蠕变引起的塑性流动一起使应力应变滞徊线逐渐向右移动，从而消耗材料的延性，此时循环蠕变和静蠕变应同时考虑，综上所述，材料韧性 MT 可表达为

$$MT = \Delta\varepsilon_p \cdot N_f \cdot \Delta\sigma_{eqv} \qquad (9-48)$$

式中　$\Delta\varepsilon_p$ 取半寿命处塑性应变范围，将式（9-46）和式（9-48）联立得

$$N_f = [A(\Delta\sigma_{eqv}/\dot\sigma + t_h)^m + C] \cdot \Delta\varepsilon_p^{-1} \qquad (9-49)$$

平均应变 ε_m 通过每个循环的滞徊线计算得到，$\varepsilon_{m,i} = (\varepsilon_{max,i} + \varepsilon_{min,i})/2$。得到的 ε_m 的变化规律后，对其求导可得 $\dot\varepsilon_m$ 的变化规律，取其半寿命处的值代入寿命预测公式即可。

为了验证延性耗竭模型的预测精度，现将其预测结果与频率分离模型寿命预测结果进行对比，如图9-10所示。由该图可以看出，9%～12%Cr 马氏体耐热钢蠕变-疲劳交互作用寿命预测延性耗竭模型有 87% 的数据点落在比例因子为2的误差带范围之内，频率分离模型有 74% 的数据点落于此范围。这说明延性耗竭模型寿命预测模型明显好于频率分离模型的预测效果。

对于应力控制下的蠕变-疲劳交互作用试验，应力是其中的重要因素之一。而对于延性耗竭模型，σ_{max}、σ_a、R、t_h、$\dot\sigma$ 和 $\Delta\varepsilon_p$ 都是方程中的变量，考虑到了应力、应变、保载时间等各种因素的影响，并且各参数物理意义明确。另外，在应力控制的蠕变-疲劳交互试验中，试样断裂是由延性耗竭引起的，本身也非常适合延性耗竭理论，因此延性耗竭模型的预测效果要明显优于其他寿命预测模型。

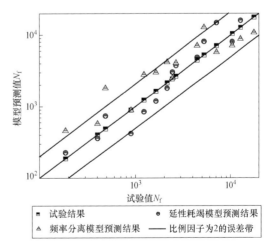

图 9-10　延性耗竭和频率分离模型寿命
预测效果对比

参考文献

[1] 束国刚，赵彦芬，薛飞，等．P91 钢蠕变损伤试验研究与数值模拟．中国电机工程学报，2010，30 (23)：103‐107.

[2] 陈凌．典型压力容器用钢中高温环境低周疲劳和疲劳‐蠕变交互作用的行为及寿命评估技术研究．博士学位论文，杭州：浙江大学大学，2007.

[3] KRAJCINOVIC D, LEMAITRE J. Continum damage mechanics：Theory and Application. Springer Verlag. Berlin, 1987：37‐89.

[4] YANG X H，LI N，JIN Z H，WANG T J. A continuous low cycle fatigue damage model and its application in engineering materials. Internal Journal of Fatigue，1997，19 (10)：687‐692.

[5] LEMAITRE J. A continuum damage mechanics model for ductile fracture. Journal of engineering meaterials technology, 1985, 107 ：83‐89.

[6] ZHANG G D, ZHAO Y F, XUE F, et al. Creep‐fatigue interaction damage model and its application in modified 9Cr‐1Mo steel. Nuclear Engineering and Design, 2011, 241：4856‐4861.

[7] 张国栋，薛飞，王兆希，等．P91 钢蠕变‐疲劳交互作用下断裂特性研究．机械强度，2012，34 (6)：886‐891.

[8] Manjoine M J. Simplified methods for creep fatigue damage evaluations and the application to life extension. Final report to PVRC committee on elevated temperature design. ASME，1993.

[9] ZHANG G D, ZHAO Y F, XUE F, et al. Study of Life Prediction and Damage Mechanism for Modified 9Cr‐1Mo Steel under Creep‐Fatigue Interaction. ASME Journal of Pressure Vessel Technology, 2013, 135 (4)：041402‐1～041402‐28.

[10] EDMUND H G，WHILE D J. Observation of the effect of creep relaxation on High‐Strain Fatigue. Journal of Mechanical Engineering Science，1966，8 (3)：310‐321.

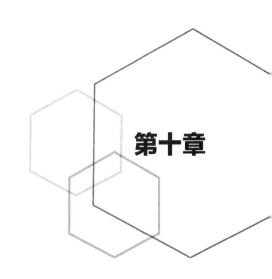

第十章

管道振动疲劳失效评估

机械振动是物体（或物体的一部分）在平衡位置（物体静止时的位置）附近做的往复运动。机械振动有不同的分类方法。按产生振动的原因可分为自由振动、受迫振动和自激振动；按振动的规律可分为简谐振动、非谐周期振动和随机振动；按振动系统结构参数的特性可分为线性振动和非线性振动；按振动位移的特征可分为扭转振动和直线振动。

在机械、化工、电力等工业生产活动中，一般分为静止机械振动和旋转机械振动。静止机械振动以压力管道为主，在运行过程中受自身和附近环境的影响，会使管线引起振动，管线长期受到振动的影响在应力集中的部位容易引起疲劳起裂，疲劳裂纹的扩展使管线发生断裂，容易引起严重的安全事故。因此，在生产中要通过支吊架阻尼器等设施尽可能减少管道振动，以免造成不必要的安全事故发生。

实际振动问题往往错综复杂，它可能同时包含识别、分析、综合等几方面的问题。通常将实际问题抽象为力学模型，实质上是系统识别问题。针对系统模型求解的过程，实质上是振动分析的过程。分析并非问题的终结，分析的结果还必须用于改进设计或排除故障（实际的或潜在的），这就是振动综合或设计的问题，当然设计改进之后还需要再进一步对原问题进行识别跟踪，判断原问题是否已解决。

第一节 管 道 振 动

机械及化工行业中，引起管道振动的原因很多。压力管道的管道、支吊架、阻尼器和相连设备构成了一个结构系统，在有内外部激振力的情况下，这个系统就会产生振动。压力管道的振源大致分为两大类：系统自身和系统外部。

（1）来自系统自身的主要有与管道相连接的机器的振动和管内流体不稳定流动引起的振动。

（2）来自系统外常见的有地震、风载、外部撞击等。

振动对压力管道是一种交变动载荷，其危害程度取决于激振力的大小（包括频率和载荷值）和管道自身的振动性能（包括刚度和质量）。主要影响因素如下：

（1）管系的固有振动频率。管系可以简化为连续弹性体，存在结构固有频率，如果外在激振频率与管系结构固有频率相等时，会使管系共振，引起振动加剧导致管系振动失效。

（2）管系内部流体脉动引起的振动。管道流体在压缩机或泵的作用下处于脉动状态，当流经弯管头、异径管、三通、阀门等管道元件时，对管道的作用力也不断变化，产生一定的随时间而变化的激振力，产生振动。

（3）两相流引起的振动。管道系中多以气态和液体的两相流为主，气体的可压缩性比液体大，当在管道中两相流形成有较大气泡的湍流流型时，在不同的区域气泡受压缩不同或者气泡破裂，从而使管道发生振动。

（4）液体脉动冲击振动。管道中当阀门突然关闭或打开，泵启动或者停止，流体速度突然改变，对管系产生很大的脉动冲击力，产生振动。液击是管道系统中很重要的一种振动源，有时会造成管道内压力的变化很大，严重时可使管子爆裂。

（5）气柱固有频率。管道内充满的流体是一个具有弹性的气柱，每当压缩机或者泵的汽缸从管道吸气或排气时，管内气柱便受到干扰而呈现振动。

（6）管道内流体流速过快，因流体边界层分离而形成湍流引起管道振动。

（7）来自系统外部的地震、外载撞击和风载等对管道产生威胁，一旦发生强烈地震对埋地管道就会有破坏的危险，架空管线虽然不直接受地震影响，但管道支承点大都基于地面，发生地震时支承架损坏，管道亦随之崩塌，进而造成破坏。风载的影响是不定时的，只要管道固定牢固，虽然会因为干扰使管道振动，但影响不是很大。

对于一个存在振动的管系，要减轻或消除振动，就必须进行管道振动的测量，获得时间域和频率域的振动位移、速度和加速度等各种参数，有利于分析振动原因，并且进行评估和设计，采取适当的消振措施。

管道结构振动测量：振动测量就是测量振动的位移，测量装置由传感器、放大器和记录仪三部分组成。传感器为速度传感器，所输出的电压与被测的振动速度成正比，所得信号要经过一次一次的积分变为位移信号，经放大器放大后到记录仪。

管道压力脉动测量：管道内气流压力脉动测量装置最基本的部分是传感器、放大器和记录仪。传感器的作用是把压力变化的信号转变为电量变化的信号，放大器则准确地线性放大由传感器得到的电信号，并推动记录仪记录压力脉动曲线。

管道系统固有频率测量：一般采用敲击法对管系激振，对管道的一点或几点进行敲击记录衰减振动信号，对信号进行快速分析得出各阶固有频率。

管道结构复杂，内外部激励复杂，管道系统产生的振动是难以避免的。了解管道振动产生的原因和振动的测量方法，以便设计振动减小、消除的措施。在管道的设计、安装及使用过程中，要充分考虑管道系统振动的影响和危害，减小或消除管道系统中振动带来的潜在隐患，保证压力管道安全正常运行。常用的压力管道振动治理的措施包括：

（1）改变管道的固有频率。主要方式有：改变管道系统质量矩阵，包括改变管道的走向和管道的管径，改变法兰的位置等，改变系统固有频率避免管道共振发生；通过加装阻尼器等改变管道系统的阻尼矩阵，在管道的固定支撑的部位放置金属弹簧、软木等柔性隔离物体，以达到隔振消振的目的；通过增加管道系统的刚度矩阵，通过增设支承、调整支承位置或改变支承性质，使管道固有频率提高，变弹性支承为刚性支承管，均会使固有频率加大，以达到消振的目的。

（2）提高管道系统的抗振能力。管道组成件采用钢质制品，采用柔性管件、波形补偿器、框架式支架结构、加长横梁长度、框架端部焊挡板等方式。

（3）管道系统中液击消除或减弱的方法主要有：减缓关闭阀门，缩短管子长度，设置安全阀、蓄能器等装置安全释放和吸收液击的能量，使用碟式止回阀和电液侍服调节球阀等具有防液击功能的设备。

（4）为避免或减小两相流引起的管道振动，对输送饱和状态的两相管道提高隔热设计要求，尽量缩短管道长度，采用适当流速，使液化的气体减少。

第二节　管道振动的评估方法

经验反馈表明，轻水反应堆（LWR）核电站的小支管振动疲劳失效问题，在核电站面临的诸多安全问题中占有突出地位[1-2]。统计发现，美国核电站小支管管系的疲劳失效主要发生在支管套焊部位[3]，失效模式是低应力高周疲劳，产生振动疲劳的主要因素[3]有：

（1）导致管系振动的激振源（如泵致压力脉动、气穴和闪蒸等）。

（2）容易导致疲劳的几何构件（如焊缝几何形状的变化造成局部区域应力集中的套焊和应力集中程度最高焊趾）。

（3）导致管系固有频率降低的支撑等。

Markl 和 George 对法兰的套焊进行了疲劳试验[4]，结果表明，对于质量良好的套焊易发生典型的高周振动疲劳，疲劳裂纹与焊趾位置和应力水平关系密切。目前，国际上较为通用的管道振动评价规范是美国机械工程师协会核电厂操作和维修的标准及指南 ASME OM-S/G 20015 PART3，ASME 规范给出了评价管系振动的一般方法和步骤，并将振动管系分为 3 个不同级别的监测系统并对每种监测系统制定了不同的振动评价准则：①目视检查监测系统；②位移/速度监测系统；③应力监测系统。

结合 ASME 峰值速度评估法和 EDF 有效速度评估法的评估体系，小支管振动采用的评估流程如图 10-1 所示。

根据图 10-1 的评估流程，对小支管振动进行评估，其评估方法[5]具体如下：

（1）先天敏感性筛选。依据管线的重要度以及管线上是否有振动源和与大型容器连接等条件，对先天敏感性进行筛选，从系统内所有小支管中筛选出对振动敏感的小支管，称为先天敏感小支管。

（2）目视检查。对先天敏感小支管进行目视检查，筛选出其中振动水平可接受的小支管。

（3）现场振动测量。对于目视检查中不能确定振动水平可接受性的小支管，测量其振动速度；振动速度小于临界速度 12mm/s，则认为管线为非敏感管。

（4）允许速度计算。测量振动速度超出临界速

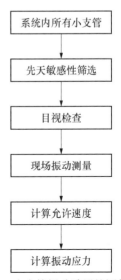

图 10-1　小支管振动采用的评估流程图

度则需要计算其允许振动速度，并与允许振动速度比较。目前工程测量计算中常用的有峰值速度评估法和有效速度评估法。

峰值速度评估法在振动速度评估中采用峰值速度作为筛选值，测量并计算管道的峰值振动速度与允许峰值振动速度进行比较：

$$V^{\text{peak}} = \frac{3.64 \times 10^{-3} C_1 C_4}{C_3 C_5} \frac{S_{\text{el}}}{\alpha C_2 K_2} \tag{10-1}$$

式中　V^{peak}——峰值速度，mm/s；

　　　S_{el}——疲劳应力，MPa；

　　　K_2——局部应力指数；

　　　α——常数；

　　　C_1——集中质量修正系数；

　　　C_2——二次应力指数；

　　　C_3——附加质量修正系数；

　　　C_4——端部修正系数；

　　　C_5——受迫振动修正系数。

核电厂操作和维修的标准及指南 ASME OM - S/G 2015 PART3 中峰值速度的系数选择是基于固支直管段一阶模态振动的条件，实际管道系统振动为多阶模态，峰值速度在实际应用中偏于保守；法国电力公司（EDF）通过考虑多阶模态振动，对 ASME 规范提出的速度评估方法进行修正，对大量特征管段进行允许有效速度计算，得出有效速度评估法，即

$$V^{\text{rms}} = \frac{13.4 C_1 C_4}{C_0 C_3} \frac{S_{\text{el}}}{C_2 K_2} \tag{10-2}$$

式中　V^{rms}——有效速度，mm/s；

　　　C_0——峰值 - 有效值转换系数。

EDF 有效速度评价方法中将小支管分为两类分别进行允许有效速度评价：第一类小支管为带有不平衡质量的直管，如振动有效速度小于允许振动有效速度则为非敏感管，否则为敏感管；第二类小支管为除第一类以外的小支管，如振动有效速度小于允许振动有效速度则为非敏感管。

（5）振动应力计算。测量振动速度不小于允许振动速度则对相关管道进行振动应力计算，如管线的振动应力水平超过其允许值，则认为管线为敏感管。

第三节　振动速度测量评估

结合 ASME 和法国电力公司（EDF）的评估体系，形成辅助管系管道振动的评估方法，应用该方法对国内某核电站 ADG 系统管系的振动和振动疲劳寿命进行评估。经敏感性筛选、目视检查和现场振动测量后需对其进行允许有效速度计算。

某核电站 ADG 系统入口母管振动过大，如若不处理，长期运行存在较大的管线疲劳损坏的潜在风险。某核电站 3、4 号机组主蒸汽系统管道 ISO 图如图 10-2 所示，管道材料

为 WB36，规格为 OD457X17.5。主蒸汽流程图如图 10 - 3 所示，VVP525 管系下游接入
ADG 系统。现场观测 VVP - 525 - 003 限位支架如图 10 - 4 所示，VVP - 525 - 004 吊架测点
位置如图 10 - 5 所示，正面测点左侧为测点 1，右侧为测点 2，逆时针方向依次为测点 3、
测点 4，其中 x 方向为东西方向，y 方向为南北方向，z 方向为上下方向。

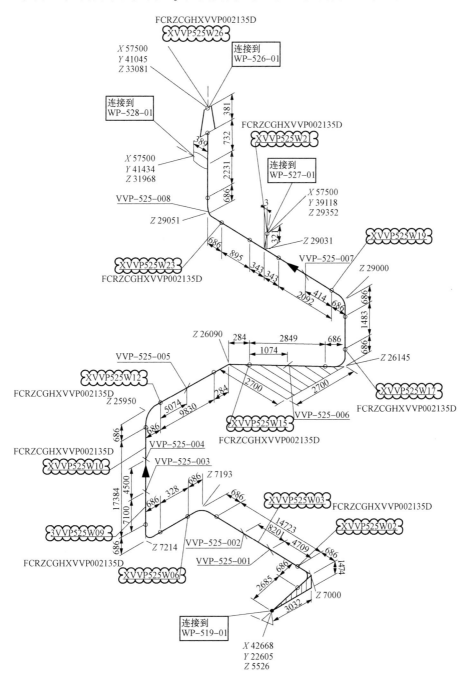

图 10 - 2　某核电站 3、4 号机组主蒸汽系统管道 ISO 图

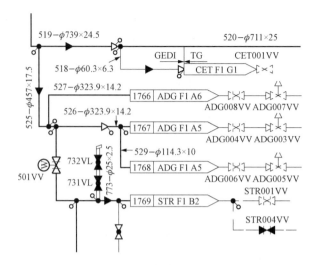

图 10-3　主蒸汽流程图

图 10-4　VVP-525-003 限位支架图

图 10-5　VVP-525-004 吊架及测点位置图

VVP-525-004 吊架的夹块和封口板紧固在管道上，管道的低频振动可直接传递到吊架上，吊架上测得的振动信息可近似等同于该位置管道的振动信息，在 VVP-525-004 吊架位置进行振动信息测量。

根据核电站现场环境噪声、振动及电磁干扰大等具体情况，采用压电加速度计作为本次振动测量的传感器。压电加速度计具有测量范围大、测量精度高、受环境限制小且几乎不受磁场影响等优点，电场干扰也可通过前置放大器将其影响降到很小的程度。为了测量运行温度较高的管道振动情况，此次选用了耐高温压电加速度计。

此次振动测量工作所用的振动测试系统为：单轴加速度计＋数据采集系统（CoCo80）＋后处理软件（DASYLAB 5.6，EDM 2.2.7.3），作为测试系统的核心设备单轴压电加速度计的基本参数如下：

传感器类型：电荷输出压电式加速度传感器。

传感器型号：B&W 24100。

系列号：SN-J1757。

灵敏度：3.05pC/(m/s^2)。

测量范围：±50 000 m/s^2。

频率范围：0.5～7000Hz。

工作温度范围：－50～250℃。

共振频率：≥27KHz。

横向灵敏度：<5%。

测量时，测点 - 文件编号 - 通道编号见表 10 - 1，采用 6 个通道同步测量 2 个测点的振动加速度，每个测点 3 个方向，测点方向如图 10 - 5 所示，测量振动时间 3min。

表 10 - 1　　　　　　　　　　　测点 - 文件编号 - 通道编号

序号	测点	文件编号	对应通道编号		
		REC	x	y	z
1	L4 测点 1	REC1460	3	1	2
2	L4 测点 2	REC1460	6	4	5
3	L4 测点 3	REC1461	3	1	2
4	L4 测点 4	REC1461	6	4	5
5	L3 测点 1	REC1462	3	1	2
6	L3 测点 2	REC1462	6	4	5
7	L3 测点 3	REC1463	3	1	2
8	L3 测点 4	REC1463	6	4	5

振动时域信号为采集的原始数据，对于振动评估有重要意义。振动时域信号进行傅里叶变换后得到频域信号，振动时域信号后续与管系的振动频率和振动模态结合转换为响应谱信号，响应谱信号可对管系进行谱响应计算。在工程测量中，一般管道振动测量上限频率取 200～300Hz，在此次振动测量中，管道低频振动比较明显，抗混滤波器低通选取为 500Hz，采样频率选取为 1024Hz。

VVP - 525 - 004 吊架 4 个测点的时域振动信号，以测点 1 为例（见图 10 - 6）。从振动加速度时域信号来看，4 个测点得到的信号差别不大，峰值加速度小于 4m/s²，管线轴向的振动略小。

对测量得到的振动加速度信号做以下处理分析：

（1）加速度信号数字滤波，去除不需要的频率成分。

（2）采用傅里叶分析技术对时间信号进行傅里叶变换，得到加速度频谱。

VVP - 525 - 004 吊架 4 个测点的频域振动信号，以测点 1 为例（见图 10 - 7～图 10 - 9）。从振动加速度时域信号来看，低频（0～50Hz）范围内的响应较强烈，在 141Hz 和 282Hz 附近有较强的峰值。从振动加速度傅里叶变换得到的频率谱看，可能为系统中较强周期性激励的响应。管道响应在低频 12.4Hz 处有峰值，管道固有频率第 10～12 阶在 12.4Hz 附近，由于管道过大振动可能会导致管内流体发生脉动，12.4Hz 为管系对管内流体和连接管系的振动等宽谱载荷激励的低阶响应。从 VVP - 525 - 004 位置的频谱图上看出，x、y 方向的振动高于 z 方向的振动，z 方向为垂直管的轴线方向，其中低频在 20Hz 以下有较强的

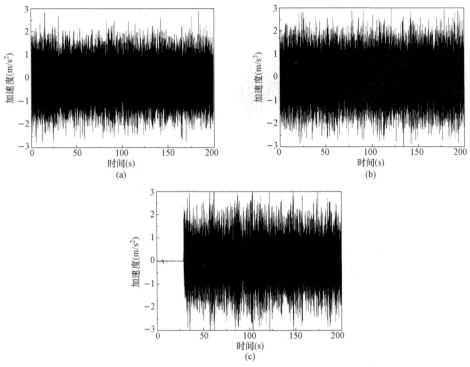

图 10 - 6　测点 1 - x、y、z 方向时域振动信号

（a）x 方向时域振动信号；（b）y 方向时域振动信号；（c）z 方向时域振动信号

响应，主要原因为管系在 20Hz 以下有较多的固有振型，前 12 阶振型的固有频率均小于 20Hz，比较高阶振型易被激励。

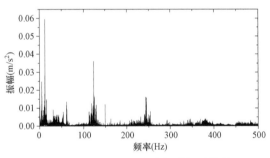

图 10 - 7　测点 1 - x 方向频域振动信号

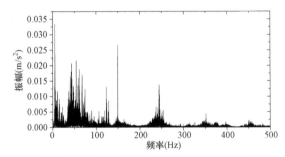

图 10 - 8　测点 1 - y 方向频域振动信号

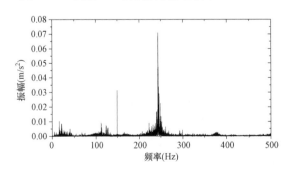

图 10 - 9　测点 1 - z 方向频域振动信号

DL/T 1103—2009《核电站管道振动测试与评估》（主要采纳 ASME - OM - PART3）规定了振动速度的峰值评价方法，允许峰值速度的计算公式为

$$V_{\text{allow}}^{\text{peak}} = \frac{13.4C_1C_4}{C_3C_5} \frac{S_{\text{alt}}}{\alpha C_2 K_2}$$

（10 - 3）

$V_{\text{allow}}^{\text{peak}}$——允许的峰值速度，mm/s；

C_1——补偿特征管段上集中质量影响

的修正系数，根据图 10-8 取值；

C_4——端部条件修正系数，即考虑管道的几何形状和管道端部约束条件的修正系数，一般情况下，作为保守考虑，可取 $C_4=0.7$；

S_{alt}——0.8S_A，S_A 是锅炉及压力容器规范第三卷：核电站部件建设标准　第一册　分卷 NB-1 级部件（ASME BPV Section III Division1）图 I-9.1 中 10^6 次循环下的交变应力（碳钢）或图 I-9.2.2 中 10^{11} 次循环下的交变应力（不锈钢），MPa；

C_3——考虑管道内介质和管道保温层的修正系数。

$C_2 K_2$——2i，其中 i 是应力增强系数，从保守的计算出发，取 $C_2 K_2=4.0$；

α——许用应力减弱系数，对锅炉及压力容器规范第三卷：核电站部件建设标准　第一册　分卷 NB-1 级部件（ASME BPV Section III Division1）图 I-9.1 中的材料取 1.3，图 I-9.2.1 或图 I-9.2.2 中的材料取 1。

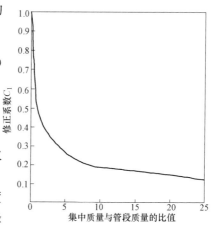

图 10-10　集中质量影响修正系数

$$C_3 = \sqrt{1.0 + \frac{W_F}{W} + \frac{W_{\text{INS}}}{W}} \qquad (10-4)$$

式中　W——单位长度管道的质量，kg/m；

W_F——单位长度管道内介质的质量，kg/m；

W_{INS}——单位长度管道保温层的质量，kg/m；

管道没有保温层且空载或者介质为蒸汽时，可取 $C_3=1.0$；

对加速度信号做一次积分得到速度信号；对速度信号做峰值（PEAK）统计分析，得到管道的振动峰值速度 V^{peak}；分别计算管道的允许振动峰值速度 $V^{\text{peak}}_{\text{allow}}$，并与实际振动速度测量值比较，即可确定管道振动速度是否超标。

从测量的振动加速度进行积分，得到振动速度，得到各个方向的最大值，见表 10-2。

表 10-2　　　　　　　　各测三个方向的速度有效值与峰值

序号	测点	速度值（峰值）		
		x （mm/s）	y （mm/s）	z （mm/s）
1	L4 测点 1	42.9	44.7	7.8
2	L4 测点 2	38.1	41.7	5.6
3	L4 测点 3	43.0	42.0	4.7
4	L4 测点 4	42.3	38.0	7.0
5	L3 测点 1	27.3	38.1	7.2
6	L3 测点 2	28.5	35.8	4.9
7	L3 测点 3	27.4	30.7	4.6
8	L3 测点 4	23.7	29.2	7.9

收集管线的基础资料，见表 10-3，进行振动峰值速度和振动有效速度的计算，并做评估。

表 10 - 3   VVP - 525 管线组成

流体介质	介质类型	运行压力（bar）	运行温度（℃）	介质密度 ρ_f（kg/m³）
	水	68	286	34.9
管道	管材	外径 D（mm）	壁厚 t（mm）	管道长度 l（mm）
	CS	457	17.5	
集中重量	功能位置		长度 l_v（mm）	重量 m_v（kg）
	无集中重量		—	—
保温层	保温层（有/无）		厚度 t_{ins}（mm）	密度 ρ_{ins}（kg/m³）
	有		75	140

计算 C_3：

$$C_3 = \sqrt{1.0 + \frac{W_F}{W} + \frac{W_{INS}}{W}} = \sqrt{1.0 + \frac{\rho_f \times (D-2t)^2 + \rho_{ins} \times 4 \times t_{ins} \times (D+t_{ins})}{\rho_p \times 4 \times t \times (D-t)}} = 1.06$$

计算 C_1：无集中质量

$$C_m = \frac{m_v}{m_f + m_p + m_{ins}} = 0,查集中质量修正系数图得 C_1 = 1。$$

计算允许振动速度：

$$V_{allow}^{peak} = \frac{\lambda C_1 C_4}{C_3 C_5} \frac{S_{el}}{\alpha C_2 K_2} = \frac{13.4 \times 1 \times 0.7}{1.06 \times 1} \times \frac{0.8 \times 52}{1.3 \times 4} = 70.7 \text{mm/s}$$

根据现场振动测量所得 $V_{max}^{peak} = 44.7 \text{mm/s}$，小于最大允许值，即管线振动值未超标。

第四节   谱响应法评估管道振动应力

对管系进行振动应力评估时，管座处测量得到的振动加速度信号作为整体管系的激励源，考虑部件所承受的自重内压等静载作用力，采用有限元方法计算管系在管座处的振动交变应力幅值 S_{alt}（MPa）；根据振动应力评估方法[4]，将计算值与材料的振动交变应力允许值进行比较，如果计算得到的振动交变应力幅值小于材料的振动交变应力允许值，则该

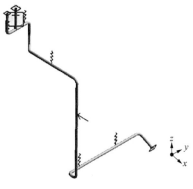

小支管为非敏感管，反之为敏感管。

$$S_{alt} \leqslant \frac{S_{el}}{1.3} = 32 \text{MPa} \qquad (10 - 5)$$

根据 VVP - 525 管系的等轴图，建立有限元几何模型，如图 10 - 11 所示，其中几何边界条件根据支吊架安装图设置，采用子空间法进行模态分析，计算得到 VVP - 525 管系前 10 阶次的固有频率及等效质量矩阵，见表 10 - 4，10Hz 以下低阶固有频率有 9 个，在宽谱载荷的激励下，低阶固有振型占优势。

图 10 - 11   有限元几何模型

表 10 - 4	VVP - 525 管系前 10 阶次的固有频率及等效质量矩阵		
阶次	固有频率（Hz）	等效质量（kg）	阻尼
1	1.0555	2364	0.02
2	1.7482	5419.9	0.02
3	2.7449	6679.4	0.02
4	4.0726	2090.8	0.02
5	5.7178	3619.1	0.02
6	7.5629	2759.1	0.02
7	8.333	2201.1	0.02
8	8.7928	843.71	0.02
9	9.6498	2747.2	0.02
10	11.085	4548.4	0.02

　　模态分析计算后得到前 4 阶固有振型，如图 10 - 12 所示，从前四阶振型可以看出，管系 VVP - 525 - 003 和 VVP - 525 - 004 支吊架所在竖管的振动位移较大。通过对振动测量有效速度值、振动频率的分析，初步确定管道振动原因为管道柔性过大、固有频率密集，在流体脉动及连接管系的振动等多方面影响下，管道低阶固有频率振动被激起。

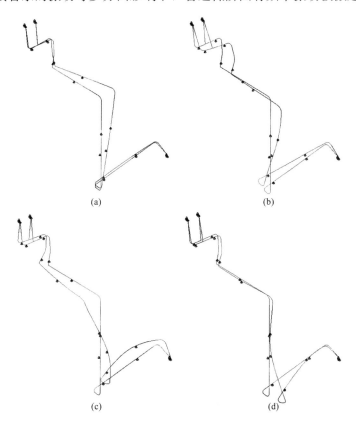

图 10 - 12　前四阶固有振型
（a）第一阶；（b）第二阶；（c）第三阶；（d）第四阶

根据滤波及基线校准处理后的 3 个方向加速度时域信号，以及振动模态分析计算得到的结构固有频率，对每个固有频率的单自由度振动系统的振动方程采用 Newmark 差分法进行时域内的有限元计算：

$$\ddot{u} + 2\zeta\omega\dot{u} + \omega^2 u = \ddot{u}_e(t) \tag{10-6}$$

式中　u——位移，mm；

　　　ω——角频率，Hz；

　　　f——频率，Hz；

　　　ζ——阻尼系数。

$$\zeta = \begin{cases} 0.05 & f < 10 \\ 8 - 0.3f & 10 \leqslant f < 20 \\ 0.02 & f \geqslant 20 \end{cases} \tag{10-7}$$

对管系进行模态计算得到管系的刚度矩阵、质量矩阵和固有频率，结合采集到的时域信号，通过有限差分法计算每个单自由度固有频率的振动响应，提取该固有频率下的加速度最大响应，对运动学方程采用模态组合方法求解：

$$M\ddot{a}(t) + C\dot{a}(t) + Ka(t) = Q(t) \tag{10-8}$$

对整个结构的所有频率进行计算后得到 3 个方向的响应谱，如图 10-13 所示。

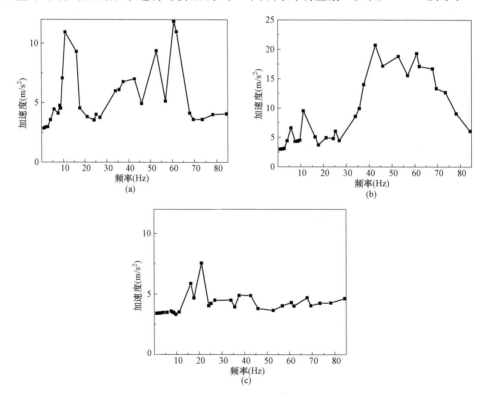

图 10-13　VVP-525 管系 3 方向加速度响应谱
(a) x 方向；(b) y 方向；(c) z 方向

结构在外界激励作用下各阶模态响应的峰值不可能同步出现，为准确估计结构在激励作用下的整体响应峰值，选用平方和后平方根振型组合方法（square root of the sum of the squares，SRSS），该模式方法对于结构的各阶固有频率较为分散的情况更偏于实际。

$$\{R\} = \left(\sum_{i=1}^{n} \{R\}_i^2 \right)^{\frac{1}{2}} \tag{10-9}$$

式中　$\{R\}$——组合后的响应；

　　　　R_i——各阶响应。

结构在各个方向上的激励效应组合采用直接叠加法。谱响应计算分析时，先计算单个方向各阶模态的响应分量，组合各阶模态响应得到该方向的响应，然后对 3 个不同方向激励的响应进行组合，得到总响应。谱响应计算后得到位移结果如图 10-14 所示，应力结果如图 10-15 所示。

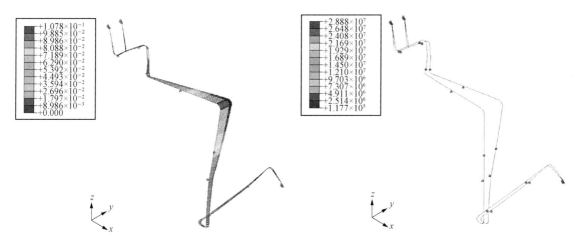

图 10-14　谱响应位移分布结果　　　　　图 10-15　谱响应应力分布结果

从计算结果可以看出，谱响应的位移结果在管系 20m 平台上方竖直管道弯管处有最大值，约 10cm，应力水平结果在竖直管道的下部弯管处，应力水平约 28.8MPa，此计算结果为各阶模态最大谱值的响应结果，比实际结果保守，但仍低于允许应力水平。

第五节　管道振动疲劳寿命评估

应力评估标准为实际测量分析计算得到的最大交变应力幅应小于 ASME OM-PART3 或 DL/T 1003—2009 规定的允许值，即

$$S' \leqslant S_{allow} \tag{10-10}$$

实际振动交变应力幅按下述步骤计算：将统计得到应变数据转化为平面主应力数据；计算各点交变应力幅 S；选取合适的应力增强系数，计算 S'。

允许交变应力幅的计算公式为

$$S_{allow} = \frac{S_{el}}{\alpha} \tag{10-11}$$

式中　S_{el}——弹性应力，Pa；

　　　　S_{allow}——允许应变应力值，Pa；

α——无量纲系数。

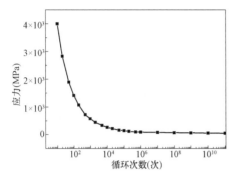

图 10-16　材料疲劳寿命（S-N）曲线

材料疲劳寿命（S-N）曲线如图 10-16 所示。

对于本 VVP 管系，管道材料为碳钢，允许应力值 $S_{allow} = \dfrac{0.8 \times 86}{1.3} = 52.9 MPa$；谱响应计算结果的应力值 28.8MPa，低于允许应力值，更低于疲劳极限应力值，因此 VVP 管道在不考虑焊缝缺陷时振动应力水平不在危险范围之内。

对于振动敏感管线，进一步对支管管座套焊部位的应力进行疲劳分析，产生支管振动的激励包括：与支管连接的主管传递的机械振动、管内部液压脉动和管内流体紊流引起的声共振。简化处理时不考虑支管内部的流体液压脉动及紊流产生的振动，只考虑与主管构件相连而传递的激励，采用瞬态动力学数值方法，计算应力时程数据，根据 Miners（迈纳斯）线性损伤累计模型进行寿命评估[6-7]：

$$U = \sum_{i=1}^{m} U_i = \sum_{i=1}^{m} \frac{n_i}{N_i} \tag{10-12}$$

式中　U_i——第 i 个循环载荷下的损伤因子；

　　　N_i——第 i 个循环应力水平对应的疲劳寿命循环次数；

　　　n_i——第 i 个循环应力水平的统计次数。

计算得到支管管座套焊部位 45s 内的应力响应如图 10-17 所示，对于每个循环的应力峰值进行统计得到振动峰值应力循环次数如图 10-18 所示。

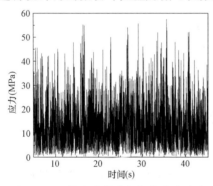

图 10-17　管座支管套焊部位应力响应

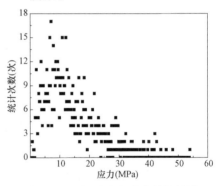

图 10-18　振动应力响应数据统计

根据管座振动应力响应统计数据和管座材料的疲劳寿命曲线（见图 10-16），通过 Miners 线性损伤累计计算得到该段时程范围内的损伤因子累计为 5.3×10^{-15}，其稳态振动条件下的使用寿命为 1.26×10^{14} s。由此可见，该小支管虽然为振动敏感管线，但是稳态振动疲劳寿命远远高于设计寿命（9.46×10^8 s），并且具有较大的安全裕量。

通过对某核电站管道系统进行振动应力计算评估与振动寿命计算分析，结果表明谱响应计算得到的振动交变应力幅值低于评估准则的振动交变应力允许值，该管线不属于振动敏感管线，而通过瞬态振动寿命计算得到稳态振动疲劳寿命远远高于设计寿命，有较大的安全裕量。

第六节　管道振动治理设计评估

VVP-525-003 和 VVP-525-004 支吊架位置所在垂直管线较长，其中 VVP-525-004 双拉杆刚性吊架限制管线轴向位移，VVP-525-003 限位支架限制管线 x 方向位移。管系在 25.95m 弯管位置位移最大，为降低管系的振动，而不增加管系的静载荷，在直管段两处位置施加阻尼器，如图 10-19 所示节点 7 和节点 11 位置所示。

施加阻尼器后，使得整个管系的阻尼系数为 0.4（0.4 为管道系统阻尼比经验值[8]），重新进行响应谱计算和谱响应计算，计算得到 x、y、z 3 个方向的加速度谱如图 10-20～图 10-22 所示，从加速度谱上看，施加阻尼后，与原管系相比各频率下的峰值加速度明显降低。

图 10-19　施加阻尼器后的管系示意图

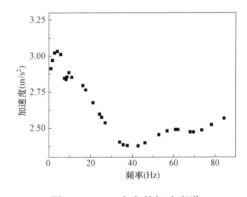

图 10-20　x 方向的加速度谱

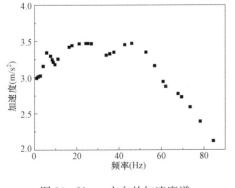

图 10-21　y 方向的加速度谱

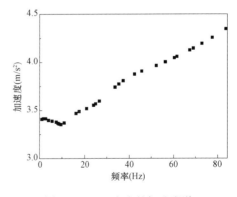

图 10-22　z 方向的加速度谱

根据上述加速度谱对整个管系重新进行谱响应计算，得到位移结果和应力结果；最大位移仍在管系弯管处，位移约 8cm，最大应力水平约 21.6MPa，谱响应计算采取的是各阶模态的最大值，该位移值与管系真实的位移值相比要偏大很多。

对管系进行静载应力进行计算，计算考虑自重＋管道内压和温度引起的热膨胀应力。考虑到在弯管处施加阻尼后，对管系的静应力分布不会产生影响，因此应力计算结果与校核结果相同。

计算采用 ALGOR Pipe 软件进行计算，计算过程为

（1）建立管系几何模型，如图 10-19 所示。

（2）设置管系几何和载荷边界条件，冷态加载条件和热态加载条件。

（3）设置管系计算条件，考虑自重、内压、热应力和其他载荷等工况。

（4）进行准静态力学计算校核。

本计算采用的管道几何模型，考虑自重＋管道内压＋热膨胀应力（热态）得到的轴向应力水平值见表 10-5，最高规范应力水平约 82.99MPa，位于 VVP-525 管系的下部第 1 个节点，低于允许值 381MPa。各节点的位移水平和载荷水平见表 10-6、表 10-7 所示。

表 10-5　　　　　　　　　　各节点处的应力水平值　　　　　　　　　　（MPa）

节点编号	环向应力	轴向应力	规范应力
1	74.824	108.123	82.990
2	51.674	107.904	64.424
3	52.931	107.652	60.832
4	65.489	107.672	72.216
5	65.392	107.672	72.130
6	53.548	107.653	61.279
7	51.873	107.586	58.420
8	51.932	107.586	57.993
9	51.991	107.586	57.598
10	52.083	107.586	57.099
11	49.635	107.586	57.046
12	49.707	107.586	56.789
13	51.382	107.586	57.121
14	53.933	107.586	60.218
15	49.991	107.586	56.268
16	53.173	107.586	59.464
17	49.764	107.586	56.063
18	51.078	107.586	57.368
19	52.784	107.586	59.071
20	49.245	107.586	55.579
21	49.566	107.586	55.847
22	49.864	107.586	55.665
23	50.035	107.586	55.736
24	48.240	101.308	53.419

表 10 - 6　　　　　　　　　各节点处的位移水平值　　　　　　　　　mm

节点编号	x	y	z	角位移 R_x	角位移 R_y	角位移 R_z
1	−0.000	−0.000	−0.000	0.000	−0.000	−0.000
2	−0.614	−0.216	−1.277	0.037	−0.043	−0.008
3	−1.694	−0.478	−6.862	0.017	−0.023	−0.012
4	−3.810	−0.397	−0.000	−0.056	0.028	−0.016
5	−4.310	−0.381	1.315	−0.034	0.040	−0.016
6	−3.923	−0.669	−0.032	−0.008	0.038	−0.014
7	−1.909	−0.261	−0.031	−0.005	0.026	−0.011
8	−0.653	−0.069	−0.023	−0.002	0.016	−0.009
9	0.215	0.000	−0.000	−0.000	0.006	−0.006
10	0.266	0.000	−0.003	0.000	0.005	−0.006
11	0.402	−0.013	−0.014	0.001	0.001	−0.005
12	0.355	−0.044	−0.022	0.001	−0.003	−0.003
13	0.294	−0.064	−0.000	0.002	0.000	0.001
14	0.293	−0.211	−0.104	0.002	0.003	0.002
15	0.250	−0.268	−0.000	−0.000	0.002	0.003
16	0.193	−0.324	−0.065	−0.004	−0.001	0.002
17	0.078	0.006	−0.029	−0.004	−0.002	−0.000
18	0.075	0.006	−0.000	−0.002	−0.002	−0.001
19	0.052	0.006	−0.006	0.001	−0.001	−0.001
20	0.038	0.006	−0.015	0.000	−0.001	−0.001
21	0.003	0.004	−0.003	0.000	−0.000	−0.000
22	0.001	0.001	−0.001	0.000	−0.000	−0.000
23	0.000	0.000	−0.000	0.000	−0.000	−0.000
24	0.000	−0.000	−0.000	−0.000	−0.000	−0.000

表 10 - 7　　　　　　　　　各节点处的载荷及弯矩水平值

节点编号	x （N）	y （N）	z （N）	弯矩 M_x （Nm）	弯矩 M_y （Nm）	弯矩 M_z （Nm）
1	13098	27546	162	21639	−7118	66527
2	59	18341	−264	9768	3254	8968
3	125	−3110	264	−9768	−2009	41588
4	73	19644	−264	9768	−157	41409
5	388	10298	−162	−2523	−781	1852
6	−372	−9033	162	2523	845	1931
7	−6266	264	162	−985	−1807	6053
8	17389	−264	−162	985	1248	−5144

节点编号	x (N)	y (N)	z (N)	弯矩 M_x (Nm)	弯矩 M_y (Nm)	弯矩 M_z (Nm)
9	27513	264	162	−985	−518	3955
10	−25888	−264	−162	985	436	−3822
11	17715	264	67	−985	−267	3154
12	−8846	−264	−67	985	83	−2429
13	−127	10635	67	25	−600	12068
14	325	4736	−67	−25	282	1962
15	−28	7818	234	−302	59	10150
16	110	−2049	−234	302	−477	−1343
17	−164	−9706	−264	412	448	4757
18	178	11068	264	−412	−336	−9134
19	−313	2735	−81	156	41	10
20	354	1291	81	−156	60	889
21	11963	−81	−341	114	−161	394
22	−14329	81	341	−114	411	−453
23	14329	−81	−341	114	−534	482
24	13997	274	183	236	992	−261

按照动力管道（ASME B31.1）对最大应力截面处进行强度校核，涉及的符号见表 10 - 8。

表 10 - 8　　　　　符　号　参　考　表

符号	含　　义
S_c	冷态许用应力
S_h	热态许用应力
S_A	热膨胀许用应力
S_L	轴向（longitudinal）应力
S_E	热膨胀应力
P	内压
D_O	外径
t_n	名义壁厚
M_A	由自重和其他持续载荷引起的校核截面处的弯矩
M_C	由热膨胀引起的校核截面处的弯矩
$0.75i$	应力增强系数，对于直管，$0.75i = 1.0$
Z	校核截面的模数，$\pi r^2 t_e = \pi r^2 t_n$（不考虑腐蚀减薄）
f	疲劳减弱系数，其值为 1.0（设计低周疲劳循环次数不大于 7000 次）
S_Y	室温下规定的最小屈服强度
S_{YT}	高温下试验得到的屈服强度

动力管道（ASME B31.1）中的强度校核有 3 个准则：

（1）持续载荷引起的轴向应力 S_L 小于 1 倍的热态许用应力，即 $S_L = PD_O/(4t_n) + 0.75iM_A/Z \leqslant 1.0S_h$，其中持续载荷指内压和自重。

（2）偶然载荷校核，指风载荷等引起的附加应力校核。

（3）热膨胀载荷校核 $S_E = iM_C/Z \leqslant S_A$。

确定冷态和热态的许用应力 S_c、S_h 和热膨胀许用应力 S_A：

（1）根据锅炉和压力容器规程　第 2 节　材料　第 D 部分（ASME Boiler and Pressure Vessel Code Part II - D），可计算出冷态许用应力：

$S_c = 2/3 \times S_Y = 2/3 \times 404 = 269MPa$，其中 $S_Y = 440MPa$，为 WB36 材料的常温屈服强度。

（2）热态许用应力：根据动力管学（ASME B31.1），WB36 在 315℃热态许用应力值 $S_h = 173MPa$。

（3）根据动力管学（ASME B31.1），可计算出热膨胀许用应力：

$$S_A = f(1.25S_c + 0.25S_h) = 1.0 \times (1.25 \times 269 + 0.25 \times 173) = 379.5 \ (MPa)$$

对管系持续载荷引起的轴向应力校核以及热膨胀应力校核：

（1）持续载荷轴向应力最大值为：$S_{Lmax} = 27.5MPa < S_h$，满足应力强度要求。

（2）热膨胀轴向应力最大值为：$S_{Lmax} = 82.99MPa < S_A$，满足应力强度要求。

结合管系的布置，施加 2 个阻尼，使得整个管系的阻尼系数提高至 0.4，施加阻尼，对管系自重、温度和内压等静载引起的（冷态和热态）静应力均保持不变。施加阻尼后，对管系的响应谱重新计算，计算得到 x、y、z 3 个方向的加速度谱均有所降低；进行谱响应计算，得到整个管系的应力水平降低，管系最大位移减少。

参考文献

[1] LU N W, WANG X L, WU X Z. Piping vibration stress measurement and life assessment. 18th International conference on structural mechanics in reactor technology, Beijing, China, August 7 - 12, 2005, SMiRT 18 - D03 - 8, 777 - 780.

[2] SHAH V N. Assessment of Pressurized Water Reactor Primary System Leaks. NUREG/CR - 6582, IN-EEL/EXT - 97 - 01068 (1998).

[3] MASOPUST R. Seismic Verification methods for structures and equipment of VVER - Type and RBMK - Type NPPs (Summary of Experiences). Transactions of the 17th international conference on structural mechanics in Reactor technology (SMiRT 17), Prague, Czech Republic, August 17 - 22, 2003, 17 - K07 - 03, 1 - 8.

[4] Structural Integrity Associates. Vibration Fatigue of Small Bore Socket - Welded Pipe Joints. EPRI TR - 107455, Electric Power Research Institute, Palo Alto, CA (1997).

[5] XUE F, LIN L, TI W X. Vibration Assessment Method and Engineering Applications to Small Bore Piping in Nuclear Power Plant. The 9th international conference on engineering structural integrity assessment, October 2007, 204 - 205.

[6] 李朝阳，宋玉普 . 混凝土海洋平台疲劳损伤累计 Miner 准则适应性研究 . 中国海洋平台，2001，16 (3)：1 - 4.

[7] 郑晓阳，谢基龙，缪龙秀，等 . 16Mn 钢焊接接头的 Miner 疲劳累计损伤可靠性模型研究 . 北京交通大学学报，1999，23 (1)：109 - 112.

[8] 王涛，龙劲强，等 . 黏滞阻尼器在抗振方面的应用 . 发电设备，2010 (5)，389 - 392.

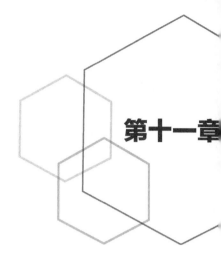

第十一章

稳压器瞬态疲劳评估

第一节　稳压器及其结构

稳压器又称容积补偿器，是核岛一回路主设备之一，是控制反应堆冷却剂系统压力变化的主要设备，它的作用是在稳态运行时维持冷却剂循环系统压力在 15.5MPa（abs）的整定值上，防止堆芯冷却剂汽化；在正常功率变化及中小事故工况下，将冷却剂循环系统的压力变化控制在允许范围，保护电厂安全，避免发生紧急停堆；稳压器内贮有两相状态的水，水和蒸汽都在确定的压力所对应的同一温度，依靠喷淋阀和加热器进行压力调节，例如当冷却剂循环系统压力超过稳压器安全阀整定值时安全阀自动开启排放蒸汽，使冷却剂循环系统卸压；作为冷却剂循环系统冷却剂的缓冲箱补偿冷却剂循环系统水容积的变化。

M310 堆型的主回路有 3 个环路，每个环路有 1 条内径为 28″ 的热段管，1 条内径为 28″ 的冷段管，1 条内径为 28″ 的交叉段管，其中一个环路上有 1 条 Ω 形稳压器波动管。AP1000 堆型的主回路有 2 个环路，每个环路有 1 条内径为 31″ 的热段管，2 条内径为 22″ 的冷段管，其中一个环路上有 1 条螺旋形稳压器波动管。M310 的稳压器本体材料为16MND5（A533B），容积约 39m³，AP1000 的稳压器本体材料为 A508III，容积约 59m³，容积增加，相应瞬态响应能力增强，可减少停堆事件发生频率，并有利于限制事件发展。AP1000 稳压器的设计寿命为 60 年，容积增加，电热功率增加，电加热元件支撑板减少，电加热器套管装焊方式不同，电加热元件与套管接头形式不同，尺寸和质量增加对材料要求更高，在制造过程中的要求也就更高[1]。AP1000 稳压器堆型的相关设计参数见表 11-1。

表 11-1　　　　　　　　　　　　**AP1000 稳压器设计参数**

参数名称	AP1000 稳压器	参数名称	AP1000 稳压器
设计温度（℃）	345	体积（内部）（m³）	59.465
设计压力（MPa）	15.513	列管泄漏率（m³/h）	0.45
体积（水）（m³）	28.317	最大列管喷射率（m³/h）	1.82
体积（蒸汽）（m³）	31.149	设计喷射率（m³/h）	159.0

稳压器是安装在圆柱形支承架上的直立式高压容器，稳压器由压力容器、壳内构件、圆柱形支承架、电加热器组、液位、温度传感器以及固定件等组成，压力容器是焊接结构，由圆柱形壳段、加热区壳段、2个椭圆形封头组成。圆柱形支承架具有绝热层，并且保证稳压器受热膨胀时可以沿纵向、径向移动，但横向移动受到限制。

稳压器的设计应能调节由于负荷瞬动引起的压力波动，即能维持水和蒸汽在饱和状态下的平衡。它的容量必须有足够的水容积和足够的蒸汽容积。以 M310 堆型的稳压器为例，其构造如图 11-1 所示，是一个立式的圆筒，上下分别是半球形的封头，内表面有不锈钢覆盖层。稳压器底部以波动管与一环路热管段相连，稳压器下部有电加热器、多孔滤屏和取样口，稳压器上部有喷淋管道及能提供超压保护的安全阀组。图 11-2 为某核电稳压器 3 号机组稳压器。

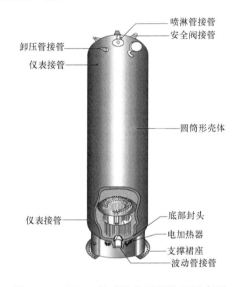

图 11-1　M310 堆型的稳压器构造示意图　　图 11-2　某核电站 3 号机组稳压器

核电厂正常运行时，稳压器内液相与汽相处于平衡状态，稳压器中的压力等于该时刻温度下水的饱和蒸汽压力。稳压器中装有两个测温装置，一个在液相中，一个在气相中，当温度超过 352℃时，每个都会使黄色信号灯亮。当稳压器的蒸汽空间存在时，由稳压器压力控制系统控制反应堆冷却剂系统压力，外负荷的变化会引起反应堆功率和汽轮机负荷之间失配，从而引起水容积膨胀或收缩。此时稳压器通过波动管路接在 1 号环路的热管段，以压力脉动的形式交换反应堆冷却剂系统和稳压器内的水（波入和波出）；同时稳压器的底封头中装有多孔滤屏和阻滞节，用以阻止一回路水直接回升到水-汽交换面。引起一回路平均温度变化的因素很多，如功率运行时二回路系统热功率的变化，SG 二次侧给水的突然增加或减少，反应堆功率控制系统的超调；当反应堆启动或者停闭时，一回路水温由 60℃升到 290.8℃（或由 290.8℃降到 60℃），就要引起一回路水容积的变化；当反应堆从热备用到功率运行，一回路平均温度从 290.8℃提高到 310℃，也要引起一回路水容积的变化。当稳压器内水位过高时，稳压器将失去对一回路系统压力控制的能力，而且有安全阀组进水的危险；如果水位过低，加热器电阻加热元件有裸露于空气中的危险。

在加热区壳段布置有电加热器组件；上封头布置有主喷淋管接管、应急喷淋管接管、与安全阀组相连接的卸压管接管以及用于测量壳体温度的热电阻温度传感器接管。在稳压器的上封头中心布置有 1 个人孔，用于查看容器内部情况。在稳压器的下封头有安置稳压器波动管接管，下封头上还布置有液位传感器接管和用于测量壳体温度的热电阻温度传感器。

电加热器由直管护套型电加热元件组成，通过稳压器的下封头插入稳压器中。加热元件的护套管上端用塞焊密封，下端由连接管座密封，加热元件的镍铬合金电热丝放在管状不锈钢护套中心，周围用压紧的氧化镁粉末绝缘。电加热器用于反应堆装置启动期间加热冷却剂以及运行期间维持一回路压力，以保持冷却剂的温度与一回路压力对应下的饱和温度相一致。通断式电加热器主要用于反应堆启动或瞬态过程，可调式在稳压器内压力小幅度波动时起作用，在稳态功率运行时，一方面补偿热量的损失，另一方面补偿因连续喷淋导致的蒸汽的冷凝，可调式电加热器每组有 9 根电加热元件。

稳压器喷淋管线分别接到一回路两个环路的冷段管线组成。每个管线上有一个自动控制的气动阀门。阀门带连续喷淋的下挡块，保持一股小流量连续喷淋。喷淋管一端在稳压器内顶部设有喷淋头。喷淋管另一端进口伸入到一回路冷段管内呈勺形，以便利用环路中流动的速度头增加喷淋的驱动力。喷淋管公共管段在最高点处布置成一个水封，用来防止蒸汽凝结水集聚在喷淋阀的后面。另外设有由 RCV 系统供水的辅助喷淋，喷淋阀下游与辅助喷淋管连接，供主泵停运时控制压力或停堆后冷却稳压器用。连续喷淋的作用是：保持稳压器内的水温与化学成分的均匀性，限制在大流量喷淋启动时对喷淋管的热应力和热冲击，使电加热器以一个基值进行调节。

在稳压器的下封头有安置稳压器波动管接管，波动管尺寸为 $\phi426\times40$，将稳压器和主冷却剂管道 4 号环路"热"段相连接。波动管用于在一回路中冷却剂温度和容积发生变化时，使一回路的冷却剂流入稳压器或从稳压器流回到一回路。

在稳压器内部布置有喷淋装置、电加热器组件支承件、保护屏、热屏蔽以及稳压器内部维护平台等。喷淋装置用于将温度较低的含硼水喷入稳压器的汽空间，使蒸汽冷凝，以达到降低一回路压力的目的。喷淋装置分为主喷淋装置和应急喷淋装置。保护屏位于稳压器喷淋装置下部，是为了防止温度较低的喷淋水经过喷淋装置直接喷射到压力容器内表面，对容器表面造成热力冲击。电加热器组件支承件是圆柱形壳体，位于稳压器加热区壳段内部，用于电加热器的支承和定位。热屏蔽位于波动管接管内。由于冷却剂在波动管内流动时产生的热容会引起管道和下封头壳壁之间的温差，热屏障就是用于减小该温差而设计的。安装在稳压器内部的维护平台和楼梯是用于维护人员监测稳压器压力容器内表面和内部构件的状况。

第二节　稳压器水压瞬态试验

稳压器的主要老化机理是疲劳，产生疲劳的主要部位包括主喷淋管管嘴、稳压器波动管管嘴等部位，稳压器从制造开始的各个瞬态对稳压器的整个寿命都有影响，并且考虑到一回路水压试验最高试验压力为压力容器设计压力的 1.2 倍，水压试验往往高于运行期间的各个瞬态，对稳压器的疲劳寿命影响更为重要[2]。因此，需要对其疲劳寿命的影响进行评估，特别是考虑到水压试验中如果有泄漏导致快速泄压，类似于快速的冲击，引起应力水平可能较高，需要通过应力测量对其应力水平进行评估。

本研究以某核电站的稳压器为例，进行出厂前的水压试验，其中稳压器的参数信息如下：设计压力 17.6MPa，稳定工况下的正常压力 15.7MPa，稳定工况下的正常温度（346±2）℃，总容积 79m³，正常工况下水占的体积 55m³，电加热器组的总功率 2520kW，电加热器的有效加热面积 777cm²，电加热器总长 3.025m，电加热器的有效长度 1.905m，单个电加热器的质量 154kg。按照《RCC-M 压水堆核岛机械设备设计和建造规则》来设计制造，新版本的标准引入大量的经验反馈和新的技术进步[3]，对设计要求更为合理、完善和先进，譬如对主体材料 16MND5 钢板的杂质元素 S、P 等的含量控制更严格，增加了高温拉伸中的抗拉强度的考核指标。

稳压器出厂水压实验是稳压器设计制造过程中的重要质量控制点之一，根据规范 RCC-M SECTION-IB5000 有关条款的要求，通过水压实验验证其强度、密封性能等达到设计指标，以保证稳压器的结构完整性。一回路水压试验的目的是使反应堆冷却剂管道（RCP）系统经过承受高于正常运行压力的一个合适的水压试验压力，来证明在本次试验结束到下次试验实施之前的这段时间里，反应堆一回路系统在正常运行和设计的事故工况下是安全的，是满足核安全法规的。一般要求两次水压试验间隔不得超过 10 年，但第一次水压试验必须在第一次装料结束后 30 个月内完成。

由于稳压器体积较大，根据现场条件及其他因素的考虑，稳压器水压实验采用卧式进行，稳压器支撑于 500t 转台上，如图 11-3 所示，水压试验过程中试验大厅环境温度为 20~25℃，通过底部加热使得水温在 30~40℃，试验期间容器底部金属最低温度始终大于 50℃，且小于 90℃。试验期间为避免强电磁场对测量仪器的影响，试验车间内行吊等装有大功率电动机的设备暂停使用。

稳压器水压试验升压过程中采用多级缓慢升压，压力升降速率不超过 0.7MPa/min，偶然的升降梯度不大于 1MPa/min，要求在每一个升压台阶按规定时间保压，在升压达到 23.6MPa 后再按降压步压力台阶降压，水压试验中稳压器外观检测不应查出滴漏；若密封装置在水压试验时所处的条件与正常运行时所处的条件不一样，而且其轻微的泄漏不妨碍表面检查，则轻微泄漏不影响水压试验结果。在每个升压降压台阶测量应变，测量时采用温度补偿修正。实验过程的压力曲线如图 11-4 所示。

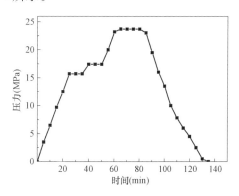

图 11-3　现场测量稳压器卧式示意图　　　图 11-4　水压试验压力曲线

测量方法：应力测量采用应变片电测方式进行，将电阻应变片固定在稳压器外表面，当稳压器在内压作用下容器表面发生拉伸或压缩时，应变片与容器表面同步发生变形，应变片电阻丝栅的拉伸和缩短引起电阻的变化，通过测量应变片电阻变化，得到稳压器应变计安装位置的应变，即可计算该位置的应力。

采用半桥补偿电阻连接方法，应变片采用日本共和双轴常温应变片，灵敏度为 2.06；应变采集设备（2 台）为江苏靖江产 DH5927 动态测试信号分析系统。应变测量包括测量准备、调试、测量等过程，具体如下：

（1）测量位置画点，根据测点布置方案，在待测量位置进行标记，如图 11-5 和图 11-6 所示。

（2）进行测量点表面打磨抛光清洗，对稳压器表面进行除锈、打磨，并用丙酮进行清洗，洁净度应达到应变片粘贴要求。

（3）应变片粘贴，端子焊接接线，连接导线。保证双轴应变片中一片平行于稳压器轴向，另一片沿轴向；粘贴完毕后，选用专用胶带将连接线固定于稳压器表面，避免应变片因导线受拉而脱落。

（4）安装完毕后与应变采集仪连接进行调试，平衡、清零确保连接桥路正确；水压实验前再次进行调试保证测点完好，然后进行数据点清零。

（5）正式测试采集数据。水压试验开始正式采集应变数据，水压试验结束（稳压器内部压力降为零）时停止采集，中间无间断，以 M8 点为例，应变曲线如图 11-7 所示。

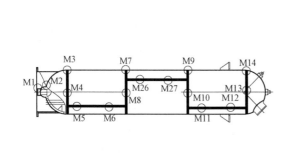

图 11-5 焊缝处应变应力测量点   图 11-6 上封头各管嘴处应变应力测量点

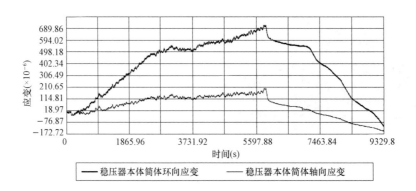

图 11-7 M8 号测点应变曲线

第三节　稳压器瞬态应力强度评估

考虑稳压器水压实验过程中，容器只受内压作用，容器壁处于二向应力状态，两个主应力分别沿容器轴向和环向，选用双轴应变片，两个轴分别沿轴向、环向，以测量筒体轴向与环向的应变数据。由于结构中的焊缝位置存在材料性能、结构等的变化，通常是结构中的薄弱部位，测点集中在容器本体、管嘴的焊缝部位：波动管与稳压器连接的管嘴处、稳压器筒体环形焊缝、稳压器筒体轴向焊缝、人孔与稳压器筒体连接位置、稳压器顶部喷淋管嘴。

根据现场测量的应变数据，采用补偿方法对温度效应进行修正后，用修正后的真实应变值计算各测量点的应力值，采用第三强度理论计算各测量点的应力强度。其中本体材料 16MND5 的物理特性为弹性模量为 $2.04×10^5$ MPa、泊松比为 0.3。

对于受内压作用的薄壁容器，主应力方向为沿圆筒纵向及圆周切线方向，所以通过沿主应力方向粘贴的应变片可以测得两个主应力。

根据材料线弹性变形的广义胡克定律，依据式（11-1），可得到水压试验中各测点的主应力变化情况。

$$\begin{cases} \sigma_1 = \dfrac{E}{1-\mu^2}(\varepsilon_1 + \mu\varepsilon_2) \\[2mm] \sigma_2 = \dfrac{E}{1-\mu^2}(\varepsilon_2 + \mu\varepsilon_1) \end{cases} \tag{11-1}$$

式中　E——材料的弹性模量；

ε_1、ε_2——稳压器某点处在水压试验中的主应变值，其中 ε_1 为测点环向应变，ε_2 为测点轴向应变；

μ——泊松比，取值为 0.3。

对于稳压器下封头与上封头存在的不连续区，采用三向应变片进行应变测试。故主应变和主应力可由式（11-2）和式（11-3）计算得到。

$$\varepsilon_{\substack{max \\ min}} = \frac{\varepsilon_{0°} + \varepsilon_{90°}}{2} \pm \frac{1}{2}\sqrt{(\varepsilon_{0°} - \varepsilon_{90°})^2 + [2\varepsilon_{45°} - (\varepsilon_{0°} + \varepsilon_{90°})]^2}$$

$$\tan2\varphi = \frac{2\varepsilon_{45°} - (\varepsilon_{0°} + \varepsilon_{90°})}{\varepsilon_{0°} - \varepsilon_{90°}} \tag{11-2}$$

$$\sigma_{\substack{max \\ min}} = \frac{E}{2}\left[\frac{\varepsilon_{0°} + \varepsilon_{90°}}{1-\mu} \pm \frac{1}{1+\mu}\sqrt{(\varepsilon_{0°} - \varepsilon_{90°})^2 + [2\varepsilon_{45°} - (\varepsilon_{0°} + \varepsilon_{90°})]^2}\right] \tag{11-3}$$

式中　ε_{max}、ε_{min}——方向互相垂直的最大主应变和最小主应变；

$\varepsilon_{0°}$、$\varepsilon_{90°}$——0°方向、90°方向应变值；

φ——主应变所在平面；

σ_{max}、σ_{min}——最大主应力和最小主应力；

E、μ——材料的弹性模量和泊松比。

稳压器属于《压水堆核岛机械设备设计和建造规则》（RCC-M）一级设备，设计工况的应力分析，根据《压水堆核岛机械设备设计和建造规则》RCC-M NB-3221，设计工况应遵守以下规定：

（1）总体一次薄膜应力 P_m＜屈服强度 S_m。

（2）局部一次薄膜应力 P_L＜$1.5S_m$。

（3）总体（或局部）一次薄膜应力 P_m（或 P_L）＋弯曲应力 P_H＜$1.5S_m$。

根据《压水堆核岛机械设备设计和建造规则》RCC - M Section 1 Subsection B 中 B3237 试验工况相关准则进行应力计算和评估，水压试验工况必须满足的条件包括：

（1）总体一次薄膜应力 P_m 不得超过试验温度下材料屈服强度 S_m 的 90%，即 P_m ＜$0.9S_m$。

（2）局部一次薄膜应力 P_m（$\neq P_L$）加弯曲应力 P_H 不得超过试验温度下材料屈服强度 S_m 的 135%，即 P_L+P_b＜$1.35S_m$。

其中 S_m 为材料在试验温度下的屈服强度，16MND5 材料的屈服强度为 345MPa，Z2CND18.12 材料的屈服强度为 207MPa，对于筒体、顶部、底部以及喷嘴处（材料牌号为 18MND5），其总体一次薄膜应力 p_m≤310.5MPa；对于稳压器波动管管嘴安全端及喷淋管嘴安全端（材料牌号 Z2CND18.12），其总体一次薄膜应力 p_m≤186.3MPa。

M1 点的应变值如图 11 - 8 所示，水压试验中筒体上的总体一次薄膜应力等于其环向应力，上封头各点的总体一次薄膜应力等于各点三个主应力差值（代数值）中的最大值。

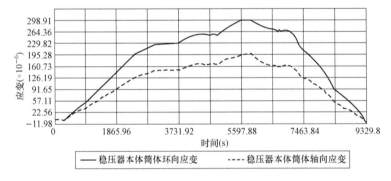

图 11 - 8　M1 点的应变值

水压试验中稳压器各测点应力最大点位置的总体一次薄膜应力结果见表 11 - 2。在试验压力 P 为 23.6MPa 的作用下，各测点的应力强度值都满足强度的规范要求。

表 11 - 2　　　水压试验中稳压器各测点应力最大点位置总体一次薄膜应力水平　　　　MPa

测点	加压至 20.2MPa	加压至 23.6MPa	应力强度
筒体、顶部、底部以及喷嘴处	172.61MPa（M6 点）	208.44MPa（M6 点）	310.5
波动管、喷淋管管嘴安全端	80.16MPa（M1 点）	—	186.3

第四节　稳压器瞬态疲劳寿命评估

在核电厂的安全分析中，对于核安全一级设备及部分核安全二级设备，根据锅炉及压力容器规范　第3卷　核动力装置设备（ASME NB [4]、NC分卷）或《压水堆核岛机械设备设计和建造规则》（RCC－MB篇［5］与C篇）应考虑各种瞬态载荷下导致的疲劳。在核电厂核安全级设备的疲劳分析中，常见的几种瞬态包括温度瞬态、压力瞬态及地震。

一般情况下，疲劳分析时仅考虑反应堆在设计工况、正常工况和异常工况即RCCM中的一类工况和二类工况下的瞬态，同时考虑水压、气压试验下的瞬态对疲劳的影响，一般不包括紧急和事故工况对疲劳的影响。核安全级设备在整个寿期内经历的瞬态种类很多，超过40种，稳压器及其部件受到的瞬态举例见表11－3。

表11－3　　　　　　　　　　　稳压器及其部件受到的瞬态举例

设计瞬态	循环次数（次）
反应堆冷却剂系统升温	200
反应堆冷却剂系统降温	200
蒸汽发生器保持水位	2000
反应堆冷却剂系统RCP系统在换料后的排气运行	320
在低温状态下主系统的压力增长	10
反应堆冷却流部分丧失	80
包络瞬态1	480
反应堆冷却系统误降压	20
应急堆芯冷却系统误降压	80
主回路系统中的冷却和过压	10
汽轮机旁通系统部分打开时汽轮机跳闸	80
全厂断电	40
包络瞬态2	26080
包络瞬态3	2300
包络瞬态4	2104410
水压试验（$p=22.8\text{MPa}$）	16
运行基准地震	400

一般情况下，疲劳分析时所关心的位置（截面或节点）有多个，除了关注总体应力水平更高的某个节点，更多地应关注总体应力水平更高的截面。在完成水压实验瞬态强度分析的基础上，可进行疲劳分析：

（1）确定的应力分量极值对应时间点的基础上，根据《压水堆核岛机械设备设计和建造规则》（RCC－M B3232.6）中的规则，并根据《压水堆核岛机械设备设计和建造规则》（RCC－M B3234.6）该值考虑弹塑性应变修正系数，确定各危险截面处总应力幅值Δ，疲劳分析的同时可计算得到一次加二次应力的幅值Δ，不超过3倍许用应力[4]，$\Delta(P_L+P_H+P_e+P_{峰值})<3S_m$，其中$P_L$为局部一次薄膜应力，$P_H$为弯曲应力，$P_e$为弹性应力，$P_{峰值}$为瞬态应力峰值。

（2）温度及压力扰动工况下瞬态的寿命评估均可采用雨流计数法，疲劳曲线（$S-N$曲线）可以由《压水堆核岛机械设备设计和建造规则》（RCC－M M篇）或锅炉及压力容器规范（ASME）给出，计算累积使用系数U[5-6]，设备的疲劳验收准则为累积使用系数$U<1$。

（3）考虑到稳压器表面非焊缝部位与焊缝附近存在材料性能、结构等的差异，以及焊缝的耐腐蚀性能和疲劳性能较弱，主要对焊缝位置的疲劳寿命进行评估，母材及焊缝材料牌号分别为 18MND5 和 Z2CND18.12。

在 23.6MPa 应力平台上，稳压器水压试验中各焊缝测点应力最大点位置的应力水平见表 11-4，均高于相应材料的疲劳强度，根据锅炉及压力容器规范（ASME）相应的不锈钢材料疲劳曲线，可计算本次水压试验相应的寿命损耗。

表 11-4　　　　水压试验过程中各焊缝测点应力最大点位置的应力水平　　　　MPa

测点	加压至 20.2MPa	加压至 23.6MPa	疲劳强度
筒体、顶部、底部以及喷嘴处	86.3（M6 测点）	104.22（SP1 测点）、101.67（Z1 测点）	92.5
喷淋管嘴安全端	—	—	86

参考文献

[1] 周新华，陈富彬，王培河. AP1000 稳压器制造难点与案例分析. 装备机械，2015，2：23-29.

[2] 吴云刚. ×××稳压器出厂水压实验应力测量. 第 16 届全国反应堆结构力学会议论文集，2010，1116-11020.

[3] 黄燕，邓丰，等. 百万千瓦级核电厂稳压器自主化结构设计主要技术分析. 科技视界，2016（16）：18-19.

[4] 文静，房永刚. 核安全设备疲劳分析方法与步骤. 原子能科学技术，2014，48（1）：121-126.

[5] ZHANG H, WANG J Y. NSSS Design Transients of Qinshan-II 600MW Nuclear power plant. 891S-00689-BG1，1997.

[6] 孙英学. 核电站稳压器阀门接管应力分析. 核动力工程，2000，21（2）：112-116.

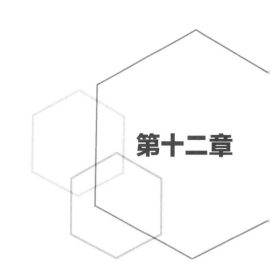

第十二章

稳压器波动管热疲劳机理

目前在世界范围内压水堆核电站已经发生了一系列反应堆冷却剂管道与疲劳相关的事件。随着核电站服役时间的延长，因材料逐渐老化导致的裂纹、冷却剂泄漏等事件发生的概率将大为增加[1]。因此，核电站反应堆冷却剂管道疲劳问题是核电站老化管理关注的重点之一。国外核电站已发生过多次由于热疲劳造成的冷却剂泄漏事件，如高压安注管线、余热去除管线、疏水管线、下泄管线等泄漏现象。

在稳压器的下封头有安置稳压器波动管接管，波动管尺寸为 $\phi426\times40$，将稳压器和主冷却剂管道环路"热"段相连接。波动管用于在一回路中冷却剂温度和容积发生变化时，使一回路的冷却剂流入稳压器或从稳压器流回到一回路。在压水堆核电厂运行过程中，稳压器中的冷却剂温度比主管道中的温度高。在特定流量范围内，出现波动流时，由于波动管接近水平布置，来自反应堆冷却剂系统的冷却剂温度低、密度大，占据波动管水平管段截面的下部；来自稳压器的冷却剂温度高，密度小，占据波动管水平管段截面的上部，在波动管水平段内将出现热分层现象。由于两种不同温度层之间缺少充分混合，在水平管道的横截面上产生不均匀的温度分布。这种不均匀温度分布的重复出现使波动管出现弯曲应力，增加了波动管接管焊缝、波动管焊缝位置疲劳失效的可能性。

在核电厂中，稳压器波动管及波动管热段三通是保证核电厂反应堆冷却剂压力边界完整性的重要设备。其属于核安全1级设备，承受内压、自重、热胀、地震及各种正常加异常工况下的温度和压力瞬态，特别对于压水堆核电厂的波动管，还会承受热分层导致的总体和局部载荷。热分层现象的反复出现增加了管道及接管嘴处出现疲劳失效（贯穿管壁裂纹）的可能性。稳压器波动管是压水堆核电站重要的管道设备，其结构完整性对核电站安全运行有重要作用。20世纪80年代起，热分层现象对波动管的疲劳破坏开始在全世界范围内引起人们的重视[2-3]。

美国 Trojan 核电站发现波动管发生位移现象，其发生原因主要是在设计阶段未考虑到的热分层现象。因此，对热疲劳进行有效的管理是电站必须重点关注的问题。美国核管理委员会（Nuclear Regulatory Commission，NRC）要求所有在役或在建核电站必须对稳压器波动管热分层现象进行分析论证，以确保波动管结构的完整性。针对波动管热分层的研究我国起步较晚，2011 年国内首次完成了秦山二期扩建工程稳压器波动管热分层分析的定量评价研究，并通过了核安全审评中心的审查。

波动管作为核电站一回路压力边界的重要承压部件，在其寿命期内除了需要承受系统各类瞬态载荷，还要额外承受热分层载荷。为了得到波动管实际的热分层数据，目前国际上已有多家机构研制了波动管温度监测系统，对波动管进行温度测量，通过掌握实际的波动管热分层情况，结合测量数据和设计瞬态，以便对核电站波动管及其三通在热分层影响下的疲劳寿命进行评估[4-5]。

第一节　稳压器波动管损伤机理

以某核电站的稳压器波动管为例，波动管一端与稳压器连接，另一端与主管道热段连接，波动管具有热补偿能力，由 5 段长度不等的超低碳不锈钢 TP316LN 锻造无缝弯管组成，其整体结构呈空间螺旋上升形状，用于连接稳压器和主管道其中一条环路上的热管。制造出厂时，均没有进行坡口加工，每段的两端留有平头，并在每段两端分别留有至少50.8 mm 以上的安装调整余量。波动管的 5 个管段从稳压器端开始编号，分别为 S001、S002、S003、S004、S005，现场共 6 道焊口从稳压器端编号，分别为 F001、F002、F003、F004、F005、F006。稳压器波动管布置示意图如图 12-1 所示。

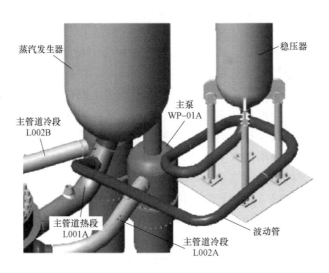

图 12-1　稳压器波动管布置示意图

稳压器波动管布置时考虑了足够的柔性，以满足热膨胀和设备位移的要求。为避免额外的应力，稳压器波动管设计成弯管，而不是弯头。稳压器波动管布置成从稳压器连续倾斜向下直到进入热段，以使波动管内热分层最小并提供管线排水能力。布置时考虑了稳压器波动管的管道和管嘴焊缝方便在役检查。18in 的波动管连接稳压器与主管道热段。稳压器的布置高于主管道热段，而且有足够的高差。由于稳压器的布置位置高于主管道热段，波动管从主管道热段以 24°向上引出，整个波动管以最小 2.5°的坡度保持连续向上，直至稳压器下封头的接管嘴。波动管的转向均采用弯曲半径较大的弯管，以使流道通畅。稳压器中的水倾斜注入主管道热段，没有水平流向。该布置设计降低了波动管的交变应力和疲劳累积使用因子，降低了波动管热分层的可能性[6-7]。

核电站反应堆管道疲劳产生的主要原因是，管道材料由于温度梯度和不均匀膨胀的循环变化产生的循环热应力和应变，所导致的裂纹萌生和扩展等疲劳损伤。随着核电站服役时间的延长，核电站反应堆冷却剂管道已发生过多起因材料老化导致的裂纹、冷却剂泄漏等事件，各科研机构纷纷提出需要开发热疲劳监测及评估系统。典型热疲劳失效事件如图 12-2 所示。

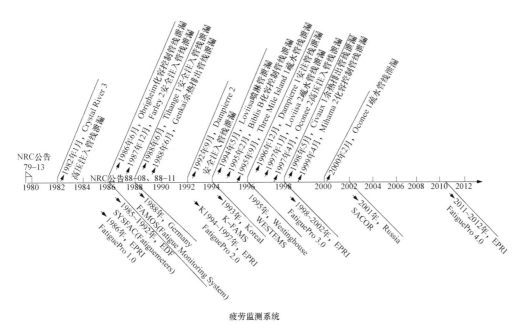

图 12-2　典型热疲劳失效事件

已发生过的典型热疲劳失效事件包括：

（1）高压安注管线泄漏（farley - tihange 现象）。1987 年 12 月，美国 Farley 核电站 2 号机高压安注管线发生泄漏，该管线的材质为 304 不锈钢。1988 年 6 月，比利时 tihange 核电站 1 号机高压安注管线发生泄漏，该管线的材质为 304L 不锈钢，管道失效原因为热疲劳。

（2）余热去除管线泄漏。1988 年 6 月，美国 Genkai 核电站余热去除系统与主管道相接管线发生泄漏，该管线材质为 316L 不锈钢，失效原因为热疲劳。

（3）疏水管线泄漏。1995 年 9 月，美国三里岛核电站 1 号机主管道冷段疏水管发生泄漏，该疏水管材质为 316 不锈钢，失效原因为热疲劳。

（4）下泄管线泄漏。1999 年 4 月，日本 Mihama 核电站 2 号机过剩下泄管线发生泄漏，该管线材质为 316 不锈钢，失效原因为热疲劳。

（5）稳压器波动管线发生位移。美国 Trojan 核电站发现波动管有移动，原因是发生了在设计阶段未考虑到热分层现象。

根据核电站运行经验反馈，稳压器波动管存在的老化机理主要有热疲劳、振动疲劳、热老化、硼酸腐蚀、辐照老化、穿晶应力腐蚀开裂等几种。但在核电厂波动管的实际工作条件和环境下，波动管主要经受反应堆启停中的热分层、热震荡、热冲击，因此热疲劳是稳压器波动管的主要老化机理。

一、热分层（thermal stratification）

1. 热分层现象描述

稳压器波动管是保证核电厂一回路压力边界完整性的重要设备，其中包含高温、高压、含放射性的冷却剂，属于核安全一级设备。在压水堆核电厂运行过程中，由于稳压器中的冷却剂温度比主回路中的高，在出现波动流的情况下，来自主回路的冷却剂温度低，密度高，占据波动管水平管段截面的下部；来自稳压器的冷却剂温度高，密度低，占据波动管水平管段截面的上部。工程上将上述现象称为稳压器波动管的热分层，如图 12 - 3 所示。

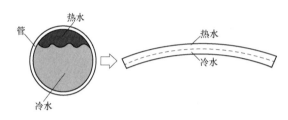

图 12 - 3　热分层示意图

1979 年，NRC 发布了 79 - 13 公报，在这个公报中叙述电站在无负荷或低功率运行模式下，给水管中出现缓慢的流动，进而存在热分层流。由于两种不同温度层之间缺少混合，在水平管道的管截面上产生不均匀的温度分布。这种温度分布的反复出现增加了给水管附近或蒸汽发生器接管嘴处出现疲劳失效（贯穿管壁裂纹）的可能性。1988 年 6 月 22 日，NRC 又发表了题为"与反应堆冷却剂系统相连管道的热应力"的 88 - 08 公报[8]。该公报描述了美国 Farlay 2 号机组的 ECCS 管系出现热分层造成的热疲劳引起了环向穿壁裂纹。Trojan 电站发现稳压器波动管发生没有预料到的位移和管道弯曲现象。后被证实是由于波动管中的热分层引起的，但这种工况在前期设计中根本就没有考虑过，这就导致 NRC 在 1988 年 12 月发布了 88 - 11 公报"稳压器波动管热分层"[9]。在这份公报中要求所有的压水堆核电站（包括已建、在建和拟建压水堆）业主建立和实施证实稳压器波动管考虑热分层影响情况下的完整性计划，并向 NRC 呈报解决这个问题所采取的措施。公报要求考虑热分层的影响情况下，按照规范要求，重新对稳压器波动管进行评定，这份公报的发表促使了稳压器波动管热分层研究的广泛开展。

目前，压水堆核电站的一回路冷却系统主要以水为冷却介质。由于水的导热系数较小而比热容却很大，这个特性使得水平管道系统中，不同温度间混合欠佳的流体更易出现热分层现象。若起初来自反应堆热管段的冷流体占据着波动管，由于稳压器压力升高，使其内温度较高的热流体流入波动管的现象叫作波出（负波动）；位于热管段的低温冷却剂由于压力波动涌入被热流体占据的波动管的现象叫作波入（正波动）。

稳压器波动管的热分层现象可分为稳态热分层和瞬态热分层。当电厂功率运行时，处于稳定状态，由于稳压器和主管道热段之间的温差较小，热分层不太严重，也比较稳定，这时的分层称之为稳态热分层。反应堆稳态工况时波动管内冷、热流体的热分层温差一般小于 30K[10]，应力强度幅值小于 93MPa，对于不锈钢材料的波动管来说，允许 10^{11} 次的循环载荷[11]，因此可以不考虑稳态热分层对管道系统的影响作用[12-13]。瞬态热分层是指当反应堆启动或停堆过程中（一般启动时，发生波出现象；停堆时，发生波入现象），波动管中出现的热分层现象。此时的截面分层温差可达到 150K，甚至更高[14-15]。因此，有必要对稳压器波动管的瞬态热分层进行研究。

分析实测和国外文献都表明，热分层现象在电厂升降温运行模式下最严重，这时稳压器和热段温差最大，在其他运行模式（包括功率运行、启动运行、热备用和换料运行）下，由于稳压器和热段温差较小，有热分层，但不严重[16]。影响热分层载荷的参数主要有：各截面的平均温度、截面温差、截面分层角及管道内压等[17]。

2. 热分层发生条件

热分层现象的发生取决于浮力与流体惯性力的比值。浮力越大或惯性力越小，热分层现象就越容易出现。为了表示这种关系，定义无量纲 Richardson 数[18]：

$$R_{\mathrm{i}} = \frac{G_{\mathrm{r}}}{R_{\mathrm{e}}^2} \tag{12-1}$$

$$G_{\mathrm{r}} = \frac{g \alpha D_{\mathrm{i}}^3 (t_{\mathrm{top}} - t_{\mathrm{bot}})}{\nu^2} \tag{12-2}$$

$$R_{\mathrm{e}} = \frac{V D_{\mathrm{i}}}{\nu} \tag{12-3}$$

式中　R_{i}——无量纲 Richardson 数；

$\quad\quad G_{\mathrm{r}}$——浮力大小的度量，由冷热流体密度差引起，其大小直接取决于冷热流体温度差，无量纲数；

$\quad\quad R_{\mathrm{e}}$——流体惯性力大小的度量，取决于流体速度，无量纲数；

$\quad\quad g$——重力加速度，$g = 9.816\mathrm{m/s}^2$；

$\quad\quad \alpha$——热膨胀系数，K^{-1}；

$\quad\quad t_{\mathrm{top}}$——热流体温度，℃；

$\quad\quad t_{\mathrm{bot}}$——冷流体温度，℃；

$\quad\quad V$——流体平均速度，m/s；

$\quad\quad \nu$——流体运动黏性系数，$\mathrm{m^2/s}$；

$\quad\quad D_{\mathrm{i}}$——管道内径，m。

因此

$$R_{\mathrm{i}} = \frac{G_{\mathrm{r}}}{R_{\mathrm{e}}^2} = \frac{g \alpha (t_{\mathrm{top}} - t_{\mathrm{bot}}) D_{\mathrm{i}}}{V^2} \tag{12-4}$$

当 $R_{\mathrm{i}} > 1$ 时，热分层开始出现。流体速度越小，温差越大，R_{i} 越大，热分层越稳定。浮力是由于冷热流体的密度差引起的，其大小直接与温度差有关。惯性力与流速有关。因此，当流速比较小而温差比较大时，热分层更可能发生。此外，从式（12-4）可知，管道内径越大，带来流通面积的增大，从而降低了流速。同时，大的管道内径还意味着从管道顶部穿透管壁的热传导阻力的增加，这种热传导阻力的增加更能维持高的温度梯度，增加了热分层发生的可能性。工程上一般名义尺寸不大于 25.4mm（1in）的小口径管道，热分层影响不太明显。因此，在这类小口径管道上，可以不必假设存在热分层。

由式（12-4）可以看出，波动管发生热分层现象的 3 个主要条件是：

（1）有一段水平或近似水平的管段。

（2）稳压器和主管道热段内冷却剂有显著温差。

（3）冷却剂流动速度应足够低。

3. 热分层的影响

在原来的波动管设计中，假定波动管截面的温度是均匀的，在这个假定下得到了波动管的应力、位移和累积疲劳使用因子。事实上，波动管截面的温度是不均匀的，有分层现象。稳压器波动管内流体的温度分层引起管壁的温度分层，从而在管道截面产生整体弯曲应力和局部热应力，以及管道系统超过预期的位移和支撑载荷。当管道截面上部的温度比下部高时，由于热膨胀，使水平管段向上弯曲，这不但会增大管道中的热应力，而且会影响管道支撑的作用力，一旦发生这种情况，则整个管道的应力和位移将会改变，管道的应力会大大增加，使原来的应力分析无效。当截面温度均匀时，热分层消失，管道的应力又恢复到不分层的状态，这就形成应力的交变，使管道产生疲劳，降低管道的疲劳寿命。另外，热分层状态下，冷热分界面的振荡引起管道内壁的局部应力，这种局部应力也是交变的，也使管道产生疲劳，降低管道的疲劳寿命。热分层在稳压器波动管中会带来两个方面的主要影响，即

（1）管道中的总体弯曲与原设计中预计的总体弯曲不一致。

（2）由热分层和热振荡引起的总体应力和局部应力使管道的疲劳寿命进一步降低。

由于热分层引起热应力的增加可能超过应力和疲劳限值，对稳压器波动管的完整性构成威胁；热分层引起大的垂直位移可能导致超出弹性支撑和阻尼性支撑的位移行程，过大的支撑载荷可能直接造成刚性支撑的破坏。在岭澳核电厂安全评审期间，法国法马通公司（FRAMATOME）向核安全局提呈的论证报告中提到，对 CPY 型号核电厂的波动管，在温度测量的基础上，考虑热分层的影响，重新进行应力分析和应力评定。重新分析的结果是：原来未考虑热分层时的累积疲劳使用因子为 0.173，法国法马通公司（FRAMATOME）考虑热分层时的累积疲劳使用因子为 0.904。这就是说热分层的影响使累积疲劳使用因子提高了 0.731。上海核工程研究设计院对巴基斯坦恰希玛核电站稳压器波动管进行了热分层影响下的应力及疲劳分析，得到了稳压器安全端区域的累积疲劳使用因子达到 0.9077。疲劳设计分析包含了设计基准瞬态，但是初始疲劳分析没有包含波动管的热分层现象，只有最近设计的核电站才考虑了热分层现象。热分层是引起热疲劳的最重要因素，其严重程度取决于稳压器和主管道间温度差的大小和流速的大小，温差越大、流速越小引起的热分层现象就越严重。因此，热分层在反应堆启动和停堆过程中最严重，因为此时稳压器和主管道间的温度差最大。

二、热振荡（thermal striping）

当流速高到一定值时，热分层现象会在靠近冷、热冷却剂交界处产生局部循环应力。这种现象是由于交界处冷、热流层的混合导致流体温度的波动而引起的，如图 12-4 所示。

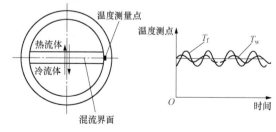

图 12-4　热振荡示意图

这种交界处的混合是当惯性力克服了冷、热流层的重力差时，由 kelvin-helm-holtz 不稳定性引起的。热振荡引起管壁温度波动的典型频率为 0.01～2Hz。由于有限的管壁热传导系数和管壁的热惯性，因此管壁的温度波动较小。热振荡引起的热应力在靠近交界面的管壁内表面处最

大，离开内表面处迅速减小。因此，这种热振荡引起的热疲劳损坏仅限于靠近交界面的管壁内表面。法国电力公司（EDF）曾在热分层管道上做过试验以验证上述趋势，得出"在固定边界条件下，热分层交界面或多或少保持稳定（热振荡较小）"。这说明热振荡并不严重[19]。

三、热冲击（thermal shock）

当主冷却剂通过波动管流出稳压器进入主管道或从主管道流入稳压器时，热流体或冷流体会对三通及其附近波动管造成热冲击。这种热冲击的严重程度取决于温度差和流出流入频率。热冲击发生很快但持续时间很短，热分层建立起来较慢，但只要条件满足，热分层一直存在，其区别如图 12-5 所示。例如，当热流体流出稳压器通过波动管进入主管道时，刚开始热流体会对三通及其附近较冷的波动管造成较大的热冲击，随后流体与波动管之间的温差减小，热冲击开始减小。但波动管上部和下部开始出现温差，热分层开始出现。秦山核电厂稳压器波动管在设计时已考虑到热冲击，所以在波动管两端各设有热套管，大大减轻了热冲击对其影响。

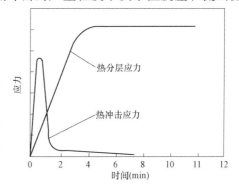

图 12-5　热冲击与热分层的示意图

四、湍流渗入（turbulent penetration）

湍流渗入是指在分支管道含有停滞冷却剂的情况下，母管道的湍流渗入与之相邻的分支管道之中的现象，如图 12-6 所示。

五、热循环（thermal cycling）

热循环是指湍流渗入的长度在某个平均值附近上下波动，引起热、冷流体分界面的周期性轴向移动的现象。其主要发生在湍流渗入的尾部区域及与主管相连的非隔离流体滞留管线。

六、冷热混流（mixing flow）

低温介质与高温介质在某区域交替接触，产生混合的现象。该现象多发生于 T 形管道结构件内，并且疲劳部位位于距 T 形连接件较远的下游区域。冷热混流引起的疲劳失效典型特点是无法用常规的热电偶装置进行监控测量，如图 12-7 所示。

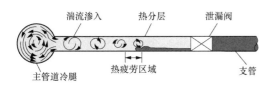

图 12-6　湍流渗入示意图

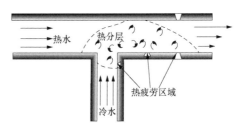

图 12-7　冷热混流示意图

根据核电站运行经验反馈，稳压器波动管的老化机理主要有热疲劳、振动疲劳、热老化、硼酸腐蚀、辐照老化、穿晶应力腐蚀开裂等几种。

其中波动管的实际工作条件和环境，引起热疲劳的最主要因素是热分层、热振荡和热冲击。而波动管是按照核一级、抗震一类管道的要求进行设计、选材、制造和检验的，不易出现因材料不合格、设计不过关等问题，而且在设计时也已考虑到热冲击、热老化、硼酸腐蚀等常见因素。

现场经验显示振动疲劳是核电站发生问题的重要来源之一，但是振动疲劳主要发生直径较小的管道上的承插焊处。振动疲劳损坏主要是由高频率振动伴着低强度应力引起的。振动疲劳的首要条件是管道必须有较大振动，这种振动主要是由泵引起的。这些发生疲劳失效的管道管径均在 $\phi 57$ 以下[20]，而波动管的直径远大于此，从运行经验来看，稳压器波动管的振动疲劳可能性也是很小的。

含铁素体的铸造奥氏体不锈钢在核电站运行温度下长期运行易造成韧性和延伸性下降，称之为热老化。不锈钢管道的材料通常包括奥氏体不锈钢、铁素体不锈钢、奥氏体-铁素体双相不锈钢。

压水堆核电站主冷却剂是含硼除盐水，含有一定量的硼酸，硼酸在高温下对碳钢和低合金钢腐蚀较大。

如果管道内流体的流速过高，会使管壁特别是在弯头、三通处的管壁在流体加速腐蚀作用下减薄。长期运行可能导致管壁减薄严重以致发生破裂，尤其是碳钢管道。波动管中的流速正常情况下很小，在各种瞬态下流速都不大且持续时间不长，流动加速腐蚀不易发生。

通过这些隐发损伤和事故的原因研究和分析，得到稳压器波动管的主要老化机理是热疲劳，引起热疲劳的最主要因素是热分层和热冲击。

第二节　稳压器波动管热分层评估

热分层是引起热疲劳的重要因素。热分层现象严重程度取决于稳压器和主管道间温度差的大小和流速的大小，温度差越大、流速越小引起的热分层现象就越严重。因此，热分层在反应堆启动和停堆过程中最严重，因为此时稳压器和主管道间的温度差最大。最初在1982年，在美国西屋公司设计的一座核电站中第一次发现了稳压器波动管有无法解释的运动。1985年再次发现了波动管的位移，并且安装了测量仪表，但是测量结果显示在热停堆和正常运行时，从上到下的温度差分别只为56、28℃，这点温差仍无法解释为什么会产生这么大的位移。1988年，证明波动管发生了塑性变形，测量结果评价表明，在稳压器汽泡的形成和加热过程中，最大温差可达170℃[21]，这足以解释观测到的波动管位移。在美国西屋公司设计的其他核电站也进行了热分层测量，通过对波动管外表面、管道位移和电站参数连续不断地监测，监测的数据足以证明热分层的存在。

为了在疲劳分析时确定热分层的大小，必须要尽可能准确地知道在各种工况下波动管内温度的分布和流速的大小。将热电偶和流速计插入波动管能得到最准确的温度值和流速，但这不太现实。因为波动管为核1级管道，在管道上多处开孔插入热电偶会留下焊缝和泄漏点，增加了电站运行的不安全性。借鉴美国西屋公司的经验，可根据经验，在波动管上选择一些易发生疲劳损伤的部位（如弯头、焊缝、三通等），每个部位在波动管外壁上沿圆周布置几个热电偶，测出管壁外表面的温度，然后通过二维有限元热传导分析，计算出波动管内部的温度分布，数据的记录和计算可通过计算程序来进行。美国西屋公司是在每个部位管外测 5 点，其代表性的波动管外表面温度测点布置如图 12-8 所示[22]。稳压器波动管内的流速可通过稳压器喷雾量和稳压器液位的变化率决定。这些热电阻温度计主要用于主控显示和生成报警，提醒主控操纵员。低温报警由位于波动管线底部的探测器生成，用来提醒操纵员波动管线中的分层情况。

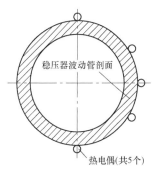

美国西屋公司在关于稳压器波动管的分析中发现波动管易受热分层的影响，对热模型分为正常运行（normal operation）、升温（heatup）、过度供水（excessive feedwater）以及大型蒸汽管线破裂（large steam line break），研究表明最大的热分层载荷发生在电厂升温及降温阶段，因为在管道的顶部和底部之间存在很大的温度差，基于 EPRI MRP-145 及 MRP-146S 报告而提出的需要考虑分层的温差约为 28 ℃，热分层需要被考虑，但并没有进行疲劳评估。波动管热分层分析主要利用计算流体力学（computational fluid dynamics，CFD）方法对

图 12-8　波动管外表面温度测点布置图

稳压器波动管的热分层现象进行计算。分析报告的主要目的是研究不同工况下热分层现象，潜在的最大热载荷主要由稳压器与热管段之间的温度差来决定，在利用 ANS S-CFX 模块进行模拟分析时，分别根据电站参数来设置升温情况下热管段的温度和压力，并利用这些参数作为分析的初始条件和边界条件。

图 12-9　稳压器波动管几何结构

某核电站的稳压器波动管几何结构如图 12-9 所示，其管道主要设计参数见表 12-1。稳压器的布置高于主管道热段，并且有足够的高度差。波动管连接稳压器与主管道热段，且波动管布置成从稳压器连续倾斜向下直到进入热段，呈螺旋下降的形状。由于稳压器的布置位置高于主管道热段，波动管从主管道热段以 24°向上引出，整个波动管以最小 2.5°的坡度保持连续向上，直至稳压器下封头的接管嘴。波动管的转向均采用弯曲半径较大的弯管，以使流道通畅。稳压器中的水倾斜注入主管道热段，没有完全水平的流向。

表 12-1　　　　　　　　　　　稳压器波动管主要设计参数

项目名称	参数	项目名称	参数
管道材料	超低碳不锈钢 TP316LN	抗震等级	1 级
管道内径 D_i（mm）	366.8	质保等级	QA1 级
管道壁厚 d（mm）	45.2	管道密度 ρ_s（kg/m³）	7980
设计压力（MPa）	17.13	管道比热容 C_s［J/（kg·K）］	502
设计温度（℃）	360	管道导热系数 λ_s［W/（m·K）］	16.3
核安全等级	1 级		

由于冷却剂温度随电厂运行功率、运行的不同时刻而变化，且冷却剂的物性参数是随其温

度的变化而变化的。本计算利用冷却剂物性参数与温度的拟合关系式来计算电厂运行的不同时刻下，热分层现象的产生。冷却剂物性参数与温度的拟合关系如图 12 - 10～图 12 - 13 所示。

波动管将稳压器内的热流体和热管段内的冷流体连接在一起，构成完整的冷却剂循环回路。反应堆升功率瞬态工况是稳压器内流体和一回路流体存在较大温差的工况之一[23]。本文选取反应堆升功率瞬态工况（波出现象）进行数值模拟。

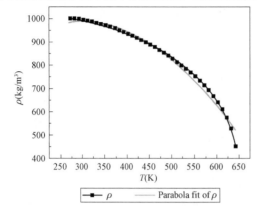

图 12 - 10　冷却剂密度 ρ 随温度的变化曲线
（$\rho = 638.6 + 2.3T - 0.00394T^2$）

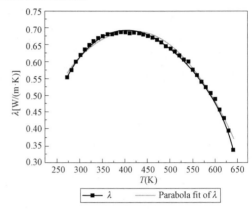

图 12 - 11　冷却剂导热系数 λ 随温度的变化曲线
（$\lambda = -0.365 + 0.00508T - 0.00000613T^2$）

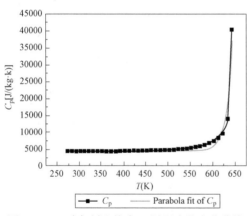

图 12 - 12　冷却剂比热容 C_p 随温度的变化曲线
（$C_p = 4436 + 1.462 \times 10^{-16} \mathrm{e}^{0.0728T}$）

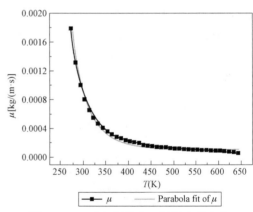

图 12 - 13　冷却剂黏度 μ 随温度的变化
（$\mu = 0.0001132 + 1.553 \mathrm{e}^{-0.025T}$）

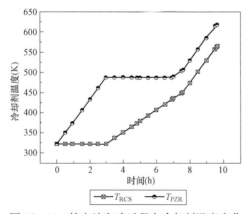

图 12 - 14　核电站启动过程中冷却剂温度变化

电厂启动过程中，主泵转速不断提高，稳压器（pressurizer，PZR）及反应堆冷却系统（reactor coolant system，RCS）中的冷却剂温度升高，并且在电厂运行过程中，稳压器中的冷却剂温度比反应堆冷却系统中的冷却剂温度要高（见图 12 - 14）。表 12 - 2 为电站开始启动过程中，以 1h 为时间间隔，一回路和稳压器内冷却剂的温度值，以及稳压器中冷却剂流入波动管的波出流量和热管流量。核电站启动过程中冷却剂温度变化如图 12 - 14 所示，随着主泵转速的增大，至 3h 时，稳压器与一回路冷却剂温差达到最大，约 165K，随后两者的温差逐渐缩小，热管流速也在逐渐增大。稳压器流入波动管的流量分别选取 45、32gpm（1gpm＝0.00006309m³/s）。此外，为对比热分层现象，还对电厂正常运行工况进行了数值计算。表 12 - 3 为电厂正常运行工况下稳压器、一回路运行参数。

表 12 - 2　　　　　　　　　　　电厂启动过程中稳压器、一回路运行参数

时间（h）	T_{RCS}（K）	T_{PZR}（K）	波出流速（gpm*）	热管流速（gpm*）
2.500	322	439	45，32	36 000
3.500	336.65	487.21	45，32	50 667
4.500	364.43	487.21	45，32	65 333
5.500	392.21	487.21	45，32	87 333
6.500	419.98	487.21	45，32	102 000
7.500	447.76	503.32	45，32	116 667
8.500	501.32	556.87	45，32	138 667
9.500	556.87	612.43	45，32	160 000

注　＊1gpm＝0.00006309m³/s。

表 12 - 3　　　　　　　　电厂正常运行工况下稳压器、一回路运行参数

T_{RCS}（K）	T_{PZR}（K）	波出流速（gpm）	热管流速（gpm）
594.15	618.15	5	177 645

采用 ANSYS_FLUENT 对波动管热分层现象进行数值模拟，并利用 FLUENT 中的 UDF（用户自定义函数）来编写密度、比热、导热系数、黏度随温度变化的函数拟合关系。选用三维、双精度、压力基隐式求解器[24]以避免边界信息无法有效传递导致的计算精度下降。

求解控制方程包括连续性方程、质量守恒方程、能量守恒方程、湍流输运方程。湍流模型采用重整化 k-ε 模型，此模型适用于涉及快速应变、中等涡和局部转捩的复杂剪切流动。采用 SIMPLE 算法处理压力 - 速度的耦合关系，采用二阶迎风格式离散化对流项。降低部分参数的收敛因子，以改进收敛性。

采用分块划分网格的方法以提高网格质量，并且为了更好地模拟流动速度梯度和传热温度梯度发生剧烈变化的区域，在波动管内壁设定边界层网格。经过网格独立性验证，最终确定网格量为 322 980 个。

模拟结果及分析：

在波出瞬态发生前，波动管与其内的冷却剂温度均为冷流体的温度，并处于稳定状态。在电厂启动过程中，稳压器中的冷却剂温度高于波动管中冷却剂的温度，因此当来自稳压器的热流体突然涌入与之相连的波动管入口时，由于波动管与稳压器连接管段为竖直管段，因此热流体直接推动波动管下游的冷流体向出口方向流动。因为波动管螺旋下降坡度逐渐变缓，直至趋于水平，因此当热流体到达波动管接近水平段时，在浮力和波动流惯性力综合作用下，热分层现象开始出现。此时，热流体沿趋于水平管道的上部空间流动，由于流体本身具有黏性，因此与热流体相邻的流体层在热流体拖拽以及自身黏性力作用下向前运动，波动管下部空间的冷流体几乎呈现静止状态，从而形成了明显的热分层现象。

涌入波动管的热流体，将一部分热量传递给波动管下游及其下部的冷水区域，另一部分的热量通过对流传热的方式将与其接触的波动管内壁迅速加热，内壁面增加的这部分热量再通过导热的方式，沿管壁的周向与径向传递给管道低温部分。与此同时，热流体在流进主管道热段的过程中被冷却，温度逐渐降低。热流体剩余部分的热量随着其自身的流动流出波动管，进入主管道热段。而波动管内的冷流体一部分被热流体加热温度升高，一部分流出波动管。波动管中出现的热分层现象及管内冷却剂最大温差截面瞬态温度分布如图12-15、图12-16 所示。

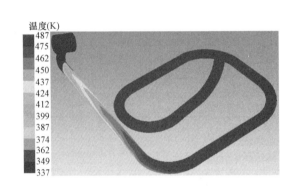

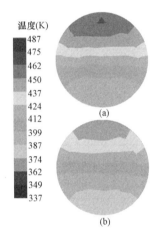

图 12-15　电厂启动功率为 30%、波出流速为 32gpm 时，波动管内壁面温度分布

图 12-16　电厂启动功率为 30% 时波动管内冷却剂最大温差截面瞬态温度分布
（a）波出流速＝45gpm；（b）波出流速＝32gpm

电厂启动过程中波动管截面最大冷却剂热分层温度差如图 12-17 所示。从图 12-17 中可以观察到随着功率的不断增加，波动管截面出现最大热分层温度差呈现先增大后降低的趋势。温差变化的转折点出现在功率为 25%～35% 范围内（电厂启动后运行时间约为 3～4h 范围内，如图 12-17 所示），并且最大温差下降的速率增大。结合核电站启动过程中冷却剂温度变化，可以发现在电厂启动不同运行功率下，出现最大热分层温度差的时间段恰好对应稳压器与一回路中冷却剂温差最大的时间段。即稳压器与一回路内冷却剂温差越大，则相应时刻下波动管中热分层现象更显著。随着时间的增加，稳压器与一回路内冷却剂温差逐渐缩小，而波动管截面最大热分层温度差也在减小。当电厂启动至 8.5h 左右（即电厂启动功率达到 90% 左右，如图 12-18 所示），稳压器与一回路内冷却剂温差最小，相应波动管内截面的最大热分层温度差也达到最低（见图 12-17）。

电厂启动功率的增加意味着主管道热段内冷却剂流动的速率在增大，而稳压器中冷却剂流入波动管的速度对最大热分层温差也有一定的影响。当运行功率和运行时间一致的情况下，从稳压器流入波动管的冷却剂流速越大，产生的热分层温差也越大。说明影响波动管截面最大热分层温差的重要因素为稳压器与一回路内冷却剂温差、稳压器内冷却剂流入波动管的速度大小，即冷热流体的温差越大、波出的流速越大，波动管出现的热分层现象越显著，截面热分层最大温度差也越大。

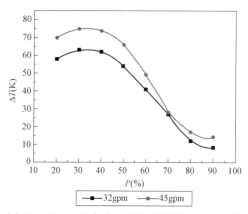

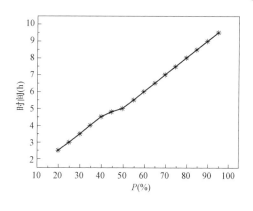

图 12-17　电厂启动过程波动管截面最大热分　　图12-18　核电站启动不同时刻下对应的运行功率
　　　　　层温度差

热分层是引起热疲劳最重要的因素。主要是因为当波动管截面上部的温度比下部高时，由于热膨胀的作用，使水平管段发生弯曲，这不仅会导致管道中的热应力增大，还会影响管道支撑的作用力。一旦出现这种情况，整个波动管的应力和位移将会大幅度增加，使最初的应力分析无效。当波动管截面温度均匀时，热分层随即消失并伴随着管道的应力恢复到不分层的状态，最终导致应力的交变，使管道产生疲劳并降低管道的疲劳寿命。此外，在热分层状态下，冷热流体分界面的振荡会引起管道内壁产生交变的局部应力，也会使管道产生疲劳，从而降低了管道的疲劳寿命。由于热分层引起热应力的增大可能会超过其应力和疲劳限值，从而对波动管的完整性构成威胁，此外热分层引起较大的垂直位移也可能导致超出弹性支撑和阻尼性支撑的位移范围，而过大的支撑载荷会直接造成刚性支撑的破坏。因此，关注波动管发生最大热分层温度差所在位置，可以提前采取相应预防措施缓解热疲劳产生的影响。

电厂启动过程波动管最大热分层温度差所在截面位置与波动管出口的距离（ΔD）如图12-19所示。从图12-19中可以观察到随着电厂运行功率 P 的增大，最大热分层温差的截面位置逐渐远离波动管出口。出现最大温度差截面位置示意图如图12-20所示，热分层现象主要分布在水平管段。结合图12-17发现出现热分层温差最大的时刻在30％功率时，其所在截面的位置距离波动管出口约3.5m处，因此此处即为波动管可能产生热疲劳最为严重的位置，需加以关注。

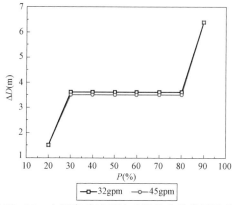

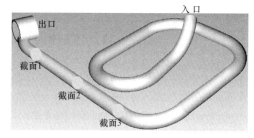

截面 1 为距离波动管出口约 1.5m 处
截面 2 为距离波动管出口约 3.5m 处
截面 3 为距离波动管出口约 6.4m 处

图 12-19　电厂启动过程波动管最大热分层温度差　　图 12-20　出现最大温度差截面位置示意图
　　　　　所在截面位置与波动管出口的距离

231

为了得到波动管出现热分层现象最为严重的工况，本章还计算了电厂正常运行工况下，波动管壁面的温度分布情况。表12-3所列为电厂最佳功率运行下稳压器、一回路运行参数。电厂正常运行工况时波动管内壁面的温度分布如图12-21所示，波动管出现热分层最大温差截面接近波动管出口位置，水平管道温度均匀未出现热分层的现象；波动管内冷却剂最大温差截面瞬态温度分布如图12-22所示，管道内壁上下位置的温差为8K。电厂在正常运行情况下，波动管出现的热分层现象并不显著。

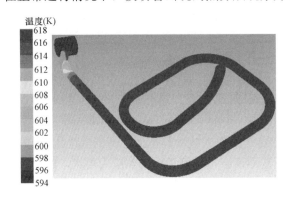
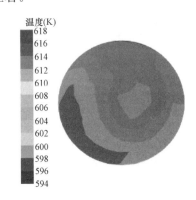

图12-21　电厂正常运行工况时波动管内壁面温度分布　　图12-22　电厂正常运行工况时波动管内
冷却剂最大温差截面瞬态温度分布

利用CFD方法模拟了核电站反应堆升功率（波出现象）工况与正常运行工况下的波动管热分层现象。计算结果表明：

（1）稳压器与一回路内冷却剂的温差与波出的流速越大，波动管出现的热分层现象越显著，截面热分层最大温度差也越大。

（2）伴随着电站启动功率的逐渐增大，波动管截面最大热分层温度差减小，且其所在截面位置逐渐远离波动管出口。

（3）热分层现象主要分布在水平管段，且热分层现象最为严重的截面位置出现在距离波动管出口约3.5m处，此处即为波动管可能产生热疲劳最为严重的位置。

（4）电厂在正常运行情况下，波动管出现的热分层现象并不显著。

第三节　稳压器波动管热应力与寿命评估

管道在交变循环载荷（包括热分层影响）作用下可能产生疲劳失效。管道材料在发生疲劳失效时，一般没有明显的塑性变形，它总是在局部峰值应力作用区内发生。由于这些局部的峰值应力很大，在其反复作用下，使材料晶粒间发生滑移和位错，逐渐形成微裂纹，在载荷的循环下不断扩展，形成宏观疲劳贯穿管道壁厚，最终导致发生疲劳断裂。

在进行疲劳分析过程中，应考虑所有不同变化幅度的载荷波动以及综合的影响，也就是要解决变幅循环条件下的累积损伤问题。在锅炉及压力容器委员会压力容器分委会高压容器建造规则（ASME BPVC-VIII-3 2015）中对于这类问题都采用最为普遍的线性累积方法（即miner公式）来解决。线性累积损伤理论假设在疲劳试验时一定应力水平下试件的损伤可以从应力循环数的线性累积来计算，而失效将在累积损伤达到一个临界值时发生。假若一个试件在第 i 循环组产生 $\pm\sigma_i$ 应力幅，查对应材料的疲劳曲线，得到允许寿命为 N_i 次，而实际经受 n_i 次循环，则断裂的累积疲劳使用因子 CUF（cumulative usage factors）为 $\Sigma n_i/N_i$。在锅炉及压力容器委员会压力容器分委员会高压容器建造规则（ASME BPVC‑VIII‑3 2015）规范要求寿期内 $CUF \leqslant 1.0$。

疲劳监测就是通过对疲劳有贡献的温度、压力等参数进行监测，从而实现对某些监测部位进行更精确的 CUF 计算。由于在重要疲劳区域或部位没有安装电站工艺仪表，而且这些部位直接测量几乎不可达，因此疲劳监测通常通过间接测量来实现，当然间接测量对低周热疲劳和机械疲劳有其局限性。疲劳监测对于确保核电站安全运行和帮助电站进行老化管理非常有用。关键部位的疲劳监测更是有用，原因是：

（1）核电站运行时间越长，重要设备的疲劳损伤累积越大。而疲劳监测能提供比当初设计分析时的假设更精确的电站参数测量，这些精确的测量参数反过来又能得到更可靠的疲劳预测和疲劳缓解。例如，通过疲劳监测获得了载荷的大小、知道了哪些载荷对 CUF 贡献最大，就可通过升版电站程序（启动、停堆、运行）来降低这些载荷。

（2）疲劳监测能获得原设计中没有考虑到的应力因子，也能帮助判断在设计阶段疲劳分析中所用的假设是否足够保守。

（3）疲劳监测能提供量化的应力因子从而帮助获得对重要疲劳损伤最敏感的部位。

（4）疲劳监测的结果可以指导在役检查的重点部位，也能减少某些部位的检查频度。疲劳监测与可靠的在役检查相结合可以获得更加精确的裂纹扩展速率。

疲劳监测一般采取两种方式：

（1）设计基准方法。在设计基准方法中，审查电站的历史运行数据，因为在某些时候，设计分析所用的假设可能已经改变。

（2）在线疲劳监测方法。在线疲劳监测使用已有的电站参数或补充的测量仪表数据。

用目前常规的在役检查（in‑service inspection，ISI）技术无法探测出疲劳微裂纹。因此，仍要用间接方法来分析估算 CUF。上述任何一种方法都可以实现这种估算。

一般情况下电站的运行历史数据可以查到，电站在过去几年间运行工况有所变化，所以从电站运行历史中找出瞬态的数量及其严厉性并进行系统化分类就变得至关重要。通过审查历史数据，必要时重新定义电厂设计分析假设或重新进行应力分析，能够估算以前的疲劳使用情况，并基于实际的循环数和严厉性来计算 CUF。经过重新审查更加切合电站运行实际的假设可以外推并预测将来的疲劳使用情况。

在后一种方法中，通过在各种瞬态中测量的电站工艺参数，可以计算出当瞬态发生时，其诱发的应力大小。假若以前的瞬态所诱发的应力与现在发生的应力一样，那么可以评估过去的疲劳使用情况。当然这种方法与第一种方法相比，其可接受度要差些，因为电厂运行程序可能有变化，不审查历史数据也不大可能获得精确的向前"外推"。假若电厂以前的历史数据查不到，那么用目前的运行数据来估算以前的疲劳使用情况就最为理想。

下面简单介绍两种方法的特点：

（1）设计基准方法。这类方法就是利用电站的运行数据和程序来更新疲劳使用因子，其优点是：可根据实际发生的瞬态次数和严厉性对瞬态重要性分类，必要时修改设计假设，因此计算的 CUF 更精确；疲劳分析能根据运行程序的变化而修正；由于新发现的瞬态而引起的疲劳损伤可以估算；在多数情况下，现有的应力模型仍有用。缺点是：由于该方法对历史运行数据依赖性很大，而历史数据不可能很全，如热分层、湍流或热振荡不一定都能记录下来。

（2）在线疲劳监测方法。为了更加精确地定义对疲劳因子贡献大的热应力，实现自动跟踪关键部位的疲劳累积情况，国外一些公司开发了在线疲劳监测系统（主要疲劳监测系统介绍见第6节）。对所选取的关键部位，分别开发一个合适的模型来计算应力和疲劳使用因子。基于锅炉及压力容器委员会压力容器分委员会第三篇核动力装置（ASME BPVC Section III Division 1）的方法，这些疲劳使用因子的算法是通用的，但这些部位的应力模型是各不相同和设备部件的特点相结合的。一旦这套系统投运，其疲劳使用因子的计算劳动强度比原来的手工输入法大大降低。但在线系统投入前的疲劳使用因子仍要靠审查历史数据来决定。

在设计基准应力分析中，常用具体的热/应力模型（有限元模型居多）来计算需疲劳分析部位的温度和应力分布。要直接将具体的热/应力模型整合进一个在线疲劳监测系统是不可行的，所以完整的分析还得从分析每一个瞬态开始。为了对每个瞬态获得相同的结果，基于一些典型热/应力分析的结果，已经建立了一些分析模型。对于一个给定的瞬态，用最接近于瞬态实际的分析可以预估疲劳使用因子。

一些电力公司如法国 EDF 公司已经开发出计算量最小的计算方法来计算应力。在某些情况下，例如压力和热膨胀，可以用近似方法计算应力，因为压力/温度和应力之间存在线性关系。但对于像沿管壁壁厚呈温度梯度而引起的应力，一般要用格林函数来计算应力。对于由热振荡或湍流引发的高频应力分量，就要通过频谱分析方法来计算。

在线疲劳监测系统精度有高有低，一般来说，监测精度越高，假设中的保守性越少，因此结果越精确，得到的 CUF 也越低。如果保守假设能得到可接受的 CUF，那么对设计基准瞬态进行简单的疲劳监测就可以了。对于在线疲劳监测系统，可用电站实际参数得到更精确的应力，从而降低过多的保守性。美国和法国常用的方法是，用电站现有的仪表测量系统，通过比对方法和保守假设使监测结果有效化。

考虑热分层因素后的波动管分析流程如图 12-23 所示。

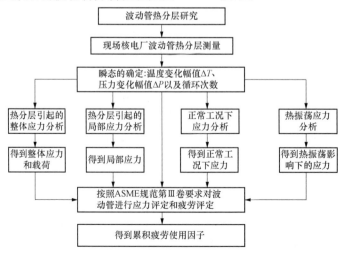

图 12-23 热分层疲劳分析流程图

本节对上节中电站正常启动过程中功率分别在 30%、50%、70%、90%时的热应力场分布进行计算评估。

选取上节温度场计算温差最大的截面为研究对象，在 30%、50%功率时的截面温度场分布如图 12 - 24 所示。

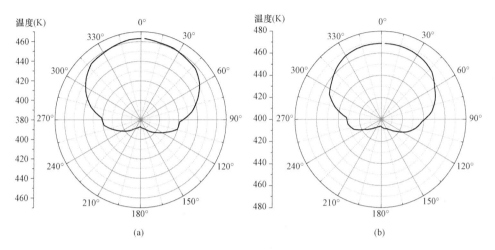

图 12 - 24　30%、50%功率的温度场分布
(a) 30%功率；(b) 50%功率

在 70%、90%功率时的截面温度场分布如图 12 - 25 所示，四个功率点下温差截面的温度场分布如图 12 - 26 所示，从图 12 - 26 可以看出，随着功率的提高，管道的温度提高，温度趋于平衡，在功率 30%时截面上的温差最大。

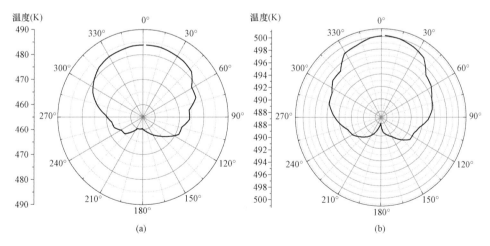

图 12 - 25　70%、90%功率时的温度场分布
(a) 70%功率；(b) 90%功率

上述不同功率下的温度作为波动管的温度场边界条件，建立几何模型，该截面的几何条件为管道内径 366.8mm、壁厚 45.2mm，采用超低碳不锈钢 TP316LN 的物理参数，进行温度场和应力场计算。

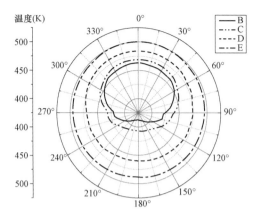

图 12 - 26 四个功率点下温差截面的温度场分布

启动 30% 功率时截面的温度场和应力场分布如图 12 - 27 所示,其中三个方向的主应力分布如图 12 - 28 所示。

启动 50% 功率时截面的温度场和应力场分布如图 12 - 29 所示,其中三个方向的主应力分布如图 12 - 30 所示。

启动 70% 功率时截面的温度场和应力场分布如图 12 - 31 所示,其中三个方向的主应力分布如图 12 - 32 所示。

启动 90% 功率时截面的温度场和应力场分布如图 12 - 33 所示,其中三个方向的主应力分布如图 12 - 34 所示。

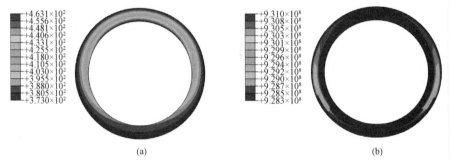

图 12 - 27 30% 功率下截面的温度场和 Mises 应力场分布
(a) 温度场分布;(b) Mises 应力场分布

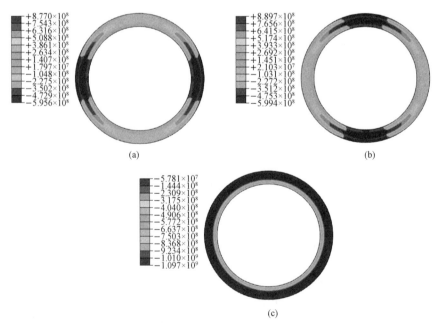

图 12 - 28 30% 功率下截面的三个方向主应力分布
(a) 第一主应力;(b) 第二主应力;(c) 第三主应力

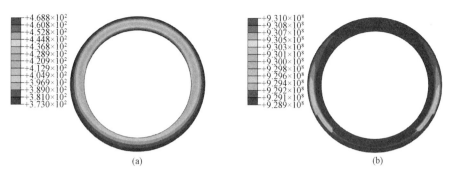

图 12 - 29　50％功率下截面的温度场和 Mises 应力场分布

（a）温度场分布；（b）Mises 应力场分布

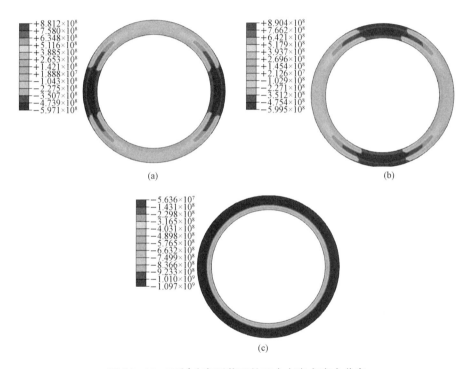

图 12 - 30　50％功率下截面的三个方向主应力分布

（a）第一主应力；（b）第二主应力；（c）第三主应力

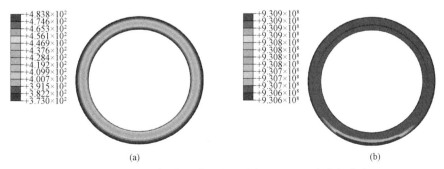

图 12 - 31　70％功率下截面的温度场和 Mises 应力场分布

（a）温度场分布；（b）Mises 应力场分布

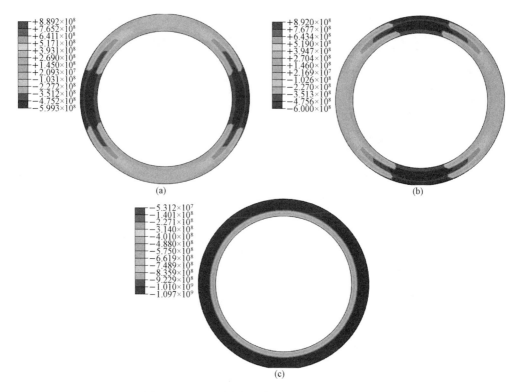

图 12-32　70％功率下截面的三个主应力分布

（a）第一主应力；（b）第二主应力；（c）第三主应力

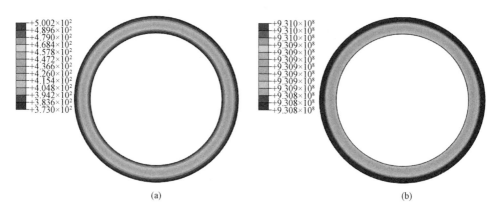

图 12-33　90％功率下截面的温度场和 Mises 应力场分布

（a）温度场分布；（b）Mises 应力场分布

　　统计计算在服役期间各个工况下的应力水平，根据图 10-16 材料疲劳寿命曲线计算累积疲劳使用因子 CUF，可以评估在设计寿命 60 年或者延寿至 80 年和 100 年条件下，波动管的累积损伤因子及疲劳寿命。

　　疲劳监测系统的研发主要是为了应对核电站热疲劳相关事故，其发展历程亦与热疲劳事件的发展息息相关。自 NRC 发布 79-13[24]公告报道热疲劳事故以来，核电国家即开展相关研究工作，其中法国 EDF 是最早开展疲劳监测研究的机构。随着热疲劳事件发生率的逐步增多，NRC 相继发布了 88-08[8]、88-11[9]公告，这期间德国、美国、日本、俄罗斯

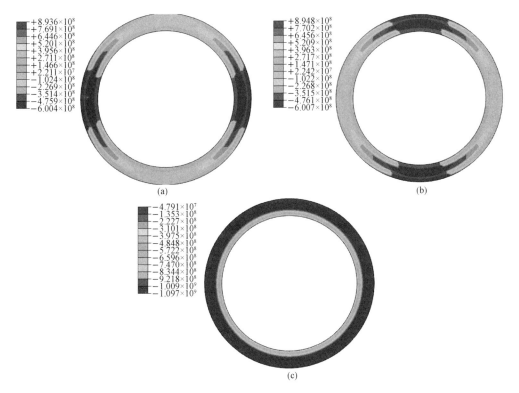

图 12-34　90％功率下截面的三个主应力分布

（a）第一主应力；（b）第二主应力；（c）第三主应力

等国家相继开展了相关的研究工作，并开发了相应的监测系统。目前，国际上已经研发了多种相应的疲劳监测系统，主要有 FatiguePro、WESTEMS、FAMOS、SACOR，由于各家采用的技术有所差异，故而其监测系统产品功能也有所不同。

　　FatiguePro 系统的特点是利用电厂现有的仪表监测温度、压力、流速等参数，无需单独安装其他监控设备即可实现电站的疲劳监测[25]。FatiguePro 第一代产品由 EPRI 在 1986年开始研发，自 2003 年开始转由 SI 公司与 EPRI 合作研发 Version 3。迄今为止，最新版本已升至 Version 4.0。该系统的评估方法主要包含：自动循环计数模块（automatic cycle couting，ACC）；基于事件疲劳评估模块（cycle-based fatigue，CBF）；基于应力疲劳评估模块（stress-based fatigue，SBF）；疲劳裂纹生长模块（fatigue crack growth，FCG）。

　　WESTEMS 系统是由美国西屋公司开发的一款疲劳监测评估软件，其评估系统主要依据 ASME NB-3200 和 NB-3600 进行相应的分析。该系统具备灵活的数据采集方法、部件应力和疲劳监测、自动瞬态统计、用户交互界面以及可获取数据信息等特点。WESTEMS系统集成了一系列核电专业的监管程序：设计基本瞬态统计、启停机次数限定、非预测性事故下 ASME 结构完整性筛选评估、NRC 88-08 热分层监控、应力和疲劳监测等。该系统除提供疲劳设计相关的信息外，还可以提供维修优化策略、设备更换经济性分析等内容。

　　FAMOS 系统是由 Siemens/KWU 公司开发，后归属法国 AREVA NP GmbH 公司的一款专业疲劳监测系统。与 FatiguePro 系统不同，FAMOS 系统是通过在敏感位置加装测点，由温度传感器实时采集敏感区域的温度分布，结合疲劳算法获得部件的损伤因子。

FAMOS 系统主要包含：基于事件疲劳评估模块（event - based fatigue，EBF）；基于循环疲劳评估模块（cycle - based fatigue，CBF）；基于应力疲劳评估模块（stress - based fatigue，SBF）。其中基于循环疲劳评估模块 CBF 又细分为基于载荷的 CBLC 子模块（cycle - based load counting）和基于应力的 SSBF 子模块（simplified stress - based fatigue）。该系统不仅能进行实时疲劳计算，还可以对电厂的运行状态进行评估。

SACOR 系统是由俄罗斯"水压机"实验设计局同全俄核电站科学研究院于 2001 年一起开发，主要用于监测 WWER 型反应堆内核安全级部件的疲劳寿命。迄今为止，SACOR 系统已经更新了 2 代。第 1 代为 SACOR - M 系统，在 6 个 WWER - 1000 型核电站得到了实施应用，包括国内田湾 1、2 号机组。后续升级为 SACOR - 320 系统，SACOR - 320 系统考虑了 SG 的真实位移，以及在极限状态下因材料老化引发的额外寿命损耗等因素，因而在寿命评估方面更为准确，现该系统已经在 Rostov Unit 2 得到了应用，在后续的 WWER 机组中，俄罗斯也计划安装该系统作为设备疲劳寿命监测手段。SACOR - M 系统包括 3 个模块，分别为数据采集、损伤计算、评估分析模块。疲劳损伤的一般计算流程是根据传感器确定运行参数，进而换算应力，并根据"雨流计数法"简化负载周期并计算每半个周期的疲劳损伤，然后对其进行线性求和。

在功能模块设置上各主流疲劳监测系统基本统一，但在评估模块下彼此的方法、策略、领域有较大差异，特别是现阶段关注环境影响疲劳（environment affecting fatigue，EAF）因素方面，仅有 FatiguePro 具备该功能。但是对于主流疲劳监测系统都在稳压器波动管（包括热腿和稳压器管嘴）这一敏感位置进行了监测。在功能方面，FAMOS 系统更关注疲劳敏感区域的 CUF 累积特性，相关的结果更有针对性；而 FatiguePro 系统由于依托电厂现有监测系统数据进行分析，故而在硬件投入方面需求较少，现场操作实施相对容易。具体见表 12 - 4。

现阶段热疲劳监测系统主要分为 2 种类型：

（1）以 FatiguePro 为代表的使用电厂已有的监测数据进行评估。

（2）以 FAMOS 系统为代表的需对热疲劳敏感位置额外加装热电偶，通过温度的实时监测结合电厂数据实现评估的方法。

表 12 - 4　　　　　　　　　　主流疲劳监测系统的功能比较

项目	FatiguePro	WESTEMS	FAMOS	SACOR	备注
是否需安装热电偶	×	√	√	√	FatiguePro 可以按照客户要求，在关注部位加装热电偶
是否执行 EPRI SBF 方法	√	×	×	×	EPRI TR - 1022876，stress - based fatigue monitoring
是否多轴应力计算	√	√	×	×	按 ASME BPVC. Ⅲ NB 3200 和 NRC RIS2008 - 30 regulatory issue summary 要求进行
是否基于顺序循环计数方法	√	×	√	√	主要包括雨流法或 3D 雨流法
是否可进行 EAF 计算	√	×	×	×	FatiguePro 承诺在设备安装后第一个 PSR 期间协助用户向核安全局解释 EAF 的结果

注　"√"为是；"×"为否。

三代压水堆的稳压器波动管在设计时没有采用水平管段，并保持整个波动管以最小2.5°的坡度保持连续向上，直至稳压器下封头的接管嘴，因此从管道设计上避免了易发生热分层现象的产生。但是在稳压器和主管道热段内冷却剂不可避免的有显著温差的出现，并且随着不同工况下冷却剂流动速度会出现较低的现象，这些因素都易导致热分层的出现。本章针对了不同工况下热分层的现象进行了数值模拟计算，提出避免热分层出现的方案。

　　美国西屋公司明确提出热分层需要进行疲劳分析，因此对于 AP1000 稳压器波动管疲劳寿命的问题，还需要进行进一步的分析与计算。

　　对于环境影响波动管疲劳问题的主要评估方法如下：

　　（1）首先需要获得波动管的温度分布以便计算其承受的载荷（获得波动管温度分布的方法主要有建立热分层瞬态、计算机数值计算和现场温度监测三种，三种方法各有其优缺点和应用价值）。

　　（2）通过得到的波动管内分层流动时的温度场为基础，使用有限元计算软件对波动管的应力变化进行分析。

　　（3）基于锅炉及压力容器委员会压力容器分委员会第三篇核动力装置（ASME BPVC Section Ⅲ Division 1）核一级管道设备的应力强度计算公式没有考虑热分层对管道应力的影响，因此需要对其修正使其包括分层温度产生的弯矩和局部应力项。

　　（4）根据应力分析结果，进行疲劳评估。NRC 的报告中推荐引入疲劳寿命环境影响系数来表征环境因素的影响。就稳压器波动管而言，其疲劳主要由热应力引起。

参考文献

[1] 李岗，梁兵兵，马志才．稳压器波动管温度监测及寿命评估．压力容器，2012，6：63-67.

[2] 梁兵兵，李岗，王高阳．稳压器波动管考虑热分层影响的疲劳分析．原子能科学技术，2008，42（S2）：448-453.

[3] 王大胜，刘攀，王海军，等．稳压器波动管不同布置方式对热分层现象的影响．原子能科学技术，2015，49（7）：1232-1235.

[4] 衣书宾．压水堆稳压器波动管疲劳寿命分析与计算．华北电力大学，2013.

[5] 张毅雄，杨宇．稳压器波动管热分层分析．核动力工程，2006，6：13-17.

[6] 苏荣福，唐涌涛．AP1000 核电厂反应堆冷却剂系统布置设计．核电研发，2014，7（1）：4-8.

[7] 左学兵，陈晶晶，张金东，等．AP1000 反应堆冷却剂系统主要设备安装技术．制造与安装，2013，30（11）：62-75.

[8] NRC Bulletin 88-08. Thermal Stresses in Piping Connected to Reactor Coolant Systems. US NRC，1988.

[9] NRC Bulletin 88-11. Pressurizer Surge Line Thermal Stratification. US NRC，1988.

[10] Boros I, Aszódi A. Analysis of thermal stratification in the primary circuit of a VVER-440 reactor with the CFX code. Nuclear Engineering and Design，2008，238（3）：453-459.

[11] LEON C，SIMONOVSKI I. Fatigue relevance of stratified flows in pipes：A parametric study. Nuclear Engineering and Design，2011，241（4）：1191-1195.

[12] 余晓菲，张毅雄，艾红雷．秦山二期扩建工程稳压器波动管热分层应力及疲劳分析．中国核科学技术进展报告，2009.

[13] 余晓菲，张毅雄．稳压器波动管热分层应力及疲劳分析．核动力工程，2011，32（1）：6-9.

[14] GREBNER H，HÖFFLER A. Investigation of stratification effects on the surge line of a pressurized

water reactor. Computers & Structures, 1995, 156 (2/3): 425 - 437.

[15] BIENIUSSA K W, RECK H. Piping specific analysis of stress due to thermal stratification. Nuclear Engineering and Design, 1999, 190 (1 - 2): 239 - 249.

[16] 刘全印. 核电站稳压器设备安全端焊接技术. 压力容器, 2009, 26 (6): 34 - 37.

[17] 李岗, 梁兵兵, 马志才. 稳压器波动管温度监测及寿命评估. 安全分析, 2012, 29 (6): 63 - 67.

[18] YU Y J, PARK S H, SOHN G H. Structural Evaluation of Thermal Stratification for PWR Surge Line. Nuclear Engineering and Design, 1997, 178: 211~220.

[19] MASSON J C, STEPHAN J M. Fatigue Induced by Thermal Stratification: Results of Tests and Calculations of the COUFAST model. NEA/CSNI Specialist Meeting on Experience with Thermal Fatigue in LWR piping caused by Mixing and Stratification, Paris, 1998.

[20] STOLLER S M. 1974 - 1994 Nuclear Power Experience, PWR - 2, V. B. , S. M. Stoller Corporation, Lafayette, CO 1994.

[21] MUKHERJEE S K, et al. Beaver Valley Unit 2 Pressurizer Surge Line Stratification. Duquesne Light Company, 1988.

[22] CRANFORD E L, et al. Considerations in Pressurizer Surge Line Stratification Stress Analysis. Damage Assessment, Reliability, and Life Prediction of Power PlantComponents, PVP Vol. 193, NDE Vol. 8, American Society of Mechanical Engineers, New York, 1990: 21 - 26.

[23] 张微, 孙中宁, 王建军, 等. 升功率工况下波动管热分层数值分析. 原子能科学技术, 2011, 45 (11): 1324 - 1328.

[24] NRC Bulletin 79 - 13. Revision 2, Cracking in Feedwater System Piping. US NRC, 1979.

[25] GRIESBACH T J. FatiguePro: An On - Line Fatigue Usage Transient Monitoring System for Nuclear Power Plants. EPRI Report No, NP - 5835, 1988.

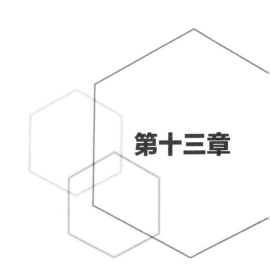

第十三章

焊接及机械加工等制造缺陷评估

第一节 控制棒驱动机构下部 Ω 焊缝及堆焊层评估

一、压力容器顶盖控制棒驱动机构及 Ω 焊缝

反应堆压力容器顶盖是核电站一回路压力边界内重要的核一级设备，其完整性对核电站的安全运行意义重大。核电厂反应堆控制棒驱动机构（control rod drive mechanism，CRDM）是核反应堆的关键设备之一，是反应堆控制和保护系统极为重要的伺服机构，它能够带动或保持控制棒组件，从而实现反应堆启动、提升功率、保持功率、负荷跟踪、正常停堆和紧急事故停堆的安全功能。CRDM 安装在反应堆压力容器顶盖 CRDM 管座上面，它的耐压壳部件和压力容器顶盖 CRDM 管座之间采用梯型螺纹和 canopy 密封焊缝（以下简称 Ω 焊缝）相连接，耐压壳是反应堆压力边界的一部分，其密封焊缝缺陷和破损将导致带有放射性的反应堆一次侧冷却剂泄漏。控制棒驱动机构中的密封壳是反应堆一回路压力边界的组成部分，因此密封壳组件上的承压焊缝的质量显得尤为重要。

控制棒驱动机构为了实现与反应堆顶盖和各部件之间的连接，耐压壳部件从下到上有三道 Ω 焊缝，最下部通过自动焊接机现场焊接 Ω 焊缝的方式与反应堆顶盖相连，其余两道焊缝为车间焊，中部行程壳体与钩爪壳体螺纹连接后接头处用水平 Ω 密封焊进行密封，行程壳体上端用一个端塞螺纹连接后在垂直方向用 Ω 密封焊实现密封，端塞中有一个金属密封的通孔作 CRDM 的排气用。CRDM 耐压壳采用的这种密封结构形式是一种便于拆装的密封焊接结构，来自一回路的压力载荷主要由连接螺纹承担，Ω 焊缝功能上主要起密封作用。整个耐压壳体从下到上的三道 Ω 焊缝从设计角度都是一回路压力边界，都起着机组正常运行期间密封一回路冷却水的重要功能，全寿期内都不允许有任何的泄漏。

M310 型核电机组控制棒驱动机构耐压壳及热电偶柱阴法兰在反应堆压力容器管座上的焊接共有 65 道焊口，其中 61 道焊口为控制棒驱动机构耐压壳与反应堆压力容器管座的焊接，其余 4 道焊口为热电偶柱阴法兰与反应堆压力容器管座的焊接。

核电厂反应堆控制棒驱动机构在安装或者检修时，需要将焊接棒行程壳与钩爪壳体之间的 Ω 焊缝进行切割和焊接。焊接时切口中填满填料环，在氩气保护下熔化填料环行程 Ω 焊缝，构成可靠的密封连接，其结构及尺寸如图 13-1 所示，其中焊接母材为 00Cr18Ni10N 与镍基合金 Inconel 690，填料为 304L 或 316L，Ω 焊缝特殊性在于背面充氩保护和环形填料焊接，焊缝背部是一个环状的密封腔，既不能伸入氩气保护罩，也不能装设进出管接头通氩气，焊接时需要将填充料制成特定形状放入焊接坡口内进行焊接，工艺难度系数高。

以下部 Ω 焊缝为例，焊接工作具有放射性，工作设计压力 17.23MPa（绝对压力），工作运行压力 15.5MPa，设计温度 343℃（蒸汽侧工作介质设计温度 316℃，压力 $p=$ 17.6MPa），水压试验压力 22.8MPa，被焊件壁薄 $\delta=2$mm，焊接及检验区域要求严格等特点。

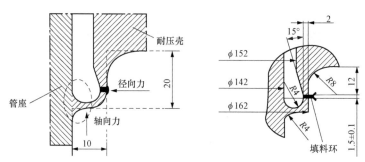

注：R4 表示半径为4mm，R8 表示半径为8mm。

图 13-1 CRDM 下部 Ω 焊缝结构及尺寸（单位：mm）

二、Ω 焊缝失效案例

在役核电站曾发生多次反应堆压力容器顶盖降级事件，最著名的是 Davis-Besse 核电站，1990 年 Davis-Besse 核电站的控制棒驱动机构接管法兰持续发生泄漏，泄漏的硼酸堆积在顶盖上；1996 年 CRDM 接管上的裂纹在一回路水压及 J 形焊缝的收缩应力下发展成贯穿性裂纹，CRDM 接管处开始出现泄漏；1998 年第 11 次换料大修时顶盖外表面沉积的硼酸从顶盖检查孔中流出，并呈现红棕色；2002 年第 13 次换料大修检查发现 CRDM 倾斜并依靠在了旁边的法兰上，顶盖严重腐蚀降级；发现了约 15 484mm² 凹坑，从穿壁裂缝开始，腐蚀了约 152.4mm 厚的顶盖母材，仅存的大约 6.35mm 厚度的反应堆压力容器内表面不锈钢堆焊层成为一回路压力边界，且仅存的堆焊层也出现了鼓包和裂纹等缺陷，一回路压力边界的完整性受到了严重威胁，反应堆处于极度不安全的状态[1]。

根据国内外核电厂服役期间控制棒驱动机构 Ω 焊缝熔敷金属和附近母材出现应力腐蚀并导致冷却剂渗漏事件的经验反馈，Ω 焊缝部位由于冷却剂长期滞留并且无法有效循环，容易形成应力腐蚀的敏感环境，而内表面裂纹特征缺陷会加剧应力腐蚀的倾向，因此应力腐蚀对控制棒驱动机构下部 Ω 焊缝及母材服役性能的影响引起行业内重点关注。

国内外曾多次发生 CRDM 密封焊缝泄漏事故[2-7]，并导致反应堆非正常停堆和大修时间延长，对反应堆安全造成重大危害并带来严重经济损失。

CRDM 中部和下部密封焊缝的穿透裂纹曾在几个电站发生过。ZION-1 和其他电站的失效分析结果认为局部穿透裂纹和泄漏，失效模式为穿晶应力腐蚀裂纹，其产生的原因是局部应力集中和敏感性水化学杂质，如氯离子等造成的。在 ZION 电站，少数 CRDM 产生裂纹和渗漏的主要因素是密封焊缝质量差和缺少焊缝渗透检查。

岭澳核电站的穿透裂纹和小 Ω 焊缝渗漏曾经发生过。2005 年 2 月 5 日，岭澳核电站 1 号机组第三次大修期间发现 P10 位置控制棒驱动机构 CRDM 上部的 Ω 密封焊缝位置有大量硼结晶析出，如图 13-2 所示，此位置 Ω 焊缝在机组运行期间或停堆期间发生了泄漏。2006 年 1 月 30 日，岭澳核电站 1 号机组第四次大修发现了位于 K14 位置的上部 Ω 焊缝位置有硼结晶析出，如图 13-3 所示，经多次液体渗透探伤检查，精确判定后认为此次泄漏点位置不是发生在焊缝位置，而是在位于 Ω 密封腔室根部的母材区域，判定密封焊缝存在质量缺陷并造成贯穿泄漏，后来采用堆焊技术对缺陷进行了紧急修复处理，节约了宝贵的大修关键路径时间，确保了安全功能部件的正常运行，这是首次在国内应用此技术。

图 13-2 CRDM 上部 Ω 焊缝位置硼结晶（一）

图 13-3 CRDM 上部 Ω 焊缝位置硼结晶（二）

三、Ω 焊缝修补技术及堆焊层评估

方家山核电工程的控制棒驱动机构（control rod drive mechanism，CRDM）耐压壳及热电偶柱阴法兰在反应堆压力容器管座上下部 Ω 焊缝在焊接后，发现有圆形显示，并且水压试验后液体渗透检验不合格[8]，失效原因为大尺寸非金属夹杂物在焊接应力诱导下导致的表面裂纹[9]。

对焊缝区域的处理可以采用局部打磨，挖补后进行手工 TIG 返修，对母材区域的处理，可以采用修磨打磨处理，也可以采用局部挖补后返修。修磨打磨处理需要根据强度校核计算，以及 PT 显示，计算打磨厚度，并制订打磨方案，采取多次打磨或抛光，用打磨次数及时间量化。局部挖补返修可以考虑局部手工氩弧焊补焊的工艺方式进行，完成焊接工艺评定，完善焊接工艺规程，选择好焊丝牌号、规格型号及焊接工艺参数等。

显示部位的表面整体堆焊（overlay）是对 Ω 环外部进行两层堆焊[6]，CRDM 上部 Ω 焊缝 overlay 如图 13-4 所示，按照 canopy 焊缝的形状进行弧形堆焊，焊后进行金属性能检验，CRDM 上部 Ω 焊缝金相组织结构如图 13-5 所示，沿直径切割后，CRDM 上部 Ω 焊缝 overlay 两个截面的微观组织结构如图 13-6 和图 13-7 所示。

overlay 的各层堆焊层厚度需要根据强度计算和焊接工艺来确定，该工作 WSI 公司已有较多的实际实施经验。美国西屋公司开发了 Ω 环焊缝密封夹紧（canopy seal clamp assembly，CSCA）装置采用夹紧技术措施进行预防性维修，该技术可以降低新缺陷的产生以及原有缺陷的进一步扩展。

图 13-4　CRDM 上部 Ω 焊缝 overlay

图 13-5　CRDM 上部 Ω 焊缝金相组织结构

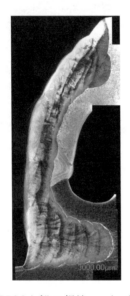

图 13-6　CRDM 上部 Ω 焊缝 overlay 微观组织结构　图 13-7　CRDM 上部 Ω 焊缝 overlay 微观组织结构

上述方案在国内外核电厂均有泄露焊缝修复后继续安全运行的成功案例。以 overlay 为例，国内某工程公司针对 CRDM 下部 canopy 焊缝可能发生破损泄漏事故的问题开发了 canopy 焊缝封堵组件[11]，通过斜面径向和周向均匀加力设计了一种焊缝泄漏封堵和预防专用组件。

核电厂运行时，反应堆压力容器控制棒驱动机构贯穿件及其焊缝承受着一次侧冷却剂的高温高压作用，在这样的环境下，极易造成 CRDM 贯穿件及其焊缝一次应力腐蚀开裂，从而造成反应堆冷却剂的泄漏，严重影响核电站的运行安全。由于焊接残余应力是引起应力腐蚀开裂的主要原因[12-13]，因此准确的掌握反应堆压力容器顶盖，CRDM 贯穿件焊缝区的残余应力分布规律，是对其进行结构完整性评定和寿命预测的关键。根据锅炉及压力容器委员会压力容器分委员会第 Ⅲ 卷核动力装置设备制造准则 NB 分卷（ASME BPVC Section Ⅲ Division 1 - Subsection NB) 的规定，有必要对 CRDM 焊缝做详细的应力分析和评定，保证其在设计寿命内的结构完整性。焊缝应力评定通常包括一次应力强度评定、一次加二次应力强度评定和疲劳评定，Ω 焊缝位于结构不连续处，应力集中明显，根据锅炉及压力容器委员会压力容器分委员会第 III 卷核动力装置设备制造准则 NB 分卷 NB 3228.5，如果一次加二次应力强度评定无法通过，需要做简化弹塑性分析。

第二节 电火花成型表面缺陷评估

电火花成型加工（electrical discharge maching，EDM）是直接利用电能对零件进行加工的方法[14-16]，应用电脉冲产生断续的高能电火花去除被加工的材料。电火花成型加工广泛应用于加工淬火钢和高硬度高韧性的合金钢，以及特殊复杂表面和低刚度的零件，如成型孔、弯孔、小孔和窄缝等。

P20（3Cr2Mo）钢板主要用于高端耐磨零件材料的处理，具有良好的加工特性，如易于冷变形、焊接、切割和机械加工性能、高的耐磨性和冲击韧性，具有良好的镜面研磨抛光性能，机械加工成形后，型腔变形及尺寸变化小，经热处理后可提高表面硬度和使用寿命，适用于制作塑料模和压铸低熔点金属的模具材料，在核电设备结构如闸阀、泵的轴套上具有良好的应用。能够解决结构设备特别是磨具的较高力学性能、特殊工艺性能和特殊使用性能的需求，解决了设计、加工、使用中的一些难题，大幅度提高了使用寿命，带来十分显著的经济效益和社会效益，对工业发展和少切削或无切削加工工艺广泛应用起了极大促进作用。由于该种材料本身的特点，在采用常规方法进行加工时，存在刀具磨损快、生产效率低、加工质量难以保证等问题，而电火花成型加工在提高难加工材料和特殊复杂结构件的加工效率和加工精度方面有明显的优势。

研究发现电火花成型加工可形成硬度高、耐磨性强的硬化层[17-18]，但因其成分不均匀不易做抗蚀涂层[19]，而选择合适的工艺参数可获得较快的加工速度[7]和较好的表面加工质量[21-22]。牌号为 P20 的不锈钢为回火索氏体，金相晶粒组织结构如图 13-8 所示，化学成分质量百分含量为 C3.47%、Si0.57%、Cr1.40%、Fe89.8%，进行电火花成型加工，研究其不同加工参数下的表面微观组织结构及其微观力学特性，讨论微观组织结构对宏观性能的影响，通过有

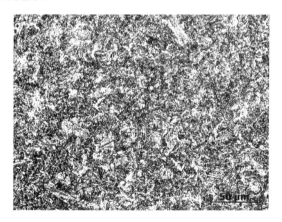

图 13-8 P20 金相晶粒组织结构（500×）

限元方法对微观组织结构的形成机理进行表征。

一、表面微观组织结构

研究选用纯 Cu 电极在 CTM350 型数控电火花成型机床上对 P20 不锈钢工件（基体材料 30mm×30mm×30mm）加工成截面尺寸为 10mm×10mm、深度为 5mm 的凹槽型试样，加工电压为 30V，脉冲峰值电流分别为 5、10、15、20、25A，脉冲宽度 300μs，脉冲间隔 100μs。

单个脉冲放电的蚀除量取决于单个脉冲的放电能量 W。W 越大，蚀除量也越多。单个脉冲的放电能量的表达式为

$$W = \int_0^{t_e} i(t)u(t)\mathrm{d}t \qquad (13-1)$$

式中　W——单个脉冲的放电能量，J；

t_e——单个脉冲放电时间，s；

$u(t)$——随时间变化的电压，V；

$i(t)$——随时间变化的电流，A。

表面加工后的试样经磨制、机械抛光和化学腐蚀后，观测结果如图 13-9 所示，光学电子显微镜看试件断面金相组织分为烧蚀层、熔涂层和重结晶层三层[23]，烧蚀层结合界面强度较低，易于清洗和打磨去除；用 SEM 观测到熔涂层较为光滑细致的马氏体细晶组织，如图 13-10 所示，而重结晶层呈现枝状细晶粒，为奥氏体和贝氏体。试样表面的电火花加工过程类似于一种微弧焊接工艺，电极和基体接触的微小区域形成一个快速熔化、类似局部自淬火的快速凝固熔池，该区域内金属在熔化甚至气化状态下被抛出蚀除；加热速度高达 $10^7℃/s$ 而冷却速度达 $10^6℃/s$，使得组织晶粒细化[24]，而基体基本保持室温；脉冲电功率和硬化速率决定熔池的大小和熔涂层的微观组织结构[25-26]。

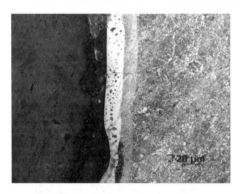

图 13-9　光学电子显微镜观察的表面加工层　　　　图 13-10　SEM 观察的表面加工层
　　　　微观组织结构（1000×）　　　　　　　　　　　微观组织结构（2000×）

熔涂层和重结晶层厚度随加工电流的变化趋势如图 13-11 所示，随着加工电流的升高，厚度变大，原因为电流升高，单位面积热流能量提高，热影响区变大，熔涂层和重结晶层厚度变大。

电火花表面强化过程中必然会发生强化层与基体之间的元素过渡。通常情况下，元素过渡有两种方式：一种是通过液态下的冶金反应以及元素在液态金属中的扩散进行的；另一种是通过固液界面处的元素相互扩散进行的。由于前者是在液态下进行，温度高且反应剧烈，因此这种方式在电火花表面强化层与工件基体元素的过渡中占主导地位。对试样表面沿深度方向进行线扫描能谱分析，从基体材料到重结晶层再到熔涂层的化学成分变化趋势如图 13-12 所示，从基体到表层，Fe、Cr 和 Si 的含量变化趋势不明显，重结晶层和熔涂层之间 O 含量有阶跃下降趋势，原因分析为加工高温熔化后熔涂层内氧溶解量降低；而在熔涂层外表面有较高的 C 含量和 O 含量，主要为烧蚀层和冷却液中的 C 元素向试样熔渗扩散引起的。

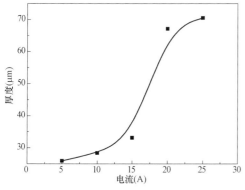

图 13 - 11　熔涂层与重结晶层厚度与电流关系

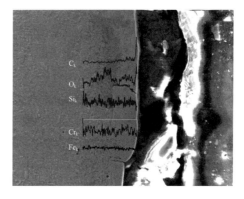

图 13 - 12　表面加工层各层化学成分变化趋势

k—第一电子层，也称 *k* 电子层

基体材料为 Fe - Cr 相，烧蚀层能谱分析结果如图 13 - 13 所示，其中质量百分含量为 C71%、O27%、Fe2%；熔涂层能谱分析结果如图 13 - 14 所示，其中质量百分含量为 C5.5%，O2.8%，Si0.6%，Cr1.4%和 Fe89.8%。重结晶层和基体的成分含量相同。

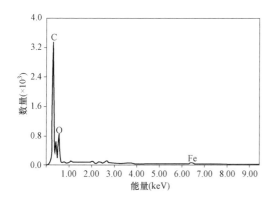

图 13 - 13　烧蚀层能谱分析结果

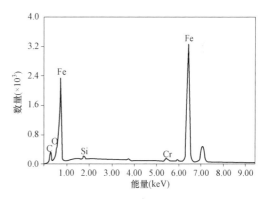

图 13 - 14　熔涂层能谱分析结果

二、表面加工层微观力学特性

为对电火花成型加工过程中形成的烧蚀层、熔涂层和重结晶层的微观力学性能进行表征，采用维氏显微硬度计对各层显微硬度进行测定，在 100g 载荷作用下，沿深度方向依次进行显微硬度实验，如图 13 - 15 所示。烧蚀层为 Fe 的疏松氧化物，试样制备过程中，很多位置已经脱落，基本不承受载荷。沿深度方向显微硬度变化趋势如图 13 - 16 所示，沿深度方向显微硬度逐渐降低，熔涂层内有大量高硬度的碳化物，因而硬度明显高于重结晶层和基体，而重结晶层硬度略高于基体硬度。

显微硬度的变化是因为加工过程中，温度升高，发生冶金反应半熔化，由于冷却液作用而表面局部淬火，发生马氏体转变，并且从 SEM 看熔涂层内有高硬度的碳化物；重结晶层冷却速度相对较慢，组织为奥氏体和贝氏体，并发生脱碳现象，因而硬度低于熔涂层而略高于基体。

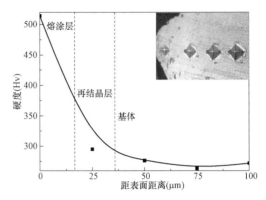

图 13-15　显微硬度照片　　　　　图 13-16　沿深度方向显微硬度变化趋势

显微硬度的提高，说明熔涂层和重结晶层的强度高于基体材料，可有效阻止熔涂层和重结晶层内部位错的移动和微裂纹的扩展。熔涂层内的高硬度碳化物颗粒，在摩擦过程中有阻断、排挤和磨钝尖锐硬质磨料颗粒的作用，增加了显微切削能耗，减轻了磨粒对事件表面的犁削作用[27-28]，宏观上体现为耐磨性能的提高，因而电火花成型加工工艺形成表面强化，有利于提高结构的表面性能。

三、表面加工层显微缺陷对结构性能的影响

与其他机械加工手段相比，电火花成型加工过程中会形成烧蚀层、熔涂层和重结晶层，每一层的性能必将对结构的宏观性能产生影响。考虑到烧蚀层在试样表面的最外层，较为疏松，易于脱落，在简单冲洗擦拭后基本全部脱落，对结构的宏观性能基本不产生影响。

对表面加工层进行扫描电镜实验观察，实验中发现在熔涂层有较多的垂直于界面的微裂纹[29]，并且在熔涂层和重结晶层界面上发现个别裂纹，如图 13-17 所示。垂直于界面的熔涂层内的微裂纹，如图 13-18 所示，对结构件在承受循环疲劳载荷时，易于形成裂纹起裂源而贯穿到结构体内部，形成疲劳裂纹降低试样的疲劳寿命。界面上的微裂纹在较高应力水平下会导致表面熔涂层的脱落，形成应力集中点，也易于引发断裂或者疲劳，降低结构件的强度。

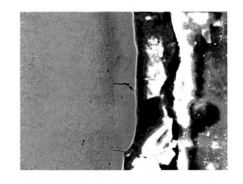

图 13-17　熔涂层内及界面上的微观裂纹　　　图 13-18　熔涂层内及界面上的微观裂纹

采用有限元方法，建立几何模型，凹槽尺寸 10mm×10mm，试样厚度 5mm，设置表

面热流加热边界条件，对加工过程中试样内部的温度场和热应力场进行模拟，得到稳定加工过程中的温度场分布，如图 13 - 19 所示，在铜电极正下方局部深度约 1mm 内产生高达811℃的高温，与前节所述对应，局部半熔化并被抛出，形成加工的凹槽；与焊接过程类似，表面以下形成有较大温度梯度的温度场，回火重结晶形成细晶。

稳定焊接过程中的 Mises 应力水平如图 13 - 20 所示，在电极接触周围局部应力水平较高，约 80MPa。对电火花成型加工后逐渐冷却过程进行模拟，得到冷却的试样内部残余应力分布，其中 x 方向应力 σ_{xx} 分布如图 13 - 21 所示，约为 110MPa 拉应力作用，因此熔涂层和重结晶层在拉应力作用下易形成垂直于加工表面的竖向微裂纹。而 y 方向应力 σ_{yy} 分布如图 13 - 22 所示，大部分位置为压应力状态，只有局部为 22MPa 的拉应力，界面两侧熔涂层和重结晶层材料力学属性不同，在该应力作用下界面分层。

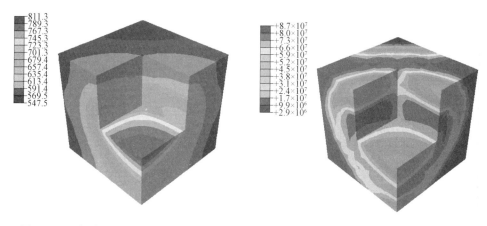

图 13 - 19　焊接过程中温度场分布（℃）　　图 13 - 20　焊接过程中 Mises 应力场分布（Pa）

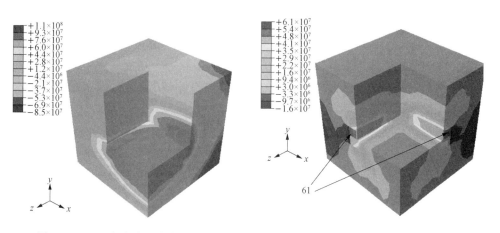

图 13 - 21　σ_{xx} 方向应力分布（Pa）　　　图 13 - 22　σ_{yy} 方向应力分布（Pa）

总之，研究了电火花成型加工不同加工参数下的表面微观组织结构及其微观力学特性。研究结果表明：

（1）试件断面分为烧蚀层、熔涂层和重结晶层三层，电流升高，单位面积热流能量提高，热影响区变大，熔涂层和重结晶层厚度变大。

（2）电火花成型加工为放电微区内工件、冷却液及空气中氧元素扩散等的过程。

（3）沿深度方向显微硬度逐渐降低，熔涂层硬度明显高于重结晶层和基体。

（4）实验中发现在熔涂层有较多的垂直于界面的微裂纹，是试样冷却后由内部残余应力引起的。

第三节　线切割加工表面缺陷对结构性能影响评估

电火花线切割加工的原理图如图 13-23 所示。利用细钼丝或细铜丝 5 作工具电极，穿过工件 3 上预先钻好的小孔（穿丝孔），导向轮 6 由贮丝筒 9 带动，相对工件做上下往复运动。加工能源由脉冲电源 4 供给，工件接脉冲电源的正极，电极丝接负极。脉冲电压将电极丝和工件之间的间隙（放电间隙）击穿，产生瞬时火花放电，将工件放电区局部熔化或气化，从而实现切割加工。

线切割加工具备了以下几个优点：

（1）与电火花成形加工相比，不需要制作成型的工具电极，可节约电极设计、制造费用，缩短生产周期。

（2）由于电极丝比较细，可以加工微细异形孔、窄缝和形状复杂的工件。

（3）加工过程中，电极损耗极小，有利于加工精度的提高。

（4）自动化程度高，操作方便，加工周期短，成本低。

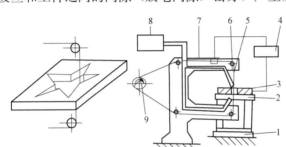

图 13-23　电火花线切割加工原理图
1—工作台；2—家具；3—工作；4—电源；
5—细钼丝或细铜丝；6—导向轮；7—丝架；
8—工作油箱；9—贮丝箱

（5）不能加工盲孔类或阶梯类成形表面。

电火花线切割加工适用于加工品种多、数量少的零件，淬火钢、硬质合金等难加工材料的零件，各种形状的细小零件、窄缝等。

在线切割加工时，试样表面放电产生的高温使电极和基体接触的微小区域内的大部分金属快速熔化或气化而被蚀除；留下的少部分金属经工作液快速冷却而凝固，并产生类似局部自淬火的过程。脉冲能量和凝固速率，决定了变质层的微观结构尺寸。烧蚀层结合界面强度较低，易于清洗和打磨去除；熔化凝固层具有较为光滑细致的马氏体组织，而热影响层呈现细晶粒。加工电流的增大导致单位面积热流能量提高，热作用区增大，熔化凝固层和热影响层厚度也增大。

本章主要研究 316L 不锈钢和 A508Ⅲ碳钢，在不同的线切割加工参数条件下，形成不同的表面特征，研究采用的材料 316L 不锈钢和 A508Ⅲ碳钢为核电站常用的金属材料，在压力容器及主管道上得到了广泛的应用。316L 不锈钢和 A508Ⅲ碳钢的金相组织结构分别如图 13-24、图 13-25 所示，分别为等轴奥氏体组织和回火贝氏体组织。线切割的加工参数为：脉冲电流 $I_P=0015$（12A、22.5A），伺服电压 $S_V=30V$，脉冲宽度 $O_N=8$，加工电压 $V=150$、210V，采用不同的线切割参数对上述两种材料进行表面 0.2mm 开口，研究开口附近的表面形貌。

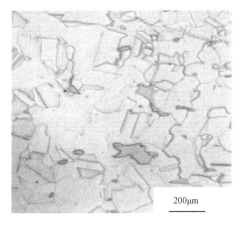

图 13-24 316L 不锈钢金相组织结构图　　图 13-25 A508III 碳钢金相组织结构图

一、线切割缺口表面变质层形貌研究

将线切割加工后的试样磨制、机械抛光和化学腐蚀，分别采用 Axiover-200MAT 光学电子显微镜（OM）和 TESCANVEGA TS5136XM 扫描光学显微镜（SEM）观测试样表层微观组织结构。观测发现，变质层厚度随脉冲电流和电源电压的升高而增大。

316L 不锈钢在电流为 12A、电压为 150V 条件下线切割加工 0.2mm 圆弧，截面形貌如图 13-26 所示。截面边界局部放大后的形貌如图 13-27 所示，边缘较为光滑，线切割加工的烧蚀层和融化凝固层不明显。改变线切割加工参数，在电流为 22.5A、电压为 210V 条件下，边缘光滑程度降低，如图 13-28 所示。截面边界局部放大后的形貌如图 13-29 所示，未发现明显的烧蚀层，局部位置有明显的融化凝固层，厚度为 3～5μm。

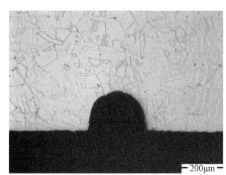
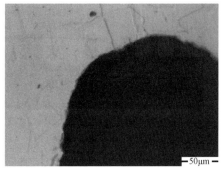

图 13-26 316L 不锈钢（12A，150V）线切割截面形貌

考虑到烧蚀层结合强度较低，可能在试样制备过程中已去除。融化凝固层较薄，产生与加工方向垂直的热裂纹的可能性较低，而热裂纹往往也是损伤的引发原因。在较高的脉冲电流和电源电压时，可能会产生较厚的融化凝固层，热裂纹产生的概率就大大提高。

A508III 碳钢在电流为 12A、电压为 150V 条件下线切割加工 0.2mm 圆弧，截面形貌如图 13-30 所示，截面边界局部放大后的形貌如图 13-31 所示，未见明显的烧蚀层和融化凝固层。在相同实验条件下进行另外一组试验，实验结果截面形貌仍未见明显的烧蚀层和融化凝固层。改变线切割加工参数，在电流为 22.5A、电压为 210V 条件下，线切割加工后的形貌如图 13-32 所示，截面边界局部放大后的形貌如图 13-33 所示，加工面附近有融化凝固层存在，厚度为 5~7μm，层内碳化物明显增多，未见明显的烧蚀层。

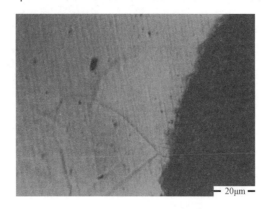

图 13-27　316L 不锈钢（12A，150V）线切割截面边界局部放大后的形貌

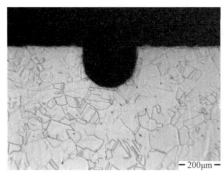
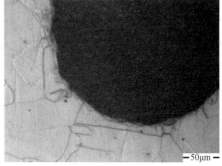

图 13-28　316L 不锈钢（22.5A，210V）线切割截面形貌

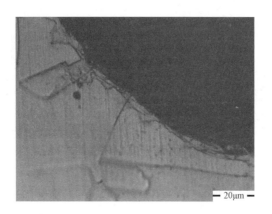

图 13-29　316L 不锈钢（22.5A，210V）线切割截面边界局部放大后的形貌

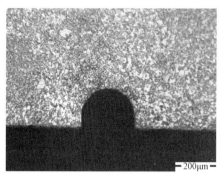
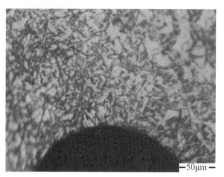

图 13 - 30　A508Ⅲ碳钢（12A，150V）线切割截面形貌

图 13 - 31　A508Ⅲ碳钢（12A，150V）线切割截面边界局部放大后的形貌

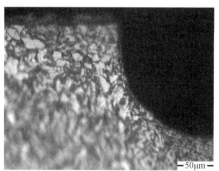

图 13 - 32　A508Ⅲ碳钢（22.5A，210V）线切割截面形貌

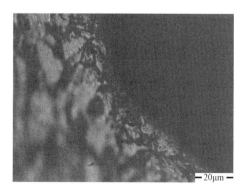

图 13 - 33　A508Ⅲ碳钢（22.5A，210V）线切割截面边界局部放大后的形貌

二、线切割表面形貌对材料疲劳性能影响

在加工的零部件尺寸和材料性能一定的情况下，加工工艺是影响表面质量的重要因素。机械加工表面总是存在高低不平或者变形等加工缺陷，微小加工缺陷就容易使得零件工作表面上形成应力集中，根据断裂力学原理，存在表面微裂纹等微小缺陷时，应力集中系数越大，导致疲劳性能越差。线切割加工过程与机械切削不同，包含热加工过程，材料表面的微观组织形成复杂，对材料的疲劳性能影响也更为复杂，本节对不同线切割加工参数对试样的疲劳寿命的影响进行研究。

疲劳破坏过程是裂纹形象横和扩展的过程。考虑到线切割表面加工对表面的影响深度仅为 $50\mu m$ 以内，裂纹扩展过程在基体内进行，仅与基体本身有关，线切割加工的影响非常有限。因此，研究中只考虑裂纹稳定扩展前的疲劳周次受加工表面的影响。

许多机械零件，如轴、齿轮、轴承、叶片、弹簧等，在工作过程中各点的应力随时间做周期性的变化，这种随时间做周期性变化的应力称为交变应力。在交变应力的作用下，虽然零件所承受的应力低于材料的屈服点，但经过较长时间的工作后产生裂纹或突然发生完全断裂的现象称为金属的疲劳。在循环加载下，发生在材料某点处局部的、永久性的损伤递增过程。经足够的应力或应变循环后，损伤累积可使材料产生裂纹，或使裂纹进一步扩展至完全断裂出现可见裂纹或者完全断裂都叫疲劳破坏。

疲劳破坏是一种损伤积累的过程，因此它的力学特征不同于静力破坏。不同之处主要表现为：在循环应力远小于静强度极限的情况下破坏就可能发生，但不是立刻发生的，而要经历一段时间，甚至很长的时间；疲劳破坏前，即使塑性材料有时也没有显著的残余变形。金属疲劳破坏可分为三个阶段：微观裂纹扩展阶段，在循环加载下，由于物体内部微观组织结构的不均匀性，某些薄弱部位首先形成微观裂纹，此后裂纹即沿着与主应力约成 $45°$ 的最大剪应力方向扩展。在此阶段，裂纹长度大致在 $0.05mm$ 以内。若继续加载，微观裂纹就会发展成为宏观裂纹。宏观裂纹扩展阶段，裂纹基本上沿着与主应力垂直的方向扩展，借助电子显微镜可在断口表面上观察到此阶段中每一应力循环所遗留的疲劳条带。瞬时断裂阶段，当裂纹扩大到使物体残存截面不足以抵抗外载荷时，物体就会在某一次加载下突然断裂。

一般在疲劳宏观断口上往往有两个区域：光滑区域和颗粒状区域。疲劳裂纹的起始点称作疲劳源。实际构件上的疲劳源总是出现在应力集中区，裂纹从疲劳源向四周扩展。由于反复变形，裂纹的两个表面时而分离，时而挤压，这样就形成了光滑区域，即疲劳裂纹第二阶段扩展区域。第三阶段的瞬时断裂区域表面呈现较粗糙的颗粒状，如果循环应力的变化不是稳态的，应力幅不保持恒定，裂纹扩展忽快、忽慢或者停顿，则在光滑区域上用肉眼可看到贝壳状或海滩状纹迹的疲劳弧线。

在循环加载下，产生疲劳破坏所需的应力或应变循环数称为疲劳寿命。对实际构件，疲劳寿命常以工作小时计。构件在出现工程裂纹以前的疲劳寿命称为裂纹形成寿命或裂纹起始寿命。工程裂纹指宏观可见的或可检的裂纹，其长度无统一规定，一般在 $0.2\sim1.0mm$ 范围内。自工程裂纹扩展至完全断裂的疲劳寿命称为裂纹扩展寿命，总寿命是二者之和。因为工程裂纹长度远大于金属晶粒尺寸，故可将裂纹作为物体边界，并将其周围材料视作均匀的连续介质，应用断裂力学方法研究裂纹扩展规律。为了便于分析研究，常常按破坏循环次数的高低将疲劳分为两类：

（1）高循环疲劳（高周疲劳）：破坏循环次数高于 $10^4 \sim 10^5$ 的疲劳，一般振动元件、传动轴等的疲劳属此类。其特点是作用于构件上的应力水平较低，应力和应变呈线性关系。

（2）低循环疲劳（低周疲劳）：破坏循环次数低于 $10^4 \sim 10^5$ 的疲劳，典型实例有压力容器、燃气轮机构件等的疲劳。其特点是：作用于构件的应力水平较高，材料处于塑性状态。

很多实际构件在变幅循环应力作用下的疲劳既不是纯高循环疲劳也不是纯低循环疲劳，而是二者的综合。

由于疲劳断裂通常是从机件最薄弱的部位或外部缺陷所造成的应力集中处发生，因此疲劳断裂对许多因素很敏感，例如循环应力特性、环境介质、温度、机件表面状态、内部组织缺陷等，这些因素导致疲劳裂纹的产生或速裂纹扩展而降低疲劳寿命。为了提高机件的疲劳抗力，防止疲劳断裂事故的发生，在进行机械零件设计和加工时，应选择合理的结构形状，防止表面损伤，避免应力集中。由于金属表面是疲劳裂纹易于产生的地方，而实际零件大部分都承受交变弯曲或交变扭转载荷，表面处应力最大。因此，表面强化处理就成为提高疲劳极限的有效途径。

在 SEM 中组装具有拉伸压缩弯曲剪切等功能的加载装置后，可以将加载作用和对材料表面结构的显微观测研究结合起来，甚至可以与材料的宏观力学性能项结合为研究影响材料的力学性能的关键因素提供有力支撑。为便于观测裂纹起裂过程，并同时采集疲劳数据，采用 SEM 原位观测疲劳实验设备，试验参数为加载频率 $f=10\mathrm{Hz}$，加载载荷比 $R=0.1$。针对 316L 不锈钢和 A508Ⅲ 碳钢，各自制备试样，并分别采用不同的线切割加工参数预制 0.2mm 的缺口。试样如图 13-34 所示。

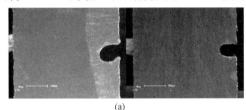
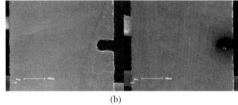

（a）　　　　　　　　　　　　　（b）

图 13-34　不同加工参数下的疲劳试样

（a）12A，150V；（b）22.5A，210V

在低脉冲电流和电源电压条件下（12A，150V），裂纹扩展过程实验结果如图 13-35 所示，表面较光滑，无明显融化凝固层，裂纹起裂较慢。

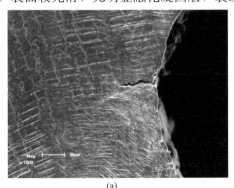
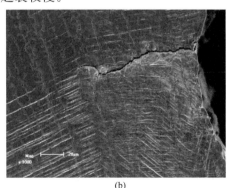

（a）　　　　　　　　　　　　　（b）

图 13-35　起裂阶段裂纹扩展形貌（12A，150V）

（a）$N=40917$；（b）$N=85737$

在较高的脉冲电流和电源电压条件下（22.5A，210V），裂纹扩展过程实验结果如图 13-36 所示，表面融化凝固层强度较低，容易引发裂纹起裂，在融化凝固层和热影响层内裂纹扩展较快。裂纹扩展长度约为 $20\mu m$ 和 $50\mu m$ 时，疲劳周次分别为 $N=39588$ 周次和 $N=51927$ 周次。

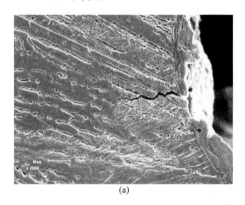
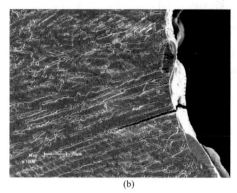

(a)　　　　　　　　　　　　　　　　(b)

图 13-36　起裂阶段裂纹扩展形貌（22.5A，210V）

(a) $N=39588$；(b) $N=51927$

疲劳裂纹扩展速率（fatigue crack growth rate）指交变应力每循环一次裂纹长度的增加量，通常用 da/dN 表示（其中 a 为裂纹长度，N 为应力循环次数）。循环特性一定时，可用帕里斯公式估算：

$$\frac{da}{dN} = c(\Delta k)^m \tag{13-2}$$

式中　Δk——应力强度因子变程，$Pa \cdot m^{0.5}$；

　　　c、m——材料常数。

da/dN 对于估算裂纹体疲劳寿命有重要作用，不同加工参数下的裂纹起始阶段扩展速率曲线表明，输入热功率（脉冲电流和电源电压）越高，起裂阶段的裂纹扩展速度越快，越容易起裂。

线切割加工过程中形成的烧蚀层和融化凝固层，一定程度上依赖于加工过程中输入的热功率，以及由此产生的温度场分布；而各层的显微硬度值，除了与热处理过程导致的材料微观组织有关之外，还与热加工过程中形成的残余应力场分布有关。通过有限元计算方法可以计算在加工过程中试样内部温度场的分布，根据温度场的分布可以推算加工形成的融化凝固层的厚度，以及由热应力导致的残余应力分布，由此可以表征显微硬度的变化趋势。

本研究通过 3 个不同的热功率输入参数，对试样加工过程进行热机耦合瞬态数值模拟计算，获得加工完毕后试样的力学和热学特征，并与实验过程中得到的结果进行对比验证，以初步分析疲劳性能降低的机理。采用有限元软件 ABAQUS，对线切割机加工过程进行模拟，包括升温及冷却液冷却两个过程，获得升温结束时的温度场分布和冷却液冷却后的应力场分布。计算过程采用瞬态模式，温度场和力学场耦合模型，根据加工条件在缺口处设置热流密度，升温后撤走热流密度并整体降温。

选取疲劳试样的局部位置，考虑到加工影响的范围较少，只考虑缺口附近的 1/4 圆形区域，左侧采用对称几何边界，下方采用简支几何边界，在圆周处施加热流边界条件，如

图 13-37 所示。采用温度-结构耦合型四边形单元，采用厚度为 1mm 的平面应力边界条件，标准的线性单元，并且采用扫描式划分网格，网格结构如图 13-38 所示，整个有限元模型约有 5000 个节点，4000 个单元。

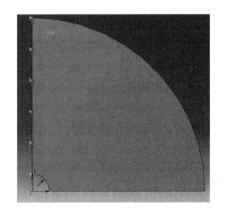

图 13-37　几何模型边界条件

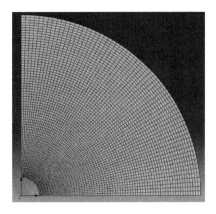

图 13-38　网格结构

材料在加工升温过程中，因为温度变化和物性参数变化的原因导致温度场和应力场分布变化。其中比热容随温度变化趋势如图 13-39 所示，热传导系数随温度变化趋势如图 13-40 所示，线膨胀系数随温度变化趋势如图 13-41 所示。

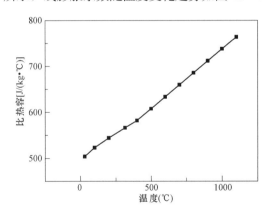

图 13-39　比热随温度变化趋势

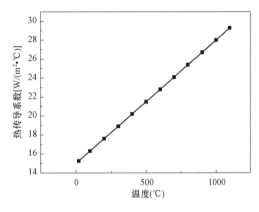

图 13-40　热传导系数随温度变化趋势

加载过程中输入热流密度计算为

$$D_{s} = \frac{P}{L} = \frac{U \cdot I}{\pi \cdot r} \cdot \frac{S_{tr}}{S_{a}} \quad (13-3)$$

式中　P——输入功率，W；

　　　L——单位长度接触面积，m^{2}；

　　　U——输入电压，V；

　　　I——输入电流，A；

　　　r——线切割走丝的半径，m；

　　　S_{tr}——脉尖时间宽度，s；

　　　S_{a}——脉冲时间宽度，s。

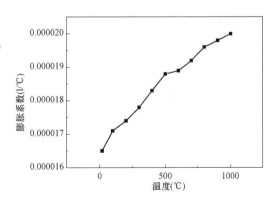

图 13-41　线膨胀系数随温度变化趋势

D_s 物理意义为单位时间输入到接触面上单位面积的热量。

加工参数中的电压和电流越高，输入的热流密度越高。

通过有限元计算方法可以计算在加工过程中试样内部温度场的分布，如图 13 - 42 所示，中心与线切割接触的位置温度最高，高达 1100℃，因为试样较小，温度传递很快，温差不是很大，但是温度变化趋势很快，如图 13 - 43 所示。

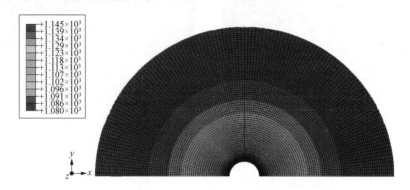

图 13 - 42　温度场分布

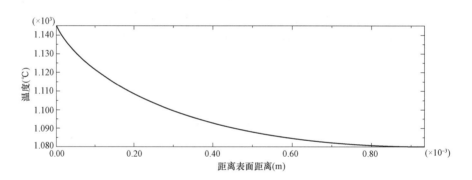

图 13 - 43　从加工位置的温度变化趋势

不同加工参数下，输入的热功率密度不同，热功率密度越大，局部温度越高，在相同的热传导系数下，整体的温度高，但是温度变化趋势基本相同，如图 13 - 44 所示。因为有限元较难模拟线切割过程中的高温烧蚀阶段，以及融化后凝固过程，只能得到在不同的加工参数下的温度变化趋势。但是从温度变化趋势看，较高的加工参数下，接触部位的温度较高，必将导致较厚的融化凝固层。

从表面到内层的残余应力变化趋势如图 13 - 45 所示，接近表面的应力值较高。较高的热输入功率下形成应力水平的峰值较高。根据对不锈钢和碳钢的疲劳寿命曲线，在使用工况下叠加使用应力后，形成较高的应力，导致疲劳寿命降低。

总之，有如下结论：

（1）变质层厚度随脉冲电流和电源电压的升高而增大。在脉冲电流和电源电压较低时，无明显的烧蚀层和融化凝固层；提高脉冲电流和电源电压后，在加工表层有一定厚度的融化凝固层存在。不锈钢与碳钢的加工表层特征无明显区别。

（2）对不同加工参数的试样进行原位疲劳试验发现，输入热功率越高（脉冲电流和电源电压），疲劳周次越低，起裂阶段的裂纹扩展速度越快，越容易产生裂纹。

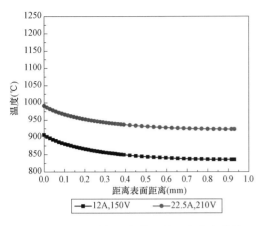

图 13 - 44 不同加工参数下的温度分布曲线

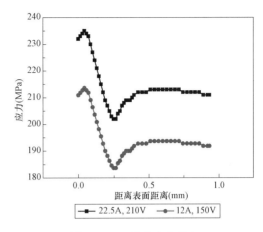

图 13 - 45 残余应力分布

（3）通过有限元方法模拟，随着热输入功率的增加，试样表层有较高的热应力和残余应力，将明显降低材料的疲劳寿命。

参考文献

［1］ TADYCH R J. Failure in quality assurance oversight to prevent significant degradation of reactor pressure vessel head. Root Cause Analysis Report CR, 2002.

［2］ 周红，肖志，陶书生，等. 运行核电厂控制棒组件及其驱动机构异常事件的经验反馈. 核安全，2013（1）：19 - 35.

［3］ 郑晓敏. 岭澳核电厂 L1 号机组控制棒驱动机构泄漏问题. 核安全，2007（2）：25 - 29.

［4］ 吴江涛. 控制棒驱动机构密封焊缝缺陷修复技术研究. 上海：上海交通大学，2008.

［5］ 芦丽莉，王建，罗绪珍，等. CRDM 上端 Ω 焊缝返修堆焊残余应力分析. 东方电气评论，2011，25（2）：42 - 48.

［6］ Structural Integrity Associates，Inc. Design and analysis of a weld overlay repair for the Watts Bar CRDM Lower Canopy Seal Welds，SI Report No. SIR - 97 - 089. California：Structural Integrity Associates，Inc，1997.

［7］ BARRAULT H. L104 outage - CRDM（K14）EDF operating experience. Memorandum - N°482，Revision 0. Paris：EDF，2006.

［8］ 马新朝. 核电工程控制棒驱动机构 Ω 环水压试验后 PT 显示问题的处理. 检测技术，2015，31（11）：32 - 40.

［9］ 凌礼恭，贾盼盼，等. 控制棒驱动机构下部 Ω 焊缝及母材液体渗透显示分析的研究. 核安全，2016，15（2）：64 - 69.

［10］ Westinghouse. Repair of leaking reactor vessel head lower canopy seal welds. June. Pittsburgh：Westinghouse，2013.

［11］ 孙振国，李跃忠，等. 控制棒驱动机构下部 Canopy 焊缝封堵组件设计与分析. 原子能科学技术，2015，49（8）：1445 - 1451.

［12］ ANDERSON M T，ZHANG T，RUDLAND D L，et al. Final Report - Inspection Limit Confirmation for Upper Head PenetrationNozzle Cracking. Richland：Pacific Northwest National Laboratory，2008.

［13］ 陈宇帆，沈小要. 反应堆贯穿件 J 形焊缝残余应力研究. 力学与实践，2016，38（6）：619 - 623.

［14］ HO K H，NEWMAN S T，RAHIMIFARD S，Allen R D. State of the art in wire electrical discharge machining（WEDM），International Journal of Machine Tools & Manufacture，2004（44）：1247 - 1259.

[15] Heard D W，Brochu M. Development of a nanostructure microstructure in the Al - Ni system using the electrospark deposition process. Journal of Materials Processing Technology，210（2010）892 - 898.

[16] HUANG J T，LIAO Y S，HSUE W J，Determination of finish - cutting operation number and machining - parameters setting in wire electrical discharge machining. Journal of Materials Processing Technology，1999（87）：69 - 81.

[17] 朱世根，狄平，等. 电火花表面强化层组织结构和性能的研究. 材料科学与工艺，2003，315 - 317.

[18] FRANGINI S，MASCI A，DI BARTOLOMEO A，Cr7C3 - based cermet coating deposited on stainless steel by electrospark process：structural characteristics and corrosion behavior. Surface and Coatings Technology，2002（149）：279 - 286.

[19] 赵会友，曲敬信，等. 几种电火花熔涂层的腐蚀性能研究. 腐蚀科学与防护技术，2006，18（2）：104 - 106.

[20] 郭谆钦，王承文. 电火花加工中加工速度的影响因素. 机床与液压，2012，40（8）：191 - 194.

[21] 裴顺杰，张云鹏，侯忠滨. W6Mo5Cr4V2 电火花加工工艺参数优选研究. 电加工与模具，2012（3）：17 - 21.

[22] 蒋冬梅. 电火花加工中测量加工参数对表面粗糙度影响的实验研究. 机械制造，2010，48（556）：79 - 81.

[23] XIE Y J，WANG M C. Epitaxial MCrAlY coating on a Ni - base superalloy produced by electrospark deposition. Surface & Coatings Technology，2006（201）：3564 - 3570.

[24] WANG W F，WANG M C，SUN F J，et al. Microstructure and cavitation erosion characteristics of Al - Si alloy coating prepared by electrospark deposition. Surface & Coatings Technology，2008（202）：5116 - 5121.

[25] XIE Y J，WANG M C，HUANG D W. Comparative study of microstructural characteristics of electrospark and Nd：YAG laser epitaxially growing coatings. Applied Surface Science，2007（253）：6149 - 6156.

[26] HEWIDY M S，EL - TAWEEL T A，EL - SAFTY M F. Modelling the machining parameters of wire electrical discharge machining of Inconel 601 using RSM. Journal of Materials Processing Technology，2005（169）：328 - 336.

[27] 王洪祥，张旭，等. 1Cr13 不锈钢电火花表面强化层摩擦磨损性能研究. 材料科学与工艺，2011，3（19）：56 - 59.

[28] RHONEY B K，SHIH A J，SCATTERGOOD R O，Ott R，MCSPADDEN S B. Wear mechanism of metal bond diamond wheels trued by wire electrical discharge machining. Wear，2002（252）：644 - 653.

[29] BEJAR M A，SCHNAKE W，SAAVEDRA W，VILDOSOLA J P. Surface hardening of metallic alloys by electros park deposition followed by plasma nitriding. Journal of Materials Processing Technology，2006（176）：210 - 213.

后　记

　　本著作完成之时，适值《能源发展"十三五"规划》和《"十三五"核工业发展规划》发布，三代堆"华龙一号"和 AP1000 系列有重大工程节点完成并逐步开拓海外市场，四代堆"高温气冷堆"稳步建设阶段，试验快堆成功并网发电，捷报频传。作为中国核工程技术从业人员中的一名，一直期盼我国由核工业大国向核工业强国迈进，目前我国核电在发电总量中的比重还较低，仅占 3％左右，远低于全球 11％的平均水平，核电作为低碳能源，是新能源的重要组成部分，是我国未来能源可持续发展的重要基础，祝愿我国核电继续稳步发展。

　　安全高效发展核电是"十三五"规划的纲要，核电站的安全是业主、监管单位、投资单位乃至各阶层公众等都非常关注的一件事情，我国在核电站设备及材料失效评估方向的研究和管理已经有了一定的积累，虽然与国外的研发机构相比还有一定差距，但不积跬步无以至千里，许多研究方向和课题内容，如新设备和结构的设计，新材料的研发，新技术的应用等，都涉及很多创新性的评估和研究，通过国内我们众多技术人员的持续性的研究，一点点积累形成有自主性知识产权的科技成果，才会不至于被技术封锁或者超高价采购遏住技术命脉。

　　作者从事核电行业也已十余年，紧张工作之余将把自己和团队的工作成果梳理总结，以便将研究的思路方法提供给众多力学和材料工程师及研究人员参考。本著作中的绝大部分内容均已在国内外期刊发表（本著作涉及的作者发表的期刊文章或会议见附录），或者在国内会议或者国际会议上宣读，都经过了许多审稿专家的评审或者参会专家的交流，但只要属于科学研究，就有需要探讨的进步空间，关于本著作提到或者未提到的技术内容，作者们仍希望能与众多科技工作者一起探讨研究，共同成长进步。

　　通过本著作的编写，深深觉得很多的研究工作在当时由于种种原因没有深入研究下去，或者是由于解决工程问题的急迫需要，或者是基于当时的研究手段不够完善。时代进步科技发展，希望目前的研究内容和结果也能成为新知识的基础积累。

王兆希于北京

2017 年 2 月 20 日